生态产品总值(GEP)核算：理论、方法与实践

（第二版）

谢花林　徐　羽　张新民　邹金浪　编著

中国财经出版传媒集团

经济科学出版社
Economic Science Press

图书在版编目（CIP）数据

生态产品总值（GEP）核算：理论、方法与实践／
谢花林等编著 . -- 2 版 . -- 北京：经济科学出版社，
2023.9

ISBN 978 - 7 - 5218 - 4990 - 5

Ⅰ.①生…　Ⅱ.①谢…　Ⅲ.①生态系 - 生产总值 - 经
济核算 - 研究　Ⅳ.①X196

中国国家版本馆 CIP 数据核字（2023）第 140202 号

责任编辑：白留杰　杨晓莹
责任校对：王肖楠
责任印制：张佳裕

生态产品总值（GEP）核算：理论、方法与实践
（第二版）

谢花林　徐　羽　张新民　邹金浪　编著

经济科学出版社出版、发行　新华书店经销
社址：北京市海淀区阜成路甲 28 号　邮编：100142
教材分社电话：010 - 88191309　发行部电话：010 - 88191522
网址：www. esp. com. cn
电子邮箱：bailiujie518@ 126. com
天猫网店：经济科学出版社旗舰店
网址：http://jjkxcbs. tmall. com
北京密兴印刷有限公司印装
710 × 1000　16 开　18.5 印张　330000 字
2023 年 9 月第 2 版　2023 年 9 月第 1 次印刷
ISBN 978 - 7 - 5218 - 4990 - 5　定价：76.00 元
（图书出现印装问题，本社负责调换。电话：010 - 88191545）
（版权所有　侵权必究　打击盗版　举报热线：010 - 88191661
QQ：2242791300　营销中心电话：010 - 88191537
电子邮箱：dbts@ esp. com. cn）

第二版说明

《生态产品总值（GEP）核算：理论、方法与实践》自出版以来得到众多学者和政府部门相关人员的广泛关注。大家基于对生态产品总值（GEP）核算研究的完善，对书稿提出了一些宝贵的修改意见和建议，在此表示衷心地感谢。本次书稿再版，主要基于以下几点考虑：

1. 体现应用性。增加了第 13 章　生态产品总值（GEP）与区域经济系统耦合协调分析，第 14 章　基于调节服务价值核算的生态补偿标准测算和第 15 章　生态产品价值实现的全过程协同路径与模式。

2. 增强时效性。相关核算方法和模型，对接国家最新出台的相关规范，对附录进行增删，同时在研究背景中增加了最新政策要求。

3. 完善规范性。因作者疏忽，对原来遗漏的参考文献进行补充。

4. 强化科普性。本书编写的主要目的是向读者普及 GEP 核算相关知识，为各地开展生态产品价值实现工作提供案例支撑。由于 GEP 核算是一项系统工程，书中引用了大量文献，如有不妥和遗漏之处，还请大家谅解。

感谢大家的理解和支持！

全体作者

2023 年 7 月

前　　言

习近平总书记关于"绿水青山就是金山银山"的科学论断，表明以"绿水青山"为代表的高质量森林、草地、湿地等生态系统提供了丰富的生态产品，这些产品不仅包括人类生活与生产所必需的食物、医药、木材、生态能源及原材料等物质产品，还包括水源涵养、土壤保持、气候调节、洪水调蓄等调节服务产品，以及景观游憩、文化体验等文化服务产品。生态系统的产品与服务功能是人类生存与发展基础，具有重要的生态价值和经济价值。为了科学地评估自然生态系统对人类福祉的贡献，寻求一种超越 GDP 的核算指标正在成为各国努力的方向。自 2001 年联合国启动"千年生态系统评估"（The millennium ecosystem assessment，MA）以来，联合国环境署相继开展了生物多样性与生态系统服务经济学研究（TEEB），组建生物多样性和生态系统服务政府间科学—政策平台（IPBES）；2013 年联合国统计委员会发布的"环境经济核算体系—实验性生态系统核算（system of environmental economic accounting – experimental ecosystem accounting，SEEA – EEA）"，得到英国、澳大利亚和中国等在内的多个国家和地区的广泛参阅和应用。

党的十八大以来，我国强调"要把资源消耗、环境损害、生态效益纳入经济社会发展评价体系，建立体现生态文明要求目标体系、考核办法、奖惩机制"。2021 年 5 月，中共中央办公厅、国务院办公厅出台了《关于建立健全生态产品价值实现价值的意见》，要求建立生态产品价值评价机制，提出要"建立覆盖各级行政区域的生态产品总值统计制度"，"探索将生态产品价值核算基础数据纳入国民经济核算体系"。生态产品价值核算成为我国的社会经济发展重要的理论和实践问题。

生态产品总值（gross ecosystem product，GEP）也称生态系统生产总值，是指生态系统为人类福祉和经济社会可持续发展提供的各种最终物质产品与服务（以下简称"生态产品"）价值的总和，主要包括生态系统提供的物质产品、调节服务和文化服务的价值。生态产品总值不仅可以用来认识和了解生态系统自身的状况以及变化，还可用来评估生态系统对于社会经济发展的支撑作用和对人类福祉的贡献。生态产品总值的增长、稳定或降低反映了生态系统对经济社会发展支撑作用的变化趋势，因此生态产品总值核算还可以用来评估可持续发展水平与状况，考核一个地区或国家生态保护的成效，还可以作为评估生态文明建设进展的指标之一。生态产品总值是绿水青山所蕴含的生态产品的价值，开展生态产品总值核算可以提升人们对生态产品价值的认识，助力生态产品价值实现，是践行"绿水青山就是金山银山"理念、推进生态文明建设的有益探索。

鉴于此，本书系统总结生态产品总值核算的理论与方法，结合劳动价值理论、权益价值理论、效用价值理论、自然资源价值理论、生态价值论和外部性理论等，通过多尺度区域 GEP 核算研究，探索 GEP 核算成果的实践应用，为各级行政区域 GEP 统计制度建立、生态保护成效评估以及生态产品价值实现提供思路借鉴。本书共 15 章，各章主要内容如下：

第 1 章绪论。首先，阐述本书的研究背景和研究意义；其次，对相关概念进行界定；最后，明确研究目的和主要内容。

第 2 章国内外相关研究进展。系统梳理生态系统服务评估、生态资产评估、生态价值评估、生态产品总值核算、生态产品价值评估等研究领域的国内外相关文献，重点总结评估理论、方法及案例应用等，从而全面把握 GEP 核算相关研究领域的前沿进展，为开展 GEP 核算提供启发借鉴。

第 3 章生态产品总值（GEP）核算的基础理论。基于劳动价值理论、权益价值理论、效用价值论、自然资源价值理论、生态价值论和外部性理论等基础理论，分析其理论内涵与外延，探讨上述理论对 GEP 核算的指导意义。

第 4 章生态产品总值（GEP）核算的基本原理。总体介绍 GEP 核算的基本原理和技术路径，阐述 GEP 功能量核算和价值量核算的基本原理和方法路径，梳理 GEP 核算的指标体系构建，从 GEP 核算技术流程、GEP 核算质量控制、GEP 核算成果汇总等方面建构 GEP 核算的总体流程。

第 5 章生态产品总值（GEP）核算方法与模型。从物质产品、调节服务和文化服务三个方面，分别阐述各项生态产品的概念内涵、功能量和价值量含义，以及各项生态产品功能量和价值量核算的具体方法与模型。

第6章省级生态产品总值（GEP）核算实践。以第3章提出的基础理论体系为指导，遵循 GEP 核算的基本原理和方法体系，以江西省为案例区，分析江西省生态系统类型及空间分布特征，全面核算 2010 年和 2020 年江西省物质产品、调节服务产品及文化服务产品的功能量与价值量，揭示其 GEP 时空变化特征，并基于 GEP 核算结果，提出加强生态建设促进 GEP 提升的对策建议。

第7章县级生态产品总值（GEP）核算实践。以修水县为案例区，介绍修水县的区位、经济、资源、地形地貌、环境质量以及生态系统类型的构成，并重点从物质产品、调节服务和文化服务三个方面，对县域生态产品的功能量和价值量进行了核算，并提出促进 GEP 提升的对策建议。

第8章乡镇级生态产品总值（GEP）核算实践。以高安市华林山镇为案例区，介绍华林山镇的基本信息和生态系统类型分布状况，依据相关数据核算出物质产品价值量，并对调节服务价值量和功能量进行核算和分析，采用面积比率法估算华林山镇文化服务产品价值量。

第9章村级生态产品总值（GEP）核算实践。以莲花县坊楼镇沿背村为案例区，介绍沿背村的基本信息和生态系统类型比重和分布情况，采用面积比率法估算沿背村的物质产品价值和文化服务价值，对调节服务价值量和功能量进行核算，通过结合各指标的空间分布情况进行分析。

第10章项目级生态产品总值（GEP）核算实践。以莲花县的油茶和全南县的毛竹为研究对象，主要介绍作物的种植分布状况，并对其调节服务的功能量和价值量进行核算。

第11章生态产品总值（GEP）核算数字化平台。提出生态产品总值核算数字化平台设计的背景、原则、依据、主要技术指标；从 GEP 智能核算系统、GEP 数字化服务平台和生态产品价值实现应用三个方面解析 GEP 核算数字化平台框架，并介绍案例区 GEP 数字化平台的生态资源、GEP 核算和价值实现等功能模块。

第12章生态产品总值（GEP）核算成果的应用。主要介绍生态产品总值核算结果在六个方面的应用：GEP 进考核、GEP 进补偿、GEP 进交易、GEP 进规划、GEP 进决策和 GEP 进监测。

第13章生态产品总值（GEP）与区域经济系统耦合协调分析。从理论上阐明生态产品总值与区域经济系统的耦合协调机制，以赣南地区为例，分析

GEP 综合指数与经济发展综合指数的动态变化，揭示生态产品总值与区域经济耦合协调的时空异质性。

第 14 章基于调节服务价值核算的生态补偿标准测算。以鄱阳湖地区为例，在核算生态系统调节服务价值的基础上，通过生态补偿优先级指数（ECPS）确定区域生态补偿的优先顺序，再引入生态补偿需求强度系数修正生态补偿标准额度，进而确定各县区生态补偿标准，为完善生态保护补偿机制提供政策参考。

第 15 章生态产品价值实现的全过程协同路径与模式。剖析生态产品价值实现的多重目标，提出生态产品价值实现的全过程协同路径，总结生态产品价值实现的典型模式。

本书是在课题组承担的相关项目资助下的研究成果基础上整理而成。生态产品总值核算领域涉及广、学科交叉多，具有复杂性和深刻性，本书引用了大量相关文献，在此对相关文献的作者们表示衷心的感谢。由于作者学识有限，书中难免有错误与疏漏之处，恳请同行专家、学者不吝斧正。

江西财经大学生态文明研究院朱振宏、李致远、欧阳振益、李哲、许信和盛美琪参与本书部分研究工作，并参与了本书部分编辑及书稿的校对工作，在此对他们表示衷心的感谢。

本书适合人口、资源与环境经济学、统计学、土地资源管理、地理学、生态学及环境科学等专业的本科生和研究生阅读，也可以作为自然资源和统计部门管理人员和专业技术人员的参考用书。

目　录

第 1 章

绪　　论

1.1　研究背景

中国式现代化是人与自然和谐共生的现代化，必须牢固树立和践行绿水青山就是金山银山的理念。"绿水青山就是金山银山"是习近平总书记在浙江工作期间提出的关于生态文明建设的重要论断，已成为习近平生态文明思想的核心组成部分。对"绿水青山就是金山银山"这一论断的清晰认知，不仅在于保护"绿水青山"，增强生态产品供给，更应该在于推进"绿水青山"向"金山银山"转化，即生态产品价值实现问题。2021 年，《关于建立健全生态产品价值实现机制的意见》指出要有效解决生态产品"难度量"问题，建立生态产品价值评价机制。只有将生态产品价值核算清楚，才能使全社会认识到资源环境的真正价值，才能将资源环境变成一种可衡量、可比较的生产要素，才能建立起较完整的经济社会环境可持续发展的评价体系，才能形成促进可持续发展的激励机制和约束机制。生态产品是连接自然生态系统与社会经济系统的桥梁和纽带。生态产品总值是绿水青山所蕴含的生态产品的价值，开展 GEP 核算可以提升人们对生态产品价值的认识，助力生态产品价值实现，是践行"绿水青山就是金山银山"理念、推进生态文明建设的有益探索。

1.1.1　解决自然资源过度消耗问题需要正视生态产品总值

人类正在以前所未有的速度消耗自然资源。由国际资源委员会编写的《全球资源展望 2019》指出，全球自然资源使用量从 1970 年的 270 亿吨增至 2017 年的 920 亿吨。如果按照这一趋势发展下去，到 2060 年，全球自然资源使用量将会达到 1900 亿吨；同时，温室气体排放量将增加 43%，森林资源或将减少 10% 以上，栖息地等也将减少约 40%，这将会对全球气候变化产生巨大影响。应对自然资源枯竭危机，促使经济向可持续方向发展，是当前主要全球性问题之一。

缺乏自然资源价值的科学认知，忽视自然资源的生态价值，是自然资源过度消耗的重要原因。长期以来，人们只关注森林、草地、湿地等自然生态系统提供的物质产品，而水源涵养、洪水调蓄、气候调节等生态调节服务产品的价值没有充分认识。生态价值理念扭曲甚至缺失，"资源无价，可无偿使用""资源无主，可谁采谁用"等观念盛行（孙志，2017）。已有自然资源价值侧重于经济价值，通过市场价格来衡量。由于技术进步等原因，自然资源的开发利用成本急剧下降，导致其市场价格普遍不高。自然资源价格低甚至无价，诱发了人们对自然资源的过度开发利用。

自然资源的生态价值正在受到越来越多的关注。科斯坦萨等（Costanza et al.，1997）提出了生态服务定价模型，并计算出全球自然资本价值总量超过国民经济总量。1997 年，联合国统计局将环境资源纳入国民经济核算体系，形成环境经济账户（SEEA）。随后，多个国家相继建立了本国的经济和生态核算体系。20 世纪 90 年代以来，我国也不断探索自然资源价值核算的理论和实践。1988 年，国务院发展研究中心开展了"自然资源核算基期纳入国民经济核算体系"的研究。2004~2006 年，国家环保部门和世界银行实施了"建立中国绿色国民核算体系研究"的项目。生态产品总值正是在这种背景下提出来的，是指一定区域在一定时间内，生态系统为人类提供最终产品与服务及其经济价值的总和（欧阳志云等，2013）。推动生态产品总值从核算到应用，可以有效解决自然资源过度消耗问题。

1.1.2 建设生态文明与美丽中国需要凸显生态产品总值

生态兴则文明兴，生态衰则文明衰。党的十八大将生态文明建设纳入中国特色社会主义事业"五位一体"总体布局以来，全国上下以前所未有的决心和力度推进美丽中国建设。党的十九大报告明确提出"提供更多优质生态产品以满足人民日益增长的优美生态环境需要"。2018 年 4 月，习近平总书记在深入推动长江经济带发展座谈会上又明确指出"积极探索推广绿水青山转化为金山银山的路径，选择具备条件的地区开展生态产品价值实现机制试点，探索政府主导、企业和社会各界参与、市场化运作、可持续的生态产品价值实现路径"。2021 年 2 月 19 日，中央全面深化改革委员会第十八次会议审议通过《关于建立健全生态产品价值实现机制的意见》，并由中共中央办公厅、国务院办公厅印发实施。

生态产品价值实现是我国生态文明建设的重大创新性战略措施。良好生态环境是最公平的公共产品，是最普惠的民生福祉。保护生态环境就是保护生产力，改善生态环境就是发展生产力。通过把生态产品转化为经济产品融入市场经济体系，促进我国生态资源资产与经济社会协同增长。生态产品总值把生态效益纳入经济社会发展评价体系的切入点和突破口，通过生态产品总值核算，评估生态保护成效、生态系统对人类福祉的贡献和经济社会发展支撑作用，为完善发展成果考核评价体系与政绩考核制度提供具体指标。此外，生态产品总值核算还可以定量描述区域之间的生态关联，为完善生态补偿，促进优质生态产品持续供给提供科学基础。为此，2022 年，国家发展和改革委员会和国家统计局出台了《生态产品总值核算规范》。以规范行政区域单元的生态产品总值核算。然而，特定地域单元的生态产品价值核算规范还在制定中。

1.1.3　贡献可持续发展的中国方案需要探索生态产品总值

可持续发展是一个具有全球共识的概念和目标，但各国经济、政治、文化差异巨大，为了达成共识，其概念难免抽象笼统，覆盖的领域包罗万象。反之，各国在实践上，也都是从自身国情出发，并且同一个国家也有不同发展阶段，在不同阶段也可以有不同的理解方式和实践形式。自 20 世纪 90 年代开始，中国就积极推进可持续发展。中国是最早参与可持续发展行动的国家之一，并于 1992 年签署了联合国《里约环境与发展宣言》。1994 年，中国率先发布了国家级 21 世纪议程——《中国 21 世纪议程》。经过长期努力，中国无论在发展理念、制度建设、实践探索与国际合作方面，还是在减少贫困、节能减排、发展循环经济方面，都为全球可持续发展作出了实质性贡献，提供了可资借鉴的经验和模式。中国正在开展的生态文明建设是理念、制度和行动的综合体，是可持续发展与中国国情相结合的具体体现。

当前，政府和学界都在探索生态产品价值实现，建立健全生态产品价值实现机制有利于我国率先走出一条生态环境保护和经济发展相互促进、相得益彰的中国道路，让良好生态环境成为展现我国良好形象的重要窗口，彰显大国担当，为守护好人类命运共同体提供中国方案。生态产品总值核算与应用是生态产品价值实现的基础。目前生态产品总值核算实践与应用探索主要包括生态保护成效评估、生态文明建设目标考核、生态产品价值实现。如内蒙古自治区开展 GEP 核算以评估生态系统提供的生态效益。深圳市通过建立"1+3"GEP 核算制度体系将 GEP 全面应用于政府绩效考核中，提出 GDP 与 GEP "双核算、双考核、双提升"，促进深圳生态文明建设。浙江丽水市建立 GEP 核算实施机制，通过将 GEP 核算"进规划、进考核、进项目、进交易、进监测"，探索基于 GEP 核算的生态产品价值实现机制，促进丽水市的高质量绿色发展。云南普洱市探索基于 GEP 核算完善生态补偿制度。浙江德清县基于 GEP 核算建立了数字"两山"决策支持平台，服务于生态保护修复空间识别、生态保护红线监管、生态保护绩效考核以及未来的决策推演。蚂蚁森林将 GEP 核算用于评估企业生态恢复公益项目的生态效益。2021 年 3 月，联合国统计委员会正式将 GEP 纳入最新的环境经济核算系统—生态系统核算框架（SEEA-EA）中，将 GEP 作为生态系统服务和生态资产价值核算指标、联合国可持续发展 2050 目标的评估指标。

1.2 研究意义

1.2.1 理论意义

在国外，生态系统服务评估框架、环境经济核算系统—生态系统核算框架等处于不断完善之中。在国内，生态产品价值核算正在兴起，但价值核算体系不统一，指标体系不全面、不准确、不统一，评估方法不完善，调查方法不合理，不同研究人员采用的指标类型和方法体系也不一样，这就造成同一生态系统评估结果的不一致，不同类型的生态系统不同程度的价值评估难以对比，价值评估结果难以信服，无法真正提供决策参考。本书关注生态产品总值核算，具有重要的理论意义。

（1）系统梳理生态产品总值核算的基础理论，主要包括劳动价值理论、权益价值理论、效用价值论、自然资源价值理论、生态价值论等，科学建立核算流程、核算体系等 GEP 核算基本原理，将进一步丰富生态产品总值核算理论体系，并有助于深化生态系统服务评估理论、环境经济核算系统—生态系统核算理论、生态产品价值核算理论等。

（2）确立生态产品总值的功能量核算和价值量核算方法，建立生态产品总值核算的方法与模型，主要包括物质产品的核算方法与模型、调节服务产品的核算方法与模型、文化服务产品的核算方法与模型等，将进一步丰富生态产品总值核算方法论，并有助于深化生态系统服务评估框架方法论、环境经济核算系统—生态系统核算框架方法论和生态产品价值核算方法论等。

1.2.2　实践意义

目前不少地区正在积极探索生态产品价值核算与应用，然而，生态产品总值核算技术体系还没有统一规范，核算结果的应用实践还处于探索阶段。本书在系统梳理生态产品总值核算的基础理论、基本原理和方法模型的基础上，在省级、县级、乡镇级、村级和项目级层面上开展生态产品总值核算实践探索，并探索生态产品总值核算成果在生态补偿、国土规划、考核、交易和决策等方面的应用。生态产品总值核算研究具有重要的实践意义。

（1）助力绿水青山价值核算。党的十九届五中全会确定了"十四五"时期我国生态文明建设的总目标，全会提出，坚持绿水青山就是金山银山理念，推动绿色发展，促进人与自然和谐共生。在推进"两山"转化工作中，首先存在如何核算的现实难题。科学的价值核算体系能精准地评估出绿水青山所蕴含的经济价值。本书对生态产品总值核算进行理论和实证分析，有利于推进生态产品总值核算在绿水青山价值核算中的应用，助力绿水青山价值核算工作。

（2）助力"双 G"考核。生态产品总值是对国内生产总值的有效补充。党的十八大将生态文明建设纳入"五位一体"中国特色社会主义总体布局。单纯使用 GDP 来评估经济发展已不能满足现实发展需要。GEP 核算弥补了 GDP 核算未能衡量自然资源消耗和生态环境破坏的不足。GEP 是把生态效益纳入经济社会发展评价体系的切入点和突破口，促使经济发展量入为出、以"生态环境"定产。如果 GDP 与 GEP 双增长，即表明该地区社会经济与生态环境保护协调发展，生态文明建设取得成效。

（3）助力 GEP 结果进入生态补偿和市场交易。以 GEP 核算为依据，指导区域绿色发展战略规划，强化 GEP 指标在领导干部离任审计、高质量发展考核等方面的应用，引导各地在新发展理念下转变发展思路、改变发展方式，在推动 GDP 和 GEP 双增长的同时，不断促进 GEP 向 GDP 高效转化。把 GEP 核算引入到生态优先、绿色发展的政策体系中，推动 GEP 核算成果应用到相关政策奖补和资源要素配置中，进一步提高决策的效能。同时，探索构建以 GEP 核算为基础的生态产品交易机制，推动形成生态产品价值实现机制，真正实现"存入绿水青山，取出金山银山"。

1.3 相关概念界定

1.3.1 生态系统

生态系统（ecosystem）一词是英国植物生态学家坦斯利（Tansley）于 1936 年首次提出来的，在 1965 年哥本哈根会议之后得到了广泛的使用。

生态系统是指在一定的空间内生物成分和非生物成分通过物质循环和能量流动相互作用、相互依存而构成的一个生态学功能单位。在自然界，只要在一定的空间内存在生物和非生物两种成分，并能相互作用达到某种功能上的稳定性，哪怕是短暂的，这个整体就可以视为一个生态系统。

基于这一定义，地球上有许多大大小小的生态系统，大至生物圈或生态圈、海洋、陆地，小至森林、草原、湖泊和小池塘。除了自然生态系统以外，还有许多人工生态系统，如农田、果园等。生态系统不断地通过物质循环、能量流动和信息流动，为人类提供产品（如粮食、蔬菜、水果、木材等）和服务（如调节气候、水源涵养、水土保持等）。

1.3.2 生态系统服务

生态系统服务（ecosystem services，ES）一词是埃利希（Ehrlich）于 1981 年首次提出来的。不同学者对生态系统服务的定义略有不同。目前，国内已普遍采用联合国"千年生态系统评估"（millennium ecosystem assessment，MA）报告对生态系统服务的定义，生态系统服务是指人们从生态系统获得的惠益。"千年生态系统评估"报告将生态系统服务分为：（1）供给服务，如食物、纤维、遗传资源、燃料、淡水、药材等；（2）调节服务，如调节大气质量、调节气候、减轻侵蚀、净化水、调节疾病、调节病虫害、授粉作用、调节自然灾害等；（3）文化服务，如精神和宗教价值、知识系统、教育价值、灵感、审美价值、社会联系、地方感、休闲和生态旅游等；（4）支持服务，如生产生物量、生产大气氧气、形成和保持土壤、养分循环、水循环、提供栖息地等。

1.3.3 生态产品

在国内，生态产品首次出现在 2011 年的《全国主体功能区划》之中。区划指出，我国提供工业品的能力迅速增强，提供生态产品的能力却在减弱，随着人民生活水平的提高，人们对生态产品的需求在不断增强。必须把提供生态产品作为推进科学发展的重要内容，把增强生态产品生产能力作为国土空间开发的重要任务。随后，生态产品出现在党的十八大报告中，是生态文明建设的一个核心理念。

目前生态产品有不同含义，一种表述为生态产品指的是"自然生态系统产生的生态系统服务"，即过去常说的生态效益，包括物质产品和生态服务。另一种表述为生态产品是指在不损害生态系统稳定性和完整性的前提下，一定区域生态系统为人类福祉和经济社会可持续发展提供的各种物质产品与服务。大致可以分为三类：一是供给服务类产品，如木材、水产品、中草药、植物的果实种子等；二是调节服务类产品，如水涵养、水净化、水土保持、气候调节等；三是文化服务类产品，如休闲旅游、景观价值等。

1.3.4 生态系统服务评估

生态系统是人类社会赖以生存和发展的基础，生态系统服务为人类带来了巨大的福利。量化生态系统服务，可以使决策者和公众能够清晰地看到一个健康生态系统为人类提供的巨大服务，以及一个受损的生态系统所带来的巨大损失。生态系统服务评估就是采用定量的方法对生态系统为人们提供的惠益进行评定和估算。

生态系统服务评估方法复杂多样，学界一般将其概括为三大类：能值法、物质量评估法和价值量评估法。能值法是将生态系统中不同类型服务或产品运用太阳能值进行统一标准评估，即以生态系统的产品或服务在形成过程中直接或间接消耗的太阳能焦耳总量表示。物质量法是从物质量的角度对生态系统提供的各项服务进行整体定量评估。价值量法通过对生态系统提供的服务或产品将其量化为货币形式。价值量评估方法和物质量评估方法是常用的生态系统服务评估方法，能值法鲜有采用。

1.3.5 生态资产评估

在国内，生态资产概念尚未统一，欧阳志云等（2016）认为生态资产是指在一定时空范围内和技术经济条件下可以给人们带来效益的生态系统，包括森林、草地、湿地、农田等，并提出了生态系统生产总值的概念；高吉喜和范小杉（2007）认为生态资产是人类从自然环境获取的各类福利的价值体现，包括自然资源价值（矿产资源、水资源、土地资源、生物资源、气候资源等）和生态服务功能价值，类似于国外自然资本的概念。王健民和王如松（2001）提出生态资产是一切生态资源的价值形式，能够以货币计量并能带来直接、间接或潜在利益的生态经济资源。史培军等（2005）也提出生态资产是生态系统所提供生物资源与生态服务的功能之和。胡聃（2004）从生态学与经济学交叉学科的角度，将生态资产理解为人类或生物与其环境（如生物或非生物环境）相互作用形成的能服务于一定生态系统经济目标的适应性、进化性生态实体，它在未来能够产生系统产品或服务。综上，大多数学者认为生态资产主要包含生态系统所提供的各类具备直接价值与间接价值的服务功能及可再生自然资源（包含水资源、土地资源、生物资源、气候资源等），少数学者将矿产资源等不可再生资源也纳入生态资产范畴中。国际上多强调自然资本（natural capital）的概念，最为广义的自然资本被理解为人们发现的地球上所有有用物质，减去人们赋予这些物质的附加值；狭义的自然资本被称为生命支撑的自然资本或关键自然资本。

生态资产评估是对生态资产特点和总量的总体评价与估测，是针对不同区域、不同尺度和不同生态系统，运用生态学和经济学理论，结合地面调查、遥感和地理信息技术等一切手段，进行生态资产核算或综合估价。生态资产评估不完全等同于经济学意义上的资产评估。经济学上的资产评估主要是经济实体的价值评估，为生产和生活服务；生态资产评估是以生物资源为主要对象的区域生态系统质量状况的评估，是生态保护和生态系统管理的一部分，为保持良好的区域生态环境而服务。

1.3.6 生态产品总值核算

生态产品总值一词首次出现在2012年，朱春全（2012）提出把自然生态系统的生产总值纳入可持续发展的评估核算体系，以生态产品总值来评估生态状况。建立一个与 GDP 相对应的、能够衡量生态状况的评估与核算指标，即生态产品总值。马克·埃特拉姆（Mark Eigenraam）等也提出生态产品总值一词，将其定义为生态系统产品与服务在生态系统之间的净流量。欧阳志云等（2013）认为 GEP 是生态系统为人类提供的产品与服务价值的总和，通过建立国家或区域 GEP 的核算制度，可以评估其森林、草原、荒漠、湿地和海洋等生态系统，以及农田、牧场、水产养殖场和城市绿地等人工生态系统的生产总值，来衡量和展示生态系统的状况及其变化。

生态产品总值是指一定区域在一定时间内，生态系统为人类提供最终产品与服务及其经济价值的总和，是一定区域生态系统为人类福祉所贡献的总货币价值。生态产品总值核算就是运用生态学和经济学的理论和方法对生态产品总值进行核算。生态产品总值核算包括对物质产品、调节服务、文化服务等三类生态产品的功能量和价值量进行核算。

生态产品总值核算不仅可以用来认识和了解一定区域的生态效益，即一个县、市、省和国家的生态系统对社会经济发展的支撑作用和对人类福祉的贡献，评估生态保护的成效，尤其可以作为以提供生态系统产品与服务为主要目的的重点生态功能区保护成效的评估，引领重点生态功能区的建设与发展方向；还可以根据 GDP 与 GEP 两者的增长趋势和关系评估生态文明建设进展，以及人与自然和谐共生的状态与趋势。如一个地区 GDP 增长、GEP 下降，表明其经济发展是以生态破坏为代价的；或一个地区 GDP 下降、GEP 增长，则表明生态保护影响了当地的经济发展。如果 GDP 与 GEP 双增长，即表明该地区社会经济与生态环境保护协调发展，生态文明建设取得成效。

1.4 研究目的和内容

1.4.1 研究目的

（1）丰富生态产品总值核算理论。系统梳理劳动价值理论、权益价值理论、效用价值论、自然资源价值理论、生态价值论等生态产品总值核算的基础理论，从生态产品总值核算流程、体系、功能量核算、价值量核算等方面建构生态产品总值核算的基本原理，进一步丰富生态产品总值核算理论。

（2）健全生态产品总值核算方法体系。建立生态产品总值核算的方法与模型，主要包括物质产品的核算方法与模型、调节服务产品的核算方法与模型、文化服务产品的核算方法与模型等，进一步拓展生态产品总值核算方法。

（3）推动生态产品总值核算成果应用。提出生态产品总值核算数字化平台设计的基本内容，探索生态产品总值核算结果的应用，主要包括 GEP 进考核、GEP 进补偿、GEP 进交易、GEP 进规划、GEP 进决策和 GEP 进监测；凝练生态产品价值实现的全过程协同路经与模式。

1.4.2　研究内容

基于上述研究目标，本书研究内容如下：

（1）生态产品总值核算的研究进展与基础理论。此部分内容包括第 2~3 章。第 2 章为国内外相关研究进展，从生态系统服务评估、生态资产评估、生态价值评估、生态产品总值核算等研究领域入手，重点梳理其评估理论、评估方法及案例应用等，系统总结 GEP 核算相关研究领域的前沿进展；第 3 章为生态产品总值核算的基础理论，包括劳动价值理论、权益价值理论、效用价值理论、自然资源价值理论、生态价值论、外部性理论等，分析其理论内涵与外延，探讨上述经典理论对 GEP 核算的理论指导意义。

（2）生态产品总值核算的方法体系。此部分内容包括第 4~5 章。第 4 章总体介绍生态产品总值核算的基本原理和技术路径，阐述了 GEP 的功能量核算和价值量核算的基本原理和方法路径，梳理了 GEP 核算的指标体系构建，从 GEP 核算技术流程、GEP 核算质量控制、GEP 核算成果汇总等方面探讨了 GEP 核算流程。在此基础上，第 5 章着重介绍 GEP 核算的主流方法与模型，从物质产品、调节服务产品、文化服务产品三大类，具体阐述各类生态产品指标的功能量和价值量核算的方法与模型。

（3）生态产品总值核算的实践研究。GEP 核算的实践研究包括第 6~10 章。以前述基础理论体系为指导，遵循 GEP 核算的基本原理和方法体系，从省、县、乡镇和村等不同区域尺度上选择典型地区，全面核算案例区的物质产品、调节服务产品及文化服务产品的功能量与价值量，开展生态产品总值核算的应用实践；同时，以油茶和毛竹为案例，探索开展项目尺度上的 GEP 核算应用。基于 GEP 核算结果，提出促进 GEP 提升的对策建议。

（4）生态产品总值核算的数字化平台。此部分内容为第 11 章。提出生态产品总值核算数字化平台设计的背景、原则、依据、主要技术指标，从 GEP 智能核算系统、GEP 数字化服务平台和生态产品价值实现应用 3 方面解析生态产品总值核算数字化平台框架，并介绍案例区 GEP 数字化平台的生态资源、GEP 核算和价值实现等功能模块。

（5）生态产品总值核算成果的应用。此部分内容为第 12～14 章。首先，介绍目前生态产品总值核算成果在 6 个方面的应用：GEP 进考核、GEP 进补偿、GEP 进交易、GEP 进规划、GEP 进决策和 GEP 进监测。其次，以赣南地区和鄱阳湖地区为案例，分别呈现了 GEP 核算成果在区域生态经济发展诊断与生态补偿方面的应用探索。

（6）生态产品价值实现的路径与模式。此部分内容为 15 章。重点剖析生态产品价值实现的多重目标，总体生态产品实现中"资源资产化""资产资本化""资金股金化"的全过程协同路径，提炼生态产品价值保值—转化—增值的典型模式。

1.5 技术路线

本书的技术路线如图 1-1 所示。

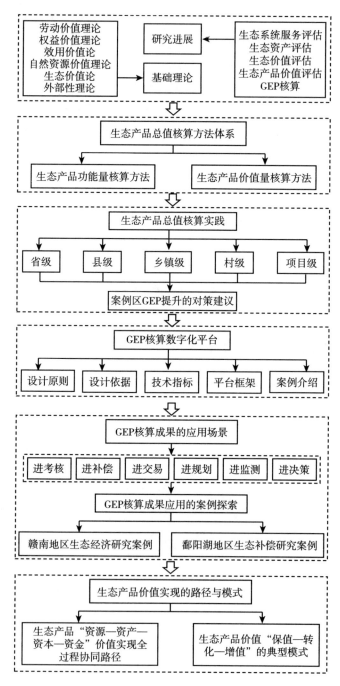

图 1-1　技术路线

第 2 章

国内外相关研究进展

2.1 生态系统服务评估研究进展

2.1.1 生态系统服务评估概述

生态系统服务（ES）的研究课题在 20 世纪 70 年代已开始盛行（Ehrilich et al.，1982；Burkhard et al.，2018）。2005 年，联合国千年生态系统评估（MA）成果发布，关于 ES 的学术文献呈指数级增长（Fisher et al.，2009；Costanza et al.，2017；Schroter et al.，2019）。MA 将 ES 放在了政策议程上，使得 ES 概念已经超越了学术领域，扩散到政府政策中，并进入了从地方到国际范围的非营利、私营和金融部门（Scarlett & Boyd，2015）。目前出台了生态系统服务评估指南的机构包括 TESSA、TEEB、ESMERALDA MAES Explorer、IPBES、ESP 等。量化生态系统服务，可以使决策者和公众能够清晰地看到一个健康生态系统为人类提供的巨大服务，以及一个受损的生态系统带来的巨大损失。系统性 ES 评估已被证明可为规划提供重要信息（Albert et al.，2016；Portman & Elhanan，2016）。生态系统服务评估已经是土地利用管理提供信息的常用工具（Sagie & Orenstein，2022）。

2.1.2 生态系统服务评估理论

2.1.2.1 生态系统服务的概念

生态系统服务评估就是采用定量的方法对生态系统为人们提供的惠益进行评定和估算。生态系统服务价值评估研究初期，社会环境变化对生态系统服务（供给、调节、支持和文化服务）的影响及其相关性分析方面取得了很大进展（Costanza et al.，1997；Deegan et al.，2012；Porras，2012）。之后，引入了遥感等空间信息数据以及空间化方法对多种生态系统服务价值开展评估研究，促进了生态系统服务价值评估的进一步发展（Sutton et al.，2002；Costanza，2008；Alcaraz-Segura et al.，2013；Xie et al.，2013）。目前，现有研究对全球（Daily，1997；Costanza et al.，1997；2014）、区域（欧阳志云等，1999b；谢高地等，2001b；2003）、流域（赖敏等，2013）、单个生态系统（谢高地等，2001a；赵同谦等，2004；朱敏等，2012）等不同尺度的生态系统服务进行了评估，采用的评估方法随尺度的不同而具有一定的差异。

2.1.2.2　生态系统服务的分类

科斯坦萨等（Costanza et al.，1997）在《自然》（*Nature*）杂志上发表了一篇关于生态系统服务评估的论文"The value of the world's ecosystem services and natural capital"，在学术界获得了很高的关注，这篇论文对全球的生态系统服务进行评估，它的评估指标中包含了 17 种生态系统服务，其中多个指标在后来的生态系统服务分类研究中被借鉴。

MA（2005）定义了四类可以对人类福利做出贡献的生态系统服务，供给（从生态系统中获得材料输出，如提供食物、淡水）、调节（生态系统充当调节器所提供的服务，如调节气候、土壤质量或提供洪水和疾病控制）、支持（为地球上的生物提供生活空间，为所有生态资源存在提供前提条件，如物种栖息地）和文化服务（提供娱乐和身体健康、旅游、美学、艺术等方面的机会）。

2010 年，继 MA 之后，联合国组织实施了一项针对生态系统和生物多样性的重要研究，即生态系统与生物多样性经济学（the economics of ecosystems and biodiversity，TEEB），是一种生物多样性与生态系统服务价值评估、示范和政策应用的综合方法体系，为生物多样性保护和可持续利用提供了新的思路和方法。TEEB 沿用了 MA 的分类体系，将生态系统服务分为供给服务、调节服务、文化服务和栖息地服务四大类服务（TEEB，2010）。

2017 年，《生态系统服务国际通用分类》（*the common international classification of ecosystem services*，*CICES*）是根据欧洲环境署（EEA）开展的环境核算工作发展而来的。CICES 旨在提供一个层次一致且基于科学的分类，用于自然资本核算（Costanza et al.，2017）。

四类生态系统服务分类系统的比较如表 2-1 所示。

表 2 - 1   世界范围内使用的四类主要生态系统服务分类系统的
比较及其异同

分类	科斯坦萨等，1997	千年生态系统评估，2005	生态系统与生物多样性经济学，2010	生态系统服务国际通用分类，2017
供给服务	粮食生产	食物	食物	生物质 - 营养
	水分供给	清洁的水	水	水
	原材料	纤维等	原材料	生物质 - 纤维、能源或其他材料
		观赏性资源	观赏性资源	生物质 - 机械能
	遗传资源	遗传资源	遗传资源	
		生物化学和天然药材	药材资源	
调节服务	气体调节	空气质量调节	空气净化	气体和空气流动的调节
	气候调节	气候调节	气候调节	大气成分与气候调节
	干扰调节	自然灾害调节	扰动预防或调节	大气和径流流动调节
	水分调控	水分调节	水流调节	液体流动调控
	废物治理	水净化和废物治理	废物处理	废物、有毒物质的净化调节
	侵蚀控制和土壤保持	侵蚀调节	防侵蚀	质量流量调节
	土壤形成	土壤形成	保持土壤肥力	保持土壤形成和组分
	授粉	授粉	授粉	生命周期维护
	生物防治	害虫和人类疾病控制	生物防治	害虫和疾病控制
支持服务	营养物质循环	营养物质循环和初级生产		
	栖息地	生物多样性	生命周期维护	生命周期维护、栖息地和基因库保护
			基因库的保护	
文化服务	休闲娱乐	娱乐和生态旅游	娱乐和生态旅游	户外体验
	文化	美学价值	美学信息	

资料来源：Costanza et al. , 2017.

2.1.3   生态系统服务评估方法

归纳当前国内外学者在生态系统服务评估上采用的方法，可以划分为四种典型类型：一是物质量转换法；二是传统的市场评估法；三是价值当量法；四是能值分析法（如图2-1所示）。其中，物质量和能值既可以作为独立的评估指标，也可以转换为价值量，换句话说，可以将物质量或能值看作价值量评估过程中的"中间量"。

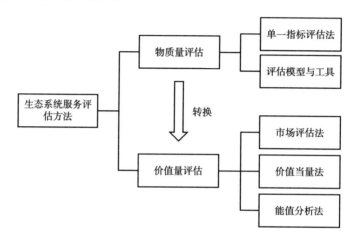

图2-1　生态系统服务评估方法

2.1.3.1　物质量评估法

物质量评估可以客观地反映生态系统服务的实际情况，它的评估结果是生态系统服务最真实、最原始的量。由于生态系统服务的复杂性，早期生态系统服务评估中，学者一般会对其中一种功能进行评估。随着技术的进步，才逐渐开发出了能综合评估生态系统服务的模型和工具。

（1）单一指标评估法。指标评估是对生态系统各项功能所对应的指标所提供的实际数值进行测算，例如用"年度调节水量"（立方米/年）指标测算生态系统服务的水源涵养功能。指标是反映生物多样性和生态系统服务状态与趋势，监督和交流政策目标与进程的重要工具（见表2-2）。

表2-2　　　　　　　　　　　指标评估法总结

项目	指标名称	评估方法	文献
供给服务	植被指数（NDVI）	基于叶面积指数的估产模型、WOFOST模型等	（王玲等，2004；任建强等，2010；Fegraus et al.，2012）
调节服务	植被净初级生产力（NPP）	定位观测、卫星遥感反演和模拟估算模型（CASA模型）	（Matsushita & Tamura，2002；Field et al.，1998；朱文泉等，2005）

续表

项目	指标名称	评估方法	文献
调节服务	森林留存的污染物数量（SO_2、NO_2、灰尘）、空气负离子	API/AQI 模型	（Mozumder et al.，2013）
	调节水量	降水和蒸散的差值、CRAE，Granger，SEBAL 模型、Penman Monteith 公式等	（Xue et al.，2001；Wang et al.，2015）
	降雨量与地表径流量	经验模型	（Zhang et al.，2010）
支持服务	土壤侵蚀量	USLE 方程、LISEM 模型	（de Araujo Barbosa et al.，2015；张丽云等，2016）
文化服务	生态系统面积	GIS 空间分析方法	（谢高地等，2003；2015）

（2）综合评估模型与工具。随着 3S 技术的发展，定量化和空间可视化评估已成为生态系统服务评估的最新趋势。生态系统服务评估模型不断推陈出新，已有研究对生态系统服务评估模型进行总结和比较。内梅茨和罗赛浦－赫恩（Nemec & Raudsepp-Hearne，2013）综述了基于 GIS 的生态系统服务评估主要模型，包括评估生态系统生态生产功能的 InVEST 模型、量化服务空间流动的 ARIES，以及评估服务优先级的 SolVES 模型，并着重从模型的可获取性、评价尺度及运行时间做出比较。李婷和吕一河（2013）基于生态系统服务评估模型的建模技术，将其分为：相关关系法、生物—物理过程法以及专家知识法，并分别对其原理、差异、优缺点以及适用性进行了详尽阐释。

综上所述，本书归纳总结了目前使用较多的生态系统服务综合评估模型与工具（见表 2-3）。为了明晰生态系统服务评估的应用前景，本书根据模型的时间处理是静态还是动态、是否有公众参与、供给和需求的方向、测量结果的表现形式对生态系统服务评估进行划分（见图 2-2）。

表 2-3　　　　　生态系统服务综合评估模型与工具总结

模型名称	研发机构	模型功能	文献
InVEST	斯坦福大学生物系 G. C. Daily 研究小组	对陆地、淡水及海洋生态系统服务价值进行评估，能够实现动态及可持续评估	（Yang et al.，2019；Cong et al.，2020；Ouyang et al.，2020；陈万旭等，2022）

续表

模型名称	研发机构	模型功能	文献
ARIES	美国佛蒙特大学	结合多尺度过程和贝叶斯概率模型，模拟多项生态系统服务从供给区到服务受益区的流动过程	（马琳等，2017；Sharps et al.，2017）
CEVSA	Cao & Woodward，1998	应用于全球和区域水平的陆地生态系统碳循环对气候年际变化的响应研究	（徐雨晴等，2018；Niu et al.，2021；王军邦等，2021）
MIMES	佛蒙特大学冈德生态经济研究所 Robert Costanza 研究小组	对生物圈、人类圈、水圈、岩石圈、大气圈的生态系统服务进行评估	（Boumans et al.，2015；Cotter et al.，2017）
CITYgreen	美国林业署（American Forests）	城市绿色空间的规划管理、生态效益计算和动态变化的模拟及预测	（Moll，2005；赵金龙等，2013）
SoLVES	美国落基山地理科学中心（RMGSC）及科罗拉多州立大学 Jessica Clement	用于评估、绘制和量化生态系统服务的社会价值，包括食物和淡水以及美学和娱乐等文化服务	（Van Riper et al.，2014；Sun et al.，2018；Tian et al.，2021）
GUMBO	佛蒙特大学冈德生态经济研究所 Roel of Boumans	对地球人类圈、生物圈、大气圈、水圈和岩石圈五个部分11种生态系统进行服务功能价值评估	（Boumans et al.，2002；Arbault et al.，2015）
EPM	美国	用于评价土地利用/覆被变化对生态、经济和居民生活质量价值的影响	（Mufan et al.，2020）
iTree	美国农业部林务局	美国城市和农村林业分析和效益评估工具	（马宁等，2012；常郴和王思思，2021；Bonilla-Duarte et al.，2021；Cimburova & Barton，2020；Baines et al.，2020；Riondato et al.，2020）

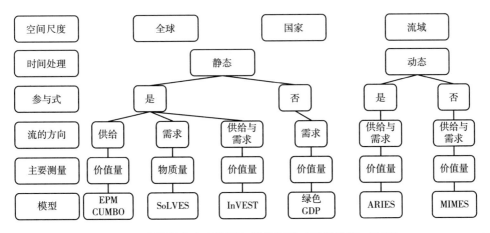

图 2 - 2　主要的生态系统服务评估模型（于丹丹等，2017）

2.1.3.2　价值量评估法

价值量评估方法是根据人类社会对该物质量的需求进行定价，赋予真实的物质量一个价格，用于生态补偿、生态保护等服务于人类社会发展的事项，因此价值量的单位往往是货币。常用的价值量评估方法包括，物质量转换法、市场评估法和价值当量法。

（1）物质量转换法。物质量转换法的评估原理是基于生态模型反演中间服务的物质量，明确中间服务物质量与最终服务价值的关系，结合生态系统服务价值评估市场理论，将生态系统服务的物质量转换为价值量（见表 2 - 4）。虽然这种方法应用广泛，但是该方法存在一定的不确定性，主要是由于：①空间数据本身具有不确定性；②方法选择问题，不同研究人员可能利用不同的方法对同种生态系统服务开展价值评估，结果可能差异很大（李丽等，2018）。

表 2 - 4　　　　　　　　　　基于生态模型反演中间物质

生态系统服务	中间服务	评估原理	参数说明	文献
供给服务	有机物生产	$V = y \times P$	y 为 NPP（$kg \cdot a^{-1}$）；P 为单位质量有机质的平均价格（元 $\cdot kg^{-1}$）	（许旭等，2013）
	粮食估产		y 为粮食产量（kg）；P 为粮食平均价格（元 $\cdot kg^{-1}$）	（谢高地等，2003；2015）
	农业生产		y 为植业、林业、养殖业、渔业等农业产品的产量；P 为当年市场价格	（欧阳志云等，2013）

续表

生态系统服务	中间服务	评估原理	参数说明	文献
调节服务	固碳	$V = 1.63 \times NPP \times R \times P_{碳}$	1.63 和 1.19 分别为光合作用方程式中每生产 1g 干物质的固碳、释氧量；NPP 为单位面积净初级生产力（g·m^{-2}·a^{-1}）；R 为 CO_2 中碳的含量，为 27.27%；$P_{碳}$ 为碳税率价格；$P_{氧}$ 为工业制氧价格	（许旭等，2013）
	释氧	$V = 1.19 \times NPP \times P_{氧}$		（周月明，2010）
	净化空气		y 为生态系统的 SO_2 留存量（kg·a^{-1}）；P 为消减 SO_2 的平均治理费用（元·kg^{-1}）	
	滞尘价值	$V = y \times P$	y 为生态系统的滞尘量（kg·a^{-1}）；P 为消减尘土地平均治理成本（元·kg^{-1}）	
	水源涵养		y 为区域内总的水源涵养量（m^3）；P 为建设单位库容的投资价格（元·m^{-3}）	（欧阳志云等，2013）
	土壤保持		y 为土壤保持总量（t·a^{-1}）；P 为挖取和运输土壤所需费用（元·t^{-1}）	（许旭等，2013）
	保持土壤肥力	$V = \sum_i y \times C_i \times P$	y 为土壤保持量（t·a^{-1}）；C_i 为土壤中氮、磷、钾的纯含量；P 为化肥平均价格（元·t^{-1}）	（欧阳志云等，2013）
	病虫害控制	$V = N \times (MF - NF) \times P$	N 为天然林面积（km^2）；MF、NF 分别为人工林和天然林病虫害发病率（%）；P 为单位面积病虫害防治的费用（万元·km^{-2}）	（欧阳志云等，2013）

（2）市场评估法。欧阳志云等（1999b）和徐嵩龄（2001）吸收了 UNEP 的成果，将生态系统服务评估方法分为直接市场法、替代市场法和虚拟市场法（见表 2 - 5）。

表 2-5 市场评估法的比较

分类	评估方法	内涵	优点	缺点	文献
直接市场法	费用支出法	以生态系统服务功能的消费者所支出的费用来衡量生态系统服务价值的方法	价值可以得到一个估计的量化值	费用统计困难，与实际价值存在误差较大	（欧阳志云等，1999a；2013）
	市场价值法	对有市场价格的生态系统产品和功能估算的方法	结果比较可靠，争议最少	评价对象与可市场化商品的联系认识不足，数据需要足够全面	（Rasheed et al.，2021）
	机会成本法	在其他条件相同时，按照把一定资源获得某种收入时所放弃的另一种收入来进行估算	简单易懂，能够为决策者提供有价值的信息，可较为全面地体现生态系统的价值	需要资源具有一定的稀缺性	（Canova et al.，2019；Zhou et al.，2019）
替代市场法	替代成本法	通过人造系统替代生态系统服务所产生的花费	可为没有市场价格的因素定价	有些功能无法替代	（Mousavi et al.，2020；Vardon et al.，2019）
	影子工程法	用假设的实际效果相近的工程价值替代生态资产价值来估算	可以估算难以直接计算的生态系统服务价值	不同的替代工程之间差异较大，可靠性不高	（刘菊等，2019；Tsur，2020；Kvamsdal et al.，2020）
	享乐价格法	人们为相关商品支付的意愿评估生态系统的服务价值	可以侧面比较得出生态系统的价值	主观性强，受干扰因素大	（Belcher et al.，2019； Spanou et al.，2020）
	旅行费用法	由旅行而体现出来的一些生态系统服务，旅行的费用可以看作生态系统服务内在价值的体现	可以估算生态系统游憩的使用价值	无法核算非使用价值	（Jaung & Carrasco，2020；Dai et al.，2022；Zhao et al.，2022）
虚拟市场法	条件价值法	该方法主要是通过直接询问人们对于假想市场中生态系统服务的支付意愿，从而确定此类生态系统服务的经济价值	侧重经济学理论，对非使用价值评估具有明显优势	与生态系统物质基础关系不够明显，研究结果与区域经济水平相关，不具有可比性	（Bostan et al.，2020；Oh et al.，2019；苗赫萌等，2021）

（3）价值当量法。价值当量法以科斯坦萨等（1997）和谢高地（2001）为代表。科斯坦萨等（1997）最早基于生物物理过程及全球参数粗算了全球生态系统服务的功能量，并用工程替代价值方法核算出价值量，进而利用生态

系统空间分布数据求取各生态系统类型上的单位面积价值量。谢高地将这种方法引入中国，并根据对原模型中的部分参数进行中国本地化，由此获得了中国各类生态系统类型上的单位面积价值量系数表（谢高地，2003；2008）。后续若干国内外学者使用生态系统类型空间分布数和生态系统类型价值系数就可以计算出生态产品价值量（谢高地等，2015；王磊等，2017；徐媛银等，2019）。

价值当量法的优点是计算数据需求少，仅需要知道各类生态系统的面积。缺点也很明显，那就是计算结果精度不高，一是生态系统的质量未被考虑，同类且同样面积的生态系统由于质量不同，其发挥的生态系统服务能力和价值也是显著不同的；二是虽然一些学者在原方法的基础上，通过增加质量权重系数，对这个缺陷加以修正（李毅等，2015），但其在地理空间上的差异性不足，如同类、同质且面积相同的湿地在不同地理气候区的生态系统服务功能量和价值量的显著差异很难在该方法中得以体现（江波等，2015）。此外，由于数据需求过于单一，导致基于这种方法计算出的结果用于指导生态管理实践时，管理抓手仅有生态系统类型和面积管控。

（4）能值分析法。20世纪80年代美国著名生态学家奥德姆（Odum，1967；1971）提出了能值（emergy）的概念，他认为生态系统和人类社会经济系统均可视为能量系统，任何形式的能量均源于太阳能，故常以太阳能为基准来衡量各种能量的能值。任何资源、产品或劳务形成所需直接和间接应用的太阳能之量，就是其所具有的太阳能值。

能值分析法是指通过基础数据利用模型或算法计算物质量，借助能值转换率，再将生态系统中不同类、不同质的能量转换为统一标准尺度的能值来衡量生态系统各种服务。在能值转换评估法的实际应用中，通常是运用能值转换率将其他形式的能转化为统一标准的太阳能值作为之后的评估基础。该方法计算简单，资料获取容易，解决了不同等级和不同类型的物质不能同时分析、比较的难题，且可以做长时间尺度的推算（李丽等，2018）。

能值分析法一经创立就在生态学和经济学界引起了强烈反响，国内外能值分析研究十分活跃。崔丽娟等（2004）运用能值分析法计算了鄱阳湖湿地生态系统内的物流和能流，结果显示投入量太阳能值为 3.36×10^{19} sej，产出量太阳能值为 3.07×10^{20} sej，生态系统整体投入/产出效益良好。王楠楠等（2013）对九寨沟自然—经济（旅游）—社会的复合系统的能流、物流、货币流进行定量的能值测度，结果表明2010年九寨沟自然保护区能值的总使用量为 4.19×10^{20} sej。吴次芳等（2009）分析了西溪湿地公园建立前后生态经济系统的物流和能流，发现在湿地公园建立之前，西溪湿地生态经济系统每年能

值总投入为 1.71×10^{19} sej，建立后每年能值总投入增加到原来的 1.6 倍。

但是从已有的研究来看学者们使用的太阳能值转换率只适合较大范围区域的能值分析，对于较小区域或个体的能值分析，其研究适用性和能值数据可得性都值得商榷。不同区域的生产水平的异质性决定人类经济产品的能值转（潘鹤思等，2018）。

2.1.4 生态系统服务评估应用

物质量评估法适于分析生态系统服务的可持续性，能够客观地反映生态系统的结构功能和生态过程，就较大空间尺度生态系统服务评价比价值量评价方法更有意义。但是物质量评价方法过于烦琐，由于各个物质量的计算方法不一、单位不一，无法计算生态系统服务的总价值。近年来，综合评估模型与工具的发展为生态系统服务价值开拓了巨大的空间，主要体现在多种功能价值的计算、生态系统服务与生态系统功能之间非线性关系研究、多情景模拟并预测生态系统服务价值。

价值量评估法或多或少地依赖于主观决策，其中价值量反映的是生态系统功能的交换价值，适于为某些工程项目立项、生态补偿以及市场交易提供依据。但价值量评估法通常都会采用简化的方式，例如价值当量法中的当量因子、能值分析法中的能值转换率就是将计算过程简化，而这会影响评估结果的准确性，容易产生误导和评估结果不准确等问题。

目前生态系统服务价值评估采取较多的是价值量评估法，价值量评估法有助于我们建立经济系统与生态系统的连接桥梁，将人类发展、福祉与生态系统保护联系起来。价值评估方法中基于市场的传统评估方法较为主观，仅仅是从人类社会对生态系统服务需求的角度评价其价值，而基于物质量转换的评估方法结合了市场评估方法和物质量评估方法，显然更为科学。生态系统服务评估方法总结如表 2-6 所示。

表 2-6 生态系统服务评估方法总结

评估方法	优点	缺点	应用前景
物质量评估法	评估分析的准确度较高，能够反映本地生态环境特征；能评估较大空间尺度的生态系统服务；评估指标多，有助于分析和改进生态系统服务能力	方法复杂，对数据要求较高；单位不一，无法计算生态系统服务的总价值	多种功能价值的计算；生态系统服务与生态系统功能之间非线性关系研究；多情景模拟并预测生态系统服务价值

评估方法	优点	缺点	应用前景
价值量评估法	计算数据需求少，仅需要知道各类生态系统的面积；有助于建立经济系统与生态系统的连接桥梁，反映人们对生态系统服务的需求	计算过程过于简化，评估结果的准确性差；评估较为主观，仅仅是从人类社会对生态系统服务需求的角度评价其价值	编制自然资源资产负债表；为某些工程项目立项、生态补偿以及市场交易提供依据

2.2 生态资产评估研究进展

2.2.1 生态资产评估概述

"生态资产"来源于沃格特（Vogt，1948）讨论美国国家债务时，提到的"自然资源资本"一词。达利（Daly，1996）将自然资本定义为能够在现在或未来提供有用的产品流或服务流的自然资源及环境资产的存量。科斯坦萨（1997）首创式提出了生态资产的概念，认为生态资产是在一个时间点上存在的物资或信息的存量，每一种资本存量形式自主地或与其他资本存量一起产生一种服务流，这种服务流可以增进人类的福利。尼斯等（Kneese et al.，1988）、达利（1989）、科斯坦萨（1992）、弗里曼（Freeman，2002）等不断将生态资产概念拓展。皮尔斯和透纳（Pearce & Turne，1990）将生态资产分解为自然资源的总量和环境的自净能力、自然资源的生态潜力、生态环境质量、生态系统的整体使用价值四个部分。

2.2.2 生态资产评估理论

马克思主义的劳动价值论认为，物化在商品中的社会必要劳动量决定商品价值量（曹雷，2005）。因此，生态资产评估的意义在于两个方面：一是从生态系统中获得人类生存和社会经济发展所需的自然资源和生态要素时，在生态系统中凝结的人类劳动的价值；二是为了推动人与自然和谐共生，保证生态系统的稳定和可持续发展，维持生态资产的供给能力，人类对生态系统进行合理的保护和修复所耗费的人类劳动所凝结的价值（吕洁华等，

2015）。作为人类生产生活的必需品，根据效用价值理论，生态资产的效用和稀缺性是毋庸置疑的（蒋伏心和马骥，2009）。随着我国经济的发展，工业化、城镇化的快速推进以及粗放的发展方式对生态环境造成了严重破坏，导致生态资产供给与需求之间产生了巨大的缺口，生态资产的供给难以满足人民群众日益增长的需求，生态资产具有了稀缺性。评估生态资产的实际价值是由其在提高社会福利中的作用以及其稀缺性和有用性所决定的（丘水林等，2021）。

产权理论可为生态资产的评估、交易和价值实现提供理论支撑，清晰的产权也可以很好地解决外部性问题。生态资产种类繁多，其所有权、使用权、收益权等各不相同，配套的生态资产产权制度尚未成熟（黄宝荣等，2020）。目前我国生态资产产权制度尚不健全、环境产权制度尚未建立、所有者职责不到位、所有权边界模糊等窘境致使难以评估生态资产真实价值（谭荣，2021）。产权制度直接关系到生态资产供给主体责任是否清晰、主体权利是否明确、主体利益能否实现，决定了生态资产需求的竞争性和产权形成的可能性，也就为生态资产的市场交易创造了可能。但是由于其价值属性无法有效地划归私有，呈现出典型的外部性特征，也导致生态资产产权界定很难实现，成为阻碍生态资产评估并应用于市场化交易的最大障碍（藏波等，2016）。

生态资产是一种典型的公共物品（李平星和孙威，2010），因而在对生态资产评估进行研究时要充分考虑到它的公共物品特性。公共物品是指能够为全社会公共使用的产品的总称，其特性就在于具有典型的非竞争性和非排他性（欧名豪等，2019）。非竞争性是指部分人对某种公共物品的使用不会减少其他人对这一产品使用的数量和质量；非排他性则是指部分人对某种公共物品的使用不能够阻止其他人对这一产品的使用。而在享受生态资产带来的价值时，存在着显著的"搭便车"的现象，造成生态资产的受益群体庞大且难以明确，继而难以找到生态资产评估结果的付费者。在生态资产价值的评估过程中，应根据生态资产价值惠及范围的大小或生态资产消费群体的大小来明确生态产品价值的付费者，即具有典型公共产品属性的生态资产可以由政府付费（如生态补偿等），由部分群众享受的生态资产以收取税费等形式由受益群体付费，而具有私人产品性质的生态资产，由明确的消费者付费（如生态农产品、生态旅游的价值）（张林波等，2021）。

生态资产具有显著的外部性，其主要体现在两个方面：一是由于人类活动造成生态环境破坏，进而对其他人造成不良影响，可称为生态环境的负外部性；二是对于生态环境的保护，生态资产的生产能力得到强化，而使未参与这一活动的人群同样受到因环保所带来的效益，可称为生态环境的正外部性（彭文英和尉迟晓娟，2021）。但是，针对生态环境保护和破坏的正外部性和负外部性均未在成本和价格中得到体现，会造成生态环境保护行为因未得到合理补偿而供给不足，以及生态环境破坏行为的成本小，实际造成的损失而供给过（高一飞，2021）。外部性的存在说明市场和政府都有可能出现失灵，无论是正外部性还是负外部性都导致无法实现资源配置的帕累托最优，因此需要对外部性进行治理、实现外部性的内部化——主要途径包括政府和市场两种途径，即环境经济学常用的庇古手段和科斯手段。根据科斯的理论，产权设置是优化资源配置的基础，解决外部性的关键是明确产权，即可以通过交易成本的选择和私人谈判、产权的适当界定和实施来实现外部性的内部化（胡咏君等，2019）。外部性理论为生态产品价值实现采取政府和市场两种主要方式提供了理论指导。

自然资源量化系统性的研究开始于 20 世纪 70～80 年代西方发达国家和部分发展中国家开展的自然资源核算研究工作。自 1974 年开始，挪威、法国、芬兰、加拿大等国家率先建立起系统性的自然资源核算框架体系，重点针对与经济发展高度关联的自然资源进行系统量化。1989 年法国发布《环境核算体系——法国的方法》，成果在自然资源核算方面具有较大国际影响。1993 年，美国建立了反映环境信息的资源环境经济整合账户体系。1993 年联合国统计署（UNSD）建立了新的国民经济核算体系——综合环境与经济核算（SEEA）体系，并经过不断的完善与修订，于 2012 年公布了 SEEA – 2012 中心框架，被联合国确立为第一个国际自然资源统计标准，框架中明确对环境资产存量及其变化进行核算，主要包括矿产和能源资源、土地、土壤资源、木材资源、水生生物资源、其他生物资源以及水资源七大类。

20 世纪 80 年代后期，资源环境核算的概念引入我国，国内对于自然资源系统量化与核算的研究开始逐步开展（封志明等，2014）。1988 年，国务院发展研究中心与美国世界资源研究所合作研究《自然资源核算及其纳入国民经济核算体系》课题。1991 年，李金昌发表我国首部自然资源核算专著《资源核算论》，对开展自然资源核算的范围与核算估价的理论基础进行了首次阐述。1994 年，国务院审议通过《中国 21 世纪议程》，提出努力促进和实现资源的合理利用与环境保护，研究并试行把自然资源和环境因素纳入国民经济核算体系。此后，学术界开始针对不同类型自然资源（森林、水、大气、土地、矿产、海洋等）的核算理论与方法进行了探讨，如采用收益还原法对耕地价值进行量化、采用费用价格法计算森林资源价值等。2004 年，国家统计局、国家环保总局联合开展了中国环境与经济绿色 GDP 核算研究。传统的自然资源量化方法主要是人工踏查或清查等，这些方法受限于人类的活动空间，难以适应在时间和空间多维尺度量化的需求。随着遥感技术的发展，极大地提高了及时高效掌握土地资源和生物资源（特别是森林资源）等动态变化的效率与精度。2013 年，国家统计局和林业局联合启动中国森林资源核算及绿色经济评价体系研究，利用遥感技术与地面观测数据，对全国林地林木资源价值进行了核算，全国林地林木资产总价值约为 21.29 万亿元。2013年，党的十八届三中全会提出推进生态文明建设，编制自然资源资产负债表。2015 年 11 月，中共中央办公厅、国务院办公厅先后印发关于《编制自然资源资产负债表试点方案》，将内蒙古呼伦贝尔市、浙江湖州市、湖南娄底市、贵州赤水市、陕西延安市等地作为试点地区，中国自然资源资产负债表的编制工作正式进入探索试编阶段。自然资源资产负债表编制有力推动了国内自然资源核算研究，各学科领域都发展出适用于各自然资源要素的评估模型，自然资源系统性量化与核算的研究已取得明显进展。

综上所述，国内外国家层面、相关组织和专家学者在自然资源量化方面开展了长期的、系统的研究和探索，但在科学统一的自然资源价值化方法研究方面还面临着巨大困难，科学准确的自然资源价值核算仍然是瓶颈所在（封志明等，2017）。

2.2.3 生态资产评估方法

生态资产评估尚未出现统一的生态资产评估方法体系，现有的生态资产评估往往是基于替代方法进行估算，如影子价格法、收益还原法、净价法和边际社会成本法等等，导致不同方法量化的生态资产评估价值差异较大（封志明等，2014）。

国内在理论与实践层面不断深化和探索生态资产评估核算方法体系，评估单一类型生态资产或区域内生态资产总值（欧阳志云等，2013）。刘耕源等（2020）基于古典经济学的热力学价值理论以能值计算的形式服务于市场机制，评估生态资产的"能值转换率"；庞丽花等（2014）采用能值法对水源涵养、固碳释氧和土壤保持量 3 类生态间接资产进行评价和价值核算；谢高地等（2015）采用修正当量因子法评估不同地区生态资产；李芬等（2017）采用直接市场价格法和替代市场法核算清新空气、干净水源和农产品 3 类生态间接资产；张林波等（2019）采用模拟市场法预设产品市场，根据一定价格下的消费者意愿评估生态资产。

国外生态资产评估普遍关注地区的地貌、水分以及环境角度，通过各类方法估算其生态资产价值，核算方法包括市场价值法、能值分析法和当量因子法等（Costanza et al.，1997；Kibria et al.，2017）；法尔哈纳等（Farhana et al.，2019）运用支付意愿法评估水源资产价值；布朗和法格霍尔姆（Brown & Fagerholm，2015）运用意愿调查法和享乐定价法等核算农业资产价值；拉丁诺普洛斯（Latinopoulos，2014）采用旅行成本法核算旅游价值；Fu 等（2011）针对不同的生态资产提出了具体化和差异化的价值评估方式，提高了评估的准确性。主要生态资产评估方法及应用概况如表 2-7 所示。

表 2-7 生态资产评估方法及应用概况

年份	理论方法	作者	文献来源
2020	基于古典经济学的热力学价值理论	刘耕源，王硕，颜宁聿等	生态产品价值实现机制的理论基础：热力学、景感学、经济学与区块链
2014	能值法	庞丽花，陈艳梅，冯朝阳	自然保护区生态产品供给能力评估——以呼伦贝尔辉河保护区为例
2015	修正当量因子法	谢高地，张彩霞，张雷明等	基于单位面积价值当量因子的生态系统服务价值化方法改进
2017	直接市场价格法和替代市场法	李芬，张林波，舒俭民等	三江源区生态产品价值核算
2019	模拟市场法	张林波，虞慧怡，李岱青等	生态产品内涵与其价值实现途径
2019	支付意愿法	Sehreen Farhana et al.	A contingent valuation approach to evaluating willingness to pay for an improved water pollution management system in Dhaka City, Bangladesh
2015	意愿调查法和享乐定价法	Greg Brown，Nora Fagerholm	Empirical PPGIS/PGIS mapping of ecosystem services：A review and evaluation
2014	旅行成本法	Dionysis Latinopoulos	The impact of economic recession on outdoor recreation demand：an application of the travel cost method in Greece

目前利用遥感手段评估生态资产已经是主流趋势，主要是借助成熟的遥感手段与空间分析方法开展生态资产关键特征参数、监测不同时间的变化趋势以及生态资产评估应用等方面，对不同研究者的研究进行分类主要集中在

以下几个方面：①以生态系统特征参数驱动，如净初级生产力（NPP）（徐昔保等，2012；董天等，2019；曹诗颂等，2015）、生物量（游旭等，2020；王耀斌，2018；博文静等，2019；白杨等，2017）、植被覆盖度（潘耀忠等，2004；宋昌素等，2019）；②以生态环境变化与突发性事件驱动，如土地利用变化（LUCC）或土地覆被变化（Lambin et al.，1999；谢高地等，2003；王静，2006；郑海金等，2003；任斐鹏等，2011；王文娟等，2008）、荒漠化与水土流失（杨渺等，2019；Huang & Cai，2009）等；③以评估应用目标驱动：如作物估产、草地资源评价（朱文泉等，2011）、森林蓄积量估算（Górriz-Mifsud et al.，2016；博文静等，2017）等。

随着遥感与地理信息系统技术的发展，越来越多的研究开始基于 3S 技术与方法开展不同尺度的生态资产评估。史培军等（2002）综合运用 3S 技术和野外抽样调查，以多尺度遥感对地观测技术为手段，建立了一整套生态资产遥感监测技术、野外抽样调查技术以及监测结果质量控制技术的标准与规范；潘耀忠等（2004）利用 NOAA/AVHRR 数据对中国陆地生态系统生态资产价值进行遥感测量，并绘制了中国陆地生态系统生态资产价值空间分布图。周可法（2006）运用遥感与 GIS 技术对干旱区生态资产进行评估研究；朱文泉等（2007）在对生态参数测量的基础上，通过建立生态资产计算模型，对中国陆地生态系统服务价值进行测量；徐昔保等（2012）结合遥感定量反演与经济评价法，利用多源时序遥感数据，模拟与评估长三角 1995 ~ 2007 年生态资产时空变化。蒋洪强等（2016），以京津冀 13 个地市为例，通过计算生态产品供给价值变化以及生态足迹、生态承载力和生态赤字来分析其生态资产负债变化情况。张沛霖等（2017）应用改进的陆地生态系统关键参数遥感反演和价值化体系，构建流域生态资产定量遥感反演模型，综合评估长荡湖流域 2000 ~ 2015 年生态资产时空变化格局。李真等（2017）构建了生态资产价值测量模型核算生态资产价值对甘肃省 2000 年和 2010 年的生态资产价值及其空间分布格局进行了定量测度。白杨等（2017）以云南省为例，分析了生态资产和 GEP 的内涵、关联与核算体系，评价了云南省 2010 年生态资产状况及其为受益者提供生态产品和服务价值的总和。

"舒适型资源的经济价值理论"是生态系统服务价值分类框架的基础，由克鲁梯拉（Krutilla，1967）提出。他以生态系统服务在市场上的交易情况为分类条件，将其分为两类：第一类属于市场价值即有形的、物质的，第二类是非市场价值即无形的、舒适的。博兰（Boland，1982）将其分为使用和非使用价值，其中，使用价值又有直接、间接和选择之分；非使用价值分为存在和遗赠价值。这些价值的共同点是以人类为中心，主要凸显其能通过直接或间接的方式对人类的福利产生有效的影响，获得学术界普遍认可（Bockstael et al.，2000；Farber et al.，2002）。哈尔科和马齐奥里（Halko & Matsiori，2012）认为生态系统服务的评估包含具有互补性质的工具价值和内在价值。刘等（Liu et al.，2010）也认为应该将内在价值和工具价值融合起来研究。生态资产评估的指标选取一般按照生态系统或资产价值进行分类，按照生态系统可分为陆地系统、森林系统、湿地系统、草地系统等，按照资产价值分类可分为直接价值和间接价值。具体的指标选取如表2－8所示。

表2－8　　　　　　　　　生态资产评估分类及指标选取

分类标准	分类类型	指标选取	文献来源
生态系统	陆地系统	有机物质的生产、维持大气 CO_2 与 O_2 的平衡、营养物质的循环与贮存、水土保持、涵养水源	中国陆地生态系统服务功能及其生态经济价值的初步研究
	森林系统	林木、林下产品价值，水源涵养、土壤保持、固碳释氧、气候调节、空气净化	中国森林生态资产价值评估
	湿地系统	水资源供给、水产品供给、调蓄洪水、水质净化、固碳释氧、气候调节、休闲旅游、生物多样性保护	基于生态资产评估的南矶湿地生态功能区划研究
	草地系统	生产有机物质（自然资源价值）、大气调节、涵养水源、水土保持、营养物质循环	藏西北高寒草原生态资产价值评估
资产价值	直接价值	农产品、林产品、渔业产品、畜牧产品、水资源、水电	云南省生态资产与生态系统生产总值核算体系研究
	间接价值	固碳释氧、土壤保持、洪水调蓄、空气净化、水质净化、气候调节、生物多样性保护、休憩娱乐	云南省生态资产与生态系统生产总值核算体系研究

　　生态资产评估模型的应用主要是根据生态资产评估方法进行选择，生态资产评估与度量模型可以概括地分为三种类型：静态和动态变化评估、流转和转移分析模型、权衡评估模型。（1）生态资产静态和动态变化评估的模型。InVEST（integrate valuation of ecosystem services and trade offs tool）模型最为成熟，全称为生态系统服务功能综合估价和权衡得失评估模型，是由美国斯坦福大学、大自然保护协会和世界自然基金会合作联合开发的，基于利益相关者设定场景模式先后运行生物物理模型和经济评估模型，实现多种类型生态资产、多种情景模式、多种管理尺度的生态资产综合评估分析，可以很

好地服务于生态资产的管理。（2）生态资产流转和转移分析模型。ARIES
（article intelligence for ecosystem services）模型最具有代表性，是由美国佛蒙
特大学开发的，基于人工智能和语义建模集成开展相关算法和空间数据等多
种信息的集成分析，可以对多种生态系统服务功能类资产进行评估和变化分
析，实现对生态系统服务的提供者、受益者、流转等进行空间分析和制图。
（3）生态资产权衡评估模型。由于利益相关者偏好的差异，致使生态资产权
衡评估类模型通用性相对较差，呈现出多样化的特点，ESValue 模型和 EPM
（ecosystem portfolio model）模型具有较好的代表性。ESValue 模型指定由社
会、管理者和利益相关者决定的生态系统服务功能相对价值，利于比较现实
产出和预期产出之间的关系，有助于确立最合适的自然资源管理策略。EPM
是用于模拟特定区域生态、经济和居民生活质量价值的土地利用规划工具或模
型，并可用于评价土地利用/覆被变化（LUCC）对这些价值的影响。表 2-9
为生态资产评估模型与方法应用概况。

表 2-9 生态资产评估模型与方法应用概况

目标与内容	模型与方法	概况
生态资产评估与度量	InVEST 模型	属于生态资产静态和动态变化评估类模型。该模型主要是对生态系统服务类资产评估，结果可以是物质量和价值量。优点是实现生态资产现状评估以及不同管理情景下的动态模拟预测分析
	ARIES 模型	属于生态资产流转和转移分析类模型。该模型主要是对生态系统服务类资产评估，结果可以是物质量和价值量。优点是基于生态资产空间流动过程分析实现了生态资产的供给与需求之间的权衡分析
	ESValue 模型	属于生态资产权衡评估类模型。该模型主要是基于社会、管理者和利益相关者确定而评估得到相对价值。优点是实现不同管理情境下的生态资产动态分析和管理策略选择
	EPM 模型	属于生态资产权衡评估类模型。该模型主要是基于陆表信息变化而评估得到生态资产物质量或者价值量的变化。优点是实现不同土地利用规划情景下的生态资产决策分析
生态资产核算与账户管理	SEEA 核算体系	主要是基于实物量和价值量而实现自然资源类的生态资产核算与管理
	SERIEE 核算体系	主要是基于实物量而实现自然资源类的生态资产核算与管理
	加拿大的核算体系	分为存量账户和流动转移账户。存量账户是基于实物量和价值量实现对生态资产的核算与管理，流动转移账户是基于实物量实现对生态资产的核算与管理
	挪威的核算体系	基于实物量实现对生态资产的存量和流量的核算与管理

2.2.4　生态资产评估应用

在生态资产评估的应用方面（如表 2 - 10 所示），欧阳志云等（1999）对我国整体陆地生态系统服务功能以及生态资产价值进行评估和初步分析。陈仲新和张新时（2000）通过植被覆盖把中国划分了 12 个系统，参考了科斯坦萨等（1997）的研究参数，估算了中国生态系统的总价值。研究一经发表引起了国内相关领域学者对生态资产评估的极大兴趣。随后，国内以省、市、县等区域的生态资产估算有了进一步的发展：黄兴文和陈百明（1999）对中国生态资产区划的理论和应用进行了研究探讨；焦亮和赵成章（2013）对祁连山草地生态系统的生态资产进行了评估研究；王玉芹（2011）对厦门的生态资产进行了评估研究；王晓宏（2014）对内蒙古大兴安岭的生态资产进行了评估研究。

表 2 - 10　　　　　　　　　　生态资产评估应用概况

年份	应用区域	评估内容	作者	文献来源
1999	中国	陆地生态资产评估	欧阳志云，王效科，苗鸿	中国陆地生态系统服务功能及其生态经济价值的初步研究
1999	中国	生态资产区划	黄兴文和陈百明	中国生态资产区划的理论与应用
2000	中国	生态资产总值评估	陈仲新和张新时	中国生态系统效益价值
2011	厦门	全市生态资产评估	王玉芹	厦门城市森林生态系统服务功能及价值评价
2013	祁连山	草地生态系统的生态资产评估	焦亮和赵成章	祁连山国家自然保护区山丹马场草地生态系统服务功能价值分析及评价
2014	内蒙古大兴安岭地区	生态资产评估	王晓宏	内蒙古大兴安岭森林生态系统生态服务功能评估

2.3　生态价值评估研究进展

2.3.1　生态价值评估概述

在生态系统中，一切被生物的生存、繁衍和发展所利用的物质、能量、

信息、时间和空间，都可以视为生态资源。生态资源对我国的经济发展具
有支撑作用，为我国提供了 90% 左右的能源、80% 以上的工业原材料、
70% 以上的农业生产资料。可见，对生态价值进行评估是一项基础性的工
作，对生态环境保护和投资具有重要意义。生态价值评估是建立健全社会
主义市场经济的必然趋势，是建设生态文明、推动经济发展转型的必然要
求。生态价值评估有着以下极为重要的意义：第一，有助于评估一个国家
或一个地区的生态资源资产总量，从而判断一个国家或地区的生态资源总
资产的增加或减少，作为评估生态资本总量的重要基础。第二，通过从实
物量向价值量的演进和深化，有助于从经济核算结果中扣除相应的生态资
源资产减少的价值，实现（统计部门）真正意义上的"绿色核算"。第三，
促进动态掌握生态资源资产在开发、利用、保护、修复等各个环节的变化情
况，及时掌握生态资源资产在各用途间转移过程中的价值变化情况，实现生
态资源资产的保值和增值。第四，有助于制定人类福利和可持续发展的指标
体系。

　　生态资源是人类特殊形态的资产，本节通过梳理国内外生态价值评估理
论研究、方法研究及实践应用研究的进展，借鉴国内外先进学术理论和方法，
为构建适用中国区域的生态价值评估方法提供理论依据。

2.3.2　生态价值评估理论

　　当今社会，人们并不仅仅满足于物质需求，更加重视精神和优良的生态
环境需求，对生态的价值愈发重视。对生态价值的认知起源于公元前 400 年，
柏拉图就记录了森林砍伐和水供应之间的关系。18 世纪和 19 世纪的经济学
家认识到，土地和其他自然资源是生产性资产，其价值是生产性资产的一部
分。1864 年，乔治·帕金斯·马什的《人与自然》强调了生态系统和资源环
境对人的价值作用。在经济学说史上，古典政治经济学和重农学派认识到生
态价值的作用，威廉·配第认为，土地不是劳动生产物，是自然物质，土地
的价值是资本化的地租。不阿吉贝尔认为，一切财富都来源于对土地的耕种。
魁奈则认为"纯产品"，即土地耕种者生产的产品价值超过生产费用的余额
是自然的恩赐。亚当·斯密在谈到自由贸易时认为，各国应充分利用本国的
土地、气候、资源生产出比别国成本更低、生产力更高的产品（吴忠观，
1995）。近年来对生态价值的定义总结如表 2 - 11 所示。

表 2 - 11   生态价值的定义

学者和年份	定义
Benoit et al. ，2018	生态价值被描述为维持生命的"正常运转"或"平衡"的生态系统
Henningsson et al. ，2015	生态价值最常被记录以表明特定景观对于长期维持可生存物种种群的价值
Rohini et al. ，2018	森林的生态价值与提供健康的环境、良好的气候、雨水和纯净的水有关，这些都是人类生存所必需的
Brooks，2013	开放空间具有生态价值，有助于防止洪水，具有美学上的愉悦，并可以为不断增长的人口提供娱乐机会
Gravis et al. ，2017	生态价值表示为场地生态影响和保护等级值的算术平均值
Perez-Campana & Valenzu-ela-Montes，2018	生态价值是农业、自然和半自然景观元素所发挥的生态功能的结果
Scolozzi & Geneletti，2012	生态价值是整个景观中不同地点在维持当地生物多样性方面所起的作用

生态价值是指生态系统及其各组分在维持生态系统的结构和功能的完整以及其作为生命维持系统和人类生存系统所具有的价值（Amador et al. ，2021）。随着人类对生态环境系统认识的逐步深入和环境保护工作的深入开展，人们已不能满足于仅仅掌握生态环境系统的结构和功能，而迫切需要把握生态环境系统的价值及其分类，以便从价值角度更加切合实际地探寻生态环境系统与社会经济系统的相互作用关系。根据生态价值所表现出来的外在形式，可以将生态价值分为两部分，有形的物质性的产品价值和无形的功能性的服务价值，如表 2 - 12 所示。

表 2 - 12   产品价值和服务价值的构成

生态价值	作用	构成
产品价值	有形的直接作用于主体的效应	渔产品、林产品、建材、药材、发电等
服务价值	无形的间接作用于主体的效应	保持土壤、防风固沙、调节气候、吸尘滞尘、水源涵养、净化空气、保护生物多样性

为适应我国生态文明建设的要求，需要对生态价值展开评估。生态价值评估是指对人类赖以生存的外部环境的生态功能进行评价和判断的行为和过程，以及通过一定的技术手段提供生态服务的能力水平。通过评估可以了解生态系统功能与服务的固定时点价值，也可以通过不同时点、不同生态环境

状态的比较，把握其价值的动态变化趋势。生态价值评估在处理人与自然的关系方面具有多重意义：从微观角度分析，进行生态价值评估可以提供与生态系统的结构和功能相关的详细信息，是指导人类合理利用生态系统的基础，为人类提供了生态系统在满足需求方面的多样性和复杂作用的信息；从宏观上讲，生态价值评估有助于建立人类福祉和可持续发展的指标体系，并促进人类社会的可持续发展。

对于生态价值评估的研究在全球范围内广泛的展开，得到了政府机构和广大学者的广泛关注。由于人们对生态价值的认识不断加深，对生态价值的评估成为学者研究的热点问题，科斯坦萨（1997）对过去关于生态系统价值评估的研究进行分析总结，由于生态系统服务的价值或生态资产的价值不能被足够的量化表示，所以在做政策决策时通常会忽视生态系统服务的重要性，于是将生态系统服务功能总结为具体的 17 类，并对全球主要的生态系统的资产和生态服务进行测算，推算出所有生态系统的总服务价值。格哈德（Gerhard，2016）对水资源进行生态价值评估，通过对两个低地溪流的长期的监控获得数据，对 6 种广泛应用的评估方法的性能进行测试，得出大多数环境因素的变化在很大程度上与评估分数无关，但评估分数与物种丰富度有关。有几种评估生态价值的工具（Eyre & Rushton，1989；Ketema et al.，2018），但更常见的是多标准模型，如生态价值分析——EVA（Krca & Altineki，2018）；当地生态足迹工具——LEFT（Long et al.，2018）；河口脆弱性指数（Bárcena et al.，2017）；环境风险评估（Gómez et al.，2014）；基于农民的评估（Ketema et al.，2018）；总生态评分（Kangas et al.，2016）和生物多样性——BIMBY（Beumer & Martens，2015）。

2.3.3　生态价值评估方法

目前生态价值的评估方法主要包括：费用支出法、市场价值法、影子工程法、边际机会成本法、条件价值法、实物期权法与指标体系法等。

费用支出法以消费者的消费开支来评价生态价值，侧重于以人们对某种生态服务功能的支出费用表示其价值。市场价值法利用市场价格对生态系统服务的现状及其变化进行直接评价。市场价值法与费用支出法类似，但它可用于没有费用支出但有市场价格的生态服务功能的价值评估。边际机会成本法主要用于环境资源产品即原料的定价。资源原料价格应该等于它的边际机会成本。影子工程法是指由于环境的生态价值难以直接估算，所以可借助于能够提供类似功能的替代工程或所谓的影子工程的价值来替代该环境的生态价值。条件价值评估法（CVM）（又称意愿调查法、假设评价法等）是生态价值评估中应用较广泛的评估方法之一，适用于缺乏实际市场和替代市场交换商品的价值评估。其主要原理在于通过使用问卷调查，询问调查者对某一环境效益改善或资源保护或防止环境恶化措施的费用支付意愿或者对环境或资源质量损失的接受赔偿意愿。

在进行生态价值补偿机会成本核算时，对生态环境的保护与建设可以理解为一种投资行为。这一投资具有不确定性特征，生态环境资源价值中因而存在一些无法辨识的价值，即期权价值。这部分期权价值应该反映在生态环境资源价格中，否则会导致生态环境资源定价过低与资源补偿不足，进一步增大资源短缺程度。丁华等（2020）运用实物期权法对林业碳汇项目进行了价值评估，为林业碳汇项目的发展提供了全新的评估思路。戈卢布等（Golub et al.，2021）鉴于森林保护减排的未来价值存在不确定性，为代表性农民的土地使用决策开发了一个实物期权框架，确定了私人短期激励措施与碳市场补偿的长期利益之间的价值差距。

在将指标体系法应用于生态价值评估的研究中，汪冰等（2012）引用中国科学院在青藏高原生态价值评估研究中构建的生态指标作为估算农用地转用生态价值的生态指标，在对农田主要作物进一步细分的基础上引入平衡城市化进程系数作为控制城市化进程速度和加大政策调控力度的因素，重新构建了农用地转用生态价值评估模型。宋晓薇等（2019）应用评估指标体系法和 DPSIR 模型，对 2013～2017 年澄碧河水库生态系统服务功能价值估算，对生态系统健康和安全性进行评估。

现有的价值评估方法都对生态价值进行相应的量化，以经济学中的价值工具——货币为基础，进行实证定量分析，以此来解决生态价值难以评估的问题，然而这些评估方法都存在一定的局限性。例如，费用支出法要求有费用支出记账，但生态资源的多样性导致难以对生态资源实行相同的记账标准；市场价值法要求有市场交易行为，但属于公共物品的生态资源难以进行市场交易；边际机会成本法要求有一定的理论模型以进行微分处理；影子工程法要求能够复制或建立一个相似的环境；条件估值法要求采用问卷调查法，这一方法虽然可操作性强，但主观性也较强；实物期权法虽然在定量方面存在一定的计算优势，但复杂的限制条件不易估计，因而其可操作性较弱；指标体系法缺乏理论基础，指标权重的设定存在主观性。总体而言，将现有评估方法应用于生态价值评估中，这些方法所要求的客观条件并不容易满足，计算出来的价值很可能不准确（见表2-13）。

表2-13   生态价值评估方法的优势与不足

评估方法	优势	不足
费用支出法	价值可以得到一个估计的量化值	费用统计困难，与实际价值存在误差较大
市场价值法	评估具有客观公平性，可以在市场中获取相应具体数值，认可度高且争议少	对数据收集和获取的准确性、全面性要求比较高
边际机会成本法	相对客观全面的评估价值，可借鉴运用其他研究成果中的机会成本	局限性较大，一般研究具有一定的稀缺性时才运用该方法，无法评估非使用价值
影子工程法	通过类似的可替代工程，进行价值的估算	替代工程选取标准不同，对结果影响偏差较大
条件估值法	应用广泛，具有灵活性和广泛适用性	存在较大的主观性，数据偏差性大，依赖于问卷设计和调查对象的主观评价
实物期权法	在定量方面存在一定的计算优势	复杂的限制条件不易估计，其可操作性较弱
指标体系法	具有综合性、多尺度、易理解、适用面广等优势	缺乏理论基础，指标权重的设定存在主观性

2.3.4 生态价值评估应用

秦彦等（2010）应用费用支出法对张家界森林公园的文化功能价值进行评估，并比较了应用间接价值评估法计算的结果。解文静等（2015）采用费用支出法等方法评估了济南市河库连通工程的生态服务价值，评估结果符合济南市实际情况。

曾祥云等（2013）采用市场价值法、专家评估法、影子工程法、权变价值法和条件价值评估法对海南东寨港红树林湿地生态系统服务功能价值进行计算评估，并比较了这些评估方法的优劣。唐见等（2018）对南水北调中线水源区森林、草地、耕地和水域四大类生态系统，综合运用市场价值法、影子价格法和机会成本法等方法评估水源区生态系统服务价值。

蔡邦成等（2008）在测算南水北调东线水源地保护一期生态建设工程的机会成本时，选择以土地为载体，根据建设前后土地利用类型的面积以及相关用地单位面积产值，估算出工业用地和农业用地转换为生态用地的机会成本。王文军等（2015）从生产者角度出发，运用边际机会成本法对森林游憩价值测算进行了研究，得出秦岭 39 个森林公园的游憩总价值。孙等（Sun et al.，2013）探索了边际机会成本和市场价值的方法，从提供者和受益者角度计算水土保持生态功能的成本和收益。

刘菊等（2019）使用 InVEST 模型与影子工程法，对岷江上游生态系统水源涵养量与价值进行量化评估与空间制图。徐文秀等（2019）采用市场价值法、影子工程法、机会成本法等手段对湖南省永顺县进行了水土保持功能服务价值估算。赵等（Zhao et al.，2019）采用市场价值法、影子工程法等多种方法对 2005 年、2010 年、2015 年和 2018 年钱江源国家公园生态服务供给、调节、文化、支持四大类进行评价。

马克温贾等（Makwinja et al.，2022）应用条件估值法（CVM）和二元逻辑回归模型来确定公众对生态系统恢复的支付意愿（WTP）和影响因素。塔瓦雷斯（Tavarez et al.，2021）应用条件估值法用于检查环境参与和信念对波多黎各城市森林保护支付意愿的影响。在国内的研究中，这已经成为一种主要的研究方法，如肖建红等（2018）采用条件估值方法，对沂蒙湖国家水利风景区游憩价值进行了评估。

2.4 生态产品总值核算研究进展

2.4.1 生态产品总值核算概述

如何创建一个与 GDP 类似的核算指标体系以体现生态系统对人类福祉的贡献，建立量化一定区域内的生态系统为人类提供的产品、服务的价值的方法与体系是目前的热点。很多国家、机构就此问题对此提出了自己的核算体系。

在国际上，SEEA 核算体系和 SERIEE 核算体系更具有代表性。联合国等编写了《综合环境经济核算体系》（SEEA），是在国民核算体系（SNA）基础上，以附属体系的方式新增了对于资源和环境核算的内容。该体系将环境费用和效益、生态资产以及环境保护支出等综合成一个账户，针对不同类型的生态资产存量和流量，在编制使用账户、识别和核算耗减和编制实物账户基础上，量化生态系统的价值，估算其价值。主要内容包括矿产和能源资产、土地资产、土壤资源资产、木材资产、水资源资产、水生资源资产、其他生物资源资产等（Smith，2007）。我国在此基础上开发了中国自然资源资产负债表框架体系，尝试对自然资源展开审计（胡文龙和史丹，2015；耿建新等，2015）。SERIEE 核算体系（European Commission，2002）是由欧洲统计局设计提出的，主要由环境保护支出账户、自然资源资产使用和管理账户、收集和处理数据的"中间"系统等三部分组成。自然资源资产使用和管理账户主要负责记录水、森林、土壤、能源等自然资源类的生态资产的管理行为。实际上，该账户是基于大量物理数据的"经济"账户，描述了自然资源使用和管理的货币流通情况。此外，欧盟统计局还编写了《欧洲森林环境与经济核算框架》（IEEAF‐2002），联合国粮食及农业组织编写了《林业环境与经济核算指南》等。此外，加拿大、挪威、芬兰、荷兰等多个国家也提出了自己的核算体系。各项研究成果为开展生态资产核算、生态系统服务功能核算提供了理论和方法。

在国内，生态产品总值一词首次出现是在 2012 年。在当年的中国生态文明建设国际论坛主旨演讲上，朱春全等学者为了更加系统、全面地评价生态状况，为了建立一个能够反映、评估生态环境状况的核算体系，提出了在可持续发展体系中增加生态产品总值的核算体系，即生态产品总值（朱春全，2012）。

2.4.2　生态产品总值核算理论

（1）基于价值理论的生态产品价值理论。从价值理论对生态产品价值进行解释，大体上有两种观点：一是劳动价值理论。由于人类对生态环境的影响逐渐增大，人们有意识地对生态系统中的自然产品进行投入和改造，使其更能满足人们的生活需求，自然产品逐步成为包含人类劳动的生态产品。根据马克思的"抽象劳动是价值的唯一来源"这一科学劳动价值论观点，这一过程使得自然产品拥有了资源价值与经济价值（李繁荣和戎爱萍，2016）。二是效用价值论。人类对自然资源的开发利用率还未达到环境的容量，但生态环境状况逐渐恶化，丰富的自然资源逐渐稀缺，生态产品带给人们的边际效用逐渐增大，从效用价值论的稀缺性来看，生态产品具有价值（王建华等，2020）。

（2）基于环境经济学的生态产品价值理论。环境经济学运用经济学与环境学的原理和方法重点分析了某一经济主体在未通过市场供求关系的情况下，影响其他经济主体经济利益的问题，解释了经济与环境的主要矛盾，这与生态产品价值有着共通之处。对生态产品的价值估值，使其具备所有者权益的基本属性，对使用者征收税金和费用，实现了生态产品的经济价值（王斌，2019）。如果一种自然生态资源不属于个人，其将会具备过度使用甚至于消解退化的风险，因此，政府必须用税收、产权交易等手段进行约束。除此之外，政府还需通过用途管制、管控标准等对自然资源进行管理，这种管理进一步赋予了生态产品经济价值，如碳排放权交易、配额交易等。在充分发挥市场机制资源配置作用的同时，需要健全相应的行政管理制度予以保障（王斌，2019）。

（3）生态产品的外部性理论。生态产品供给不足甚至匮乏在一定程度上是由外部性造成的（孙成权和施永辉，1994）。生态产品的外部性主要体现在生态产品价值实现过程中，外部性在一定程度上会造成市场调节机制的功能性失调，主要表现在无法较好地对资本与资源进行优化配置，进而造成经济主体的成本与效益关系失调。因此，外部性问题如果长期性存在，生态环境将无法有效且绿色的利用。基于外部性理论，政府为合理解决外部性所带来的市场问题，应该适度采取命令控制、征税等手段，且需要发挥外部性的正向作用，进而引导生态产品的高质量供应与提高生态产品的经济价值，保护生态环境的功能性和完整性。

2.4.3 生态产品总值核算方法

生态产品总值核算是描述生态系统运行总体状况、评估生态保护成效、评价生态系统对人类福祉的贡献、评估生态系统对经济社会发展的支撑作用、认识区域间生态关联的重要方法。生态产品总值是生态系统为人类福祉和经济社会可持续发展提供的最终产品和服务（以下简称"生态产品"）价值的总和（欧阳志云等，2013），主要包括生态系统提供的物质产品、调节服务和文化服务的价值。物质产品主要包括农业产品、林业产品、畜牧业产品、渔业产品、水资源、生态能源等，调节服务包括水源涵养、土壤保持、洪水调蓄、防风固沙、固碳释氧、空气净化、水质净化、气候调节、病虫害控制、海岸带防护，文化服务有自然教育、康养、休闲旅游等。在生态系统服务功能价值评估中，通常将生态系统产品价值称为直接使用价值，将调节服务价值和文化服务价值称为间接使用价值。生态产品总值核算通常不包括生态支持服务功能，如有机质生产、土壤及其肥力的形成、营养物质循环、生物多样性维持等功能，原因是这些功能支撑了产品提供功能与生态调节功能，而不是直接为人类的福祉做贡献，这些功能的作用已经体现在产品功能与调节功能之中。

生态产品总值核算主要包括两个方面：功能量和价值量。价值量由功能量乘以相应价格计算得到，两者的核算方法有所不同。其中，物质产品的核算方法主要是统计分析和市场价值法；调节服务和文化服务的核算科目相对应的核算方法见表2－14。

表2－14　　　　　　　　生态产品总值核算科目与核算方法

功能类别	核算科目	功能量核算方法	价值量核算方法
调节服务	水源涵养	水量平衡法	影子工程法
	土壤保持	修正通用土壤流失方程	替代成本法
	洪水调蓄	构建模型法水文检测	影子工程法
	防风固沙	修正风力侵蚀模型（REWQ）	恢复成本法
	固碳释氧	质量平衡法	替代成本法
	空气净化	植物净化模型	替代成本法
	水质净化	水质净化模型	替代成本法
	气候调节	蒸散模型	替代成本法
	病虫害控制	类比法	防护费用法
	海岸带防护	调查统计	替代成本法
文化服务	休闲旅游	调查统计	旅游费用法
	景观价值	调查统计	享乐定价法

国际上生态系统核算的方法尚处于试验阶段，需要更多的研究来评估生态系统服务所有方面的价值。无论是"绿色GDP"、还是英国的生态系统评估与澳大利亚土地和生态系统核算均是在SEEA的框架下开展的，都没有把生态产品总值作为一个独立的核算指标明确地提出来。

2.4.4　生态产品总值核算应用

2013年中国科学院生态环境研究中心欧阳志云研究员和原世界自然保护联盟（IUCN）中国代表处驻华代表朱春全博士在全球首次提出生态产品总值的概念，对核算的指标体系、技术方法做了说明，以贵州省为例，核算了贵州省2010年全省生态产品总价值为20013.46亿元，人均GEP是57526元，是当年该省GDP和人均GDP的4.3倍（欧阳志云等，2013）。自2013年以来，国内已有中国科学院生态环境研究中心、生态环境部环境规划研究院、浙江大学等十余家学术研究机构的百余名学术研究人员在全国不同生态地理区已开展百余项 GEP 核算研究，列举了全国、省级、市域、县及村的核算实例，见表 2-15。

表 2-15　　　　　　　不同尺度下生态产品总值核算的实例

尺度	作者	案例区	年份	总价值量（亿元）
全国	马国霞等	陆地生态系统	2015	728100
省级	白杨等	云南省	2010	29869.51
	欧阳志云等	青海省	2015	1854
		贵州省	2010	20013.46
	吴楠等	安徽省	2014	37892.6
	江仕嵘	陕西省	2008	10572.99
			2013	13549.82
			2018	16420.18
市域	欧阳志云等	丽水市	2018	5024.4
	韩增林等	大连市	2005	382.61
			2015	524.56
	廖薇等	赤水市	2016	352.85
	赵寅成	六安市	2017	3794.48
县域	陈梅等	宁海县	2018	1259.03
	廖薇	黎平县	2016	527.13
村	耿静，任丙南	三亚市文门村	2017	10297.79

在全国尺度上，在中国科学院科技服务网络计划（以下简称"STS 计划"）支持下，中国科学生态环境中心于 2014 年构建了生态产品总值核算的理论框架、核算指标和定量化计算方法，编制了《生态产品总值核算技术指南》，并在全国及各省、自治区、市开展 GEP 核算应用示范；马国霞等（2017）核算了 2015 年陆地生态产品总值，结果表明：2015 年我国 GEP 为 72.81 万亿元，GGI 指数（GEP 与 GDP 比值）为 1.01，其中西藏和青海的 GGI 指数最高，大于 10。生态调节服务是生态系统最主要的生态服务类型，其价值为 53.14 万亿元，占 GEP 的 73.0%。湿地生态系统的生态服务量最大，为 28.08 万亿元，占 GEP 的 42.4%；其次是森林生态系统，为 19.89 万亿元，占 GEP 的 30.0%；草地生态系统为 10.66 万亿元，占 GEP 的 16.1%。单位面积 GEP

和人均 GEP 的区域差距较大，西部地区的人均 GEP 相对较高，东部地区的单位面积 GEP 相对较高。

在省级层面上，杨渺等（2019）核算了四川省的生态产品总值的调节服务。结果表明：四川省水源涵养功能量为 1214.92 亿立方米；土壤保持价值中，减少泥沙淤积的功能量为 33.4 亿吨，减少面源污染的功能量为 0.55 亿吨；洪水调蓄价值总量为 312.9 亿立方米；固定二氧化碳 13.98 亿吨，释放氧气 15.19 亿吨；蒸散发量 2990.25 亿立方米。四川省 GEP 价值为 83064.61 亿元。其中水源涵养价值占 12.75%，土壤保持价值占 4.6%，洪水调蓄价值占 1.67%，固碳释氧价值占 23.75%，气候调节价值占 57.23%。白杨等（2017）核算了云南省 2010 年 GEP 总量为 29869.51 亿元，其中，直接产品价值为 4132.69 亿元，间接服务价值为 25736.81 亿元。2010 年 GEP 是当年该省国内生产总值（GDP）的 4.13 倍。此外，也有学者核算了青海（Ouyang et al.，2019）、安徽（吴楠等，2018）、陕西（江仕嵘，2021）等省份的 GEP，为评估区域生态系统保护成效及建立生态系统可持续管理与绩效考核机制提供科学依据。

有学者在丽水市（欧阳志云等，2020）、大连市（韩增林等，2020）、赤水市（廖薇等，2019）、六安市（赵寅成，2020）等市域，宁海县（陈梅等，2021）、黎平县（廖薇，2019）等市域县域、乡镇和村级等不同尺度行政单元和区域尺度上开展相关研究。例如，廖薇等（2019）核算了 2016 年赤水市生态产品总值为 352.85 亿元，人均 11.16 万元，约为当年该市 GDP 的 3.67 倍。陈梅等（2021）对 2011~2018 年宁海县 GEP 进行核算。结果表明，2011~2018 年宁海县 GEP 逐年提高，2018 年 GEP 为 1259.03 亿元，较 2011 年增长了 47.78%，是同年地区 GDP 的 2.09 倍。耿静等（2020）核算了 2017 年三亚市文门村生态产品总值是 10297.79 万元，生态系统产品价值占 24.93%，调节服务价值占 75.07%，单位面积生态系统生态总值为 5.06 万元/hm^2。

2.5　生态产品价值评估研究进展

2.5.1　生态产品价值评估概述

2010 年在国务院发布的《全国主体功能区规划》中首次提出了生态产品

的概念，随后，党的十八大将生态文明建设提到前所未有的战略高度，"增强生态产品生产能力"作为生态文明建设一项重要任务，将生态产品生产能力看作生产力的重要组成部分，体现了"改善生态环境就是发展生产力"的理念。2013 年出台的《中共中央关于全面深化改革若干重大问题的决定》中有关生态文明建设的论述虽然没有直接使用生态产品概念，但习近平在对文件的说明中提出"山水林田湖"生命共同体的重要理念，生态产品与山水林田湖的生命共同体理念一脉相承，山水林田湖草是生态产品的生产者，生态产品是山水林田湖草的结晶产物，体现了我国生态环境保护理念由要素分割向系统思想转变（见表 2 - 16）。

表 2 - 16　　　　　　　　　　生态产品概念的官方定义

年份	定义	发布机构	文件名称
2010	人类需求既包括对农产品、工业品和服务产品的需求，也包括对清新空气、清洁水源、宜人气候等生态产品的需求	国务院	《全国主体功能区规划》
2013	生态产品与山水林田湖的生命共同体理念一脉相承，山水林田湖草是生态产品的生产者，生态产品是山水林田湖草的结晶产物	中国共产党第十八届中央委员会第三次全体会议	关于《中共中央关于全面深化改革若干重大问题的决定》的说明

现有研究对生态产品的分类依据较多，高艳妮等（2019）参照千年生态系统评估的分类方法将生态产品分为有形产品、支持调节服务、美学景观服务 3 类；潘家华（2020）根据供给属性，以满足"优美生态环境需要"为标准将生态产品分为自然要素类、自然属性类、生态衍生类以及生态标识类，或根据其生物生产、人类生产参与的程度以及服务类型分为公共性和经营性生态产品；根据公共产品理论和生态产品的供给运行机制特点，张林波等（2019）认为生态产品存在公共性与经营性之分，曾贤刚等（2014）则将生态产品全国性、区域或流域性、社区性公共生态产品和"私人"生态产品；或因表现形态以及功能相异，刘伯恩（2020）将生态产品分为生态物质产品、生态文化产品、生态服务产品和自然生态产品 4 类。

2.5.2　生态产品价值评估理论

我国关于生态产品概念内涵的研究尚处于起步阶段，产品性质、供给方式和人类参与活动程度是区分生态产品与传统产品概念的重要依据（千年生态系统评估委员会，2007；曾贤刚等，2014；陈辞，2014），基于上述不同视角，学者们也给出了生态产品价值内涵的不同定义。

在国外没有与"生态产品"直接对应的概念，Eco-label products（生态标签产品）与生态产品概念相关，生态系统服务研究也与生态产品研究有部分内容重合。国外学者对生态系统服务的认定大多基于"自然向人类供给"的观念，对人类生活有益的、有生态要素参与的功能服务被视作生态系统服务。国内外学者对生态产品概念研究的学术定义见表2－17。

表2－17　　　　　　　　　　生态产品概念研究的学术定义

年份	定义	视角	作者	文献来源
2007	自然生态系统或人类或者人类主导下的企业市场作为主体，自然形成或投入要素或生产劳动建立以山水林田湖草为代表的自然生态系统基础，具有生态价值的产品	产品供给	赵士洞等	《千年生态系统评估报告集》（译）
2014	维持生命支持系统、保障生态调节功能、提供环境舒适性的自然要素，包括干净的空气、清洁的水源、无污染的土壤、茂盛的森林和适宜的气候等	维持生命健康	曾贤刚等	生态产品的概念、分类及其市场化供给机制
2014	通过人类有意识的行为活动进而改变（或改善）生物及其与环境之间关系的整体或模式而形成的一系列有形和无形的物品	人类参与	陈辞	生态产品的供给机制与制度创新研究
2015	与人类福祉（健康）高度相关的，不仅具有使用价值，还有非使用价值；不仅具有经济价值，还具有非经济价值，正外部性的产品	综合价值	黄如良	生态产品价值评估问题探讨
2020	不同于常规经济活动所交易和核算的物质产品、文化产品，而是维持生命支持系统、保障生态调节功能、提供环境舒适性的自然要素	产品性质	潘家华	生态产品的属性及其价值溯源
2021	通过清洁生产、循环利用、降耗减排等途径生产的生态农品、生态工业品等附有生态价值服务功能的产品	产品供给	廖茂林等	生态产品的内涵辨析及价值实现路径

续表

年份	定义	视角	作者	文献来源
2021	维系生态安全、保障生态调节功能、提供良好人居环境，包括清新的空气、清洁的水源、生长的森林、适宜的气候等不完全由人类生产加工的自然产品	自然供给	张林波等	生态产品概念再定义及其内涵辨析
1997	对人类生存和生活质量有贡献的生态系统产品和生态系统功能	供给对象	Cairns	Protecting the delivery of ecosystem services
1997	生态系统为人类提供的物品和服务的统称，它代表着人类直接和间接从生态系统得到的利益	供给对象	Constanza & Follce	Valuing ecosystem services with efficiency, fairness and sustainability as goal
1997	自然生态系统及其物种所提供的能够满足和维持人类生活需要的条件和过程	供给对象	Daily	Introduction：what are ecosystem services

2.5.3 生态产品价值评估方法

20 世纪 80 年代末，国务院发展研究中心开始对水、森林、土地等自然资源的价值核算进行初步尝试。陈仲新和张新时（2000）参考科斯坦萨（1997）估算生态产品价值的方法，测算出 1994 年中国生态系统服务总值为 77834.48 亿元。赵同谦等（2003）构建水生态系统生态服务功能评价体系对中国陆地水生态系统的直接价值与间接价值进行经济价值测算；刘兴元等（2011）构建草地生态系统生态服务功能评价体系对藏北高寒草地的生态系统服务价值进行经济价值估算；赵晟等（2007）基于能值理论，计算了中国红树林生态系统服务价值的能量价值；王金龙等（2016）使用频度分析法选取高频生态效益指标，以此建立生态效益计量指标体系测算京冀水源涵养林生态效益；认为 2009～2013 年京冀水源涵养林建设产生的总生态效益达 39343.13 万元。黄如良（2015）提出了评估生态产品价值的 9 种框架结构。张英等（2016）认为政府可以通过创造、维系改善及修复 3 条路径提供生态产品，其中修复路径是现阶段市场化的优先选择方式。

在选择具体评估方法之前，要确立评估对象，生态产品价值评估对象是生态系统服务价值，在价值评估之后需要对价值进行价格评估，也就是生态系统生产价值对应的市场价格（郭韦杉等，2021）。虽然生态系统服务功能不能直接观测并度量，但是通过成熟的经济价值评估方法可评估对应的生态产品价值（刘耕源等，2020），依据现有水文、环境、气象、森林、草地、湿地监测体系可获得部分生态系统调节服务量，并据此建立生态产品价值评估体系，即可估算部分生态产品价值（于秀波等，2010）。生态产品价值与服务功能量核算的数据和参数可通过生态系统及其要素的监测体系，生态系统长期监测、水文监测、气象台站、环境监测网络等来获得。由于生态物质产品作为直接的物质产品，是一般商品，因此有着明确的市场化定价措施，所以价格评估的重点、难点落在调价服务价值和文化服务价值的定价上。自20世纪90年代以来，生态调节服务和文化服务的价格确定已获得巨大进展，由于生态系统服务功能的不同建立了替代市场技术和模拟市场技术这两种不同的方法（欧阳志云等，1999）。以"影子价格"和消费者剩余来获得生态产品的价格和经济价值的称为替代市场技术，定价方法依据生态产品类型来进行选择，定价方法包括费用支出法、市场价值法、机会成本法、旅行费用法等（吴玲玲等，2003）。以支付意愿和净支付意愿来获得生态服务功能的经济价值的称为模拟市场技术，又称为假设市场技术，具体操作流程为，从消费者的角度出发，通过调查、问卷、投标等方式来获得消费者的支付和净支付意愿，综合所有消费者的支付和净支付意愿来估计生态产品的经济价值（张志强等，2004）。

2.5.4　生态产品价值评估应用

生态产品价值评估的最终价格需要通过市场机制或政府行为促使生态环境资源和生态系统服务体现出经济价值、生态价值和社会价值。生态产品价值评估应用的过程是综合发挥政府与市场共同作用，提高生态产品供给能力和生态系统服务能力，从而实现从资源到资产的转化。生态产品价值评估应用可以通过建立"政策工具—生态系统格局—生态系统过程—生态产品"关联（高晓龙等，2019），使生态产品价值内化于决策过程和行为过程，实现更多优质生态产品的有效供给。通常很难将生态产品商品化和货币化，或者必须根据某一惯例下的土地面积等实物条件进行交易，但会诱致高昂的交易成本（Vatn，2015）。事实上，代理人（政府部门、NGO、研究机构等）的参与可以促使交易费用的规模经济，在其他非市场环境中的交易对利益攸关方而言可能是最优的（Scheufele & Bennett，2017）。已有文献对生态产品价值评估应用的研究主要沿着三条主线展开：一是探讨生态产品价值实现的经济政策工具，如直接市场、可交易许可证、科斯式协议、反向拍卖、自愿价格信号等（黎元生，2018；柳获等，2018；李文华和刘某承，2010；Lundberg et al.，2018；Perfecto et al.，2005）；二是对生态产品价值实现路径的研究，主要从产权界定、生态资本化、市场交易体系等方面展开（徐双明，2017；严立冬等，2009；丘水林和靳乐山，2019）；三是基于某一特定视角归类生态产品价值实现模式，主要集中于支付主体、治理结构、资金来源等视角（Engel et al.，2008；Vatn，2015；王军锋和侯超波，2013）。

与国内生态产品价值应用相比，国外生态产品价值应用具有鲜明的特点：一是比较重视市场化的机制和手段；二是以法律制度作为保障；三是注重提高公众的意识和参与；四是重视提高科技支撑和能力保障。而我国生态产品价值实现模式主要以政府规制为主，在解决公共产品市场失灵方面更具有优势。以中国特色社会主义制度优势为发力点，将生态产品价值应用实现理念转化为全民行动，将会获得更快的进展。

第 3 章

生态产品总值（GEP）核算的基础理论

3.1 劳动价值理论

3.1.1 劳动价值理论的内涵

马克思提出劳动二重性与商品二重性，奠定了劳动价值论的基础。马克思的劳动价值论深刻阐述了商品经济的一般规律，指出商品是用来交换的劳动产品，具有使用价值和价值两个因素。使用价值是指物的有用性，是物可以满足人类某种需要；价值是凝结在商品中的无差别的一般人类劳动。商品是使用价值和价值的统一体。他写道："一个物可以是使用价值而不是价值。在这个物不是以劳动为中介而对人有用的情况下就是这样。例如，空气……即生产社会的使用价值。"① 人类劳动凝结在商品中形成了商品的价值。空气、阳光等自然产品能够满足人类的生存需求，具有使用价值。然而，这些生态资产未投入人类劳动，不是人类劳动的产品，因而没有价值。商品具有二重性，生产商品的劳动也具有二重性：具体劳动和抽象劳动，生产商品的劳动是具体有用劳动和抽象劳动的统一，生产使用价值的是具体有用劳动，它是由自己产品的使用价值或者自己产品是使用价值来表示自己的有用性的劳动。形成价值的抽象劳动，它是抽象了一切具体形式的、无差别的、一般意义上的人类体力和脑力的耗费。具体劳动创造商品的使用价值，抽象劳动形成商品的价值，抽象劳动是价值的唯一源泉。

---

① 马克思. 资本论：第一卷 [M]. 北京：人民出版社，2008：54.

3.1.2 生态产品总值的劳动价值

基于劳动价值理论，GEP 内核多元化（麦瑜翔，2018）。生态系统不仅能够为人类带来广泛的基本物质资料，以满足其基本需求；又能够培养人类的情操、降低人类疾病的可能性和医疗费用，并满足人类的精神需求（高吉喜等，2016）。生态系统的使用价值，是 GEP 价值实现的前提和基础（葛宣冲，郑素兰，2022）。另一方面，从 GEP 价值来看，马克思在《资本论》指明"每一种商品（因而也包括构成资本的那些商品）的价值，都不是由这种商品本身包含的必要劳动时间决定的。这种在生产可以和原有生产条件不同的、更困难的或更有利的条件下进行"①。由此，GEP 的价值实现必须要付出社会必要劳动，生态系统才具有了价值（吴绍华等，2021）。这为 GEP 核算提供了理论依据。

在现代社会中存在资源无价的观点和看法，人类的经济活动对自然界产生了巨大、甚至是不可逆转的影响，对自然资源的无偿占有、掠夺性开发和利用产生过度浪费现象，使人类赖以生存和生产的自然资源变得稀缺，生态系统价值日益凸显（王金南等，2021）。马克思主义劳动价值理论生态延伸的主要内容包括：（1）理论层面。形成了生态价值观，以"生态价值""生态产品""自然资源资产负债表""生态环境损害""绿水青山就是金山银山"为逻辑起点，围绕社会发展的阶段，横向拓展，纵向延伸，不断建立、丰富和完善理论体系（谢高地，2017）；（2）技术层面。基于历史和逻辑的方法，围绕生态发展从定性到定量，从数量到质量，从实物到价值，从宏观到中观，从中观到微观，从微观再到精细化，启动了系列的技术方法研究（张彩平等，2021）；（3）文化层面。"绿水青山就是金山银山"的生态文明理念深入人心，从被动环保向自觉环保转变，生态成为文化，生态成为时尚（邓娇娇等，2021）。由于历史发展阶段的差异，早期对自然资源的认识和了解没有进入到生态价值阶段，在新时代，生态价值观的形成促使我们去思考自然资源的价值。价值是凝结在商品上无差别的人类劳动，生态产品尚不是严格意义上的商品，因为传统的商品具有生产、流通、消费等环节以及围绕这些环节产生的基本特征。商品的价格由市场决定，GEP 核算的价格应该也是由市场来决定的（张颖，2018）。由于 GEP 核算目前存在较多的争议和前期价格

---

① 马克思. 资本论：第三卷 [M]. 北京：人民出版社，2008：157.

设计的缺失，需要人为主动设计价格指导市场，再通过市场波动形成生态资产价格（邢一明等，2020）。归根结底，GEP核算的价格形成是以其价值为基础，包括其生态价值、资源价格是其价值的外在表现形式（王丰岐等，2021）。

3.1.3 劳动价值理论在生态产品总值核算的践行

劳动价值理论在GEP核算方面的践行，主要通过如下途径：一是始终坚持马克思劳动价值理论，并在继承和发扬的基础上，丰富和完善马克思主义劳动价值理论；二是始终立足国情和区域特色，运用辩证唯物主义和历史唯物主义的逻辑思维，打造各具特色的生态产品；三是始终坚持理论与实践相结合，强调试点示范建设，通过实践检验理论，以点的突破向整体、系统、综合发展；四是始终坚持以人为本，以人为中心，以人的可持续发展为出发点和着力点，围绕人类的可持续发展，发展生态、循环、低碳经济，节约资源能源，遵循自然规律，保护资源环境（张文明，张孝德，2019）。运用马克思的劳动价值论分析GEP的实际价值，有助于我们加深对劳动价值理论的认识，强化在生产过程和生态价值产生过程中对GEP的重视程度。

马克思在形成劳动价值理论的同时也形成了独特的生态思想。尽管有关马克思对资本主义资源环境问题的论据不多，但却有着和资源环境相关的概念和理论来说明资本主义社会的生产方式中经济增长是以资源过耗、环境损害和生态破坏为代价的（谢高地，2017）。马克思在剖析探讨自然与社会的辩证统一关系、资本主义生产方式对资源环境的影响、社会主义生产方式对资源环境的影响等3个方面均有生态思想体现，一些研究成果也佐证了这一点。因此，对马克思主义生态思想的存在及其重要性是毋庸置疑的。

3.1.4 劳动价值理论应用于生态资产评估的可行性

马克思主义劳动价值理论核心的标志就是劳动二重性的创立，包括具体劳动和抽象劳动，简单理解为具体劳动反映的是人与自然之间的关系，是一种自然属性，决定了商品的使用价值；抽象劳动体现的是商品生产者之间的经济关系，是一种社会属性，决定了商品的价值。根据马克思劳动价值理论的劳动二重性及其相关特征，笔者认为马克思劳动价值理论与GEP核算二者存在内在统一性，具体表现为以下三个方面：

第一，马克思劳动价值理论与 GEP 核算的劳动一致性。市场上生产与流通的商品，其价值是根据经济系统中某一个商品的社会必要劳动的表现来确定的，通过人力加工生态系统中的自然物质凝结的社会必要劳动时间。GEP核算是量化生态系统中事物的社会必要劳动，即通过消耗经济系统中人力和物力到生态系统中，是人类劳动的对象化显现，是利用生态系统中自然资源和自然环境保护、维持和修复出符合人类生存和社会经济发展所需要的同等质量的生态环境，在这一过程中凝结的社会必要劳动。尽管两者在发展历史、概念、范畴、劳动方式、作用方法、劳动内容等方面有较大的差异，新时代下包括生态系统调节服务在内的许多价值到目前为止也没有极其准确的方法来度量，但不影响两者在劳动上的一致性（王玉涛等，2019）。由此可见，无论是马克思劳动价值中提到的商品价值概念，还是新时代下的 GEP 核算是为了满足人的物质、文化、生产需要而创造的符合人类生存和经济社会发展要求的由抽象的人类劳动形成的价值。

第二，马克思劳动价值理论与 GEP 核算的研究对象一致性。马克思劳动价值论研究的对象是社会与经济两大系统的商品价值问题，马克思主义劳动价值概念的本质在于它体现着人与人之间的关系。生态价值体现的是人与自然的关系。人与自然的关系、人与人的关系，二者是不可分割、相互联系的。在人与自然关系的背后隐藏着深刻的社会根源，即人与人之间关系的延伸。人与自然的关系本质上是由于人类产生不规范行为对自然界产生了影响，为处理好人与自然的不协调关系就必须合理地规范人类自身的社会行为，调整好人与人之间的利益关系（聂弯，于法稳，2017），因此，马克思劳动价值理论与 GEP 核算本质上都是人与人的关系。

第三，马克思劳动价值理论与 GEP 核算的目标一致性。马克思劳动价值理论建立的目标是解决社会发展中出现的矛盾。随着现代经济发展，新时代的生态系统服务相关理论认为资源环境问题的产生具有复杂性，解决该问题是一项系统且复杂的工程，要用辩证系统的思维解决发展存在的问题。坚持马克思主义劳动价值论与 GEP 核算目标内在一致性，解放、发展和保护生产力，以适应人类生存与发展的客观要求（董战峰等，2020）。在社会经济实践活动中要以此作为理论基础，坚持绿色发展为导向，始终贯彻生态优先原则，遵循自然规律和城市发展规律，转变经济增长方式，自觉保护资源环境，最终实现可持续发展。

3.2 权益价值理论

3.2.1 权益价值理论的内涵

人类对自然资源的各种投入，包括物质、劳动、技术以及资金，都可以用货币这种形式来表现。主要体现在以下两个层面：一是被开发利用的大部分自然资源所有权的主体是国家，而且国家可以对各种自然资源进行管理；二是其他与自然资源相关的部门也可以对自然资源进行管理。当自然资源变成一种商品，就具有经营权、勘探权等权利，企业拥有这种权利，意味着企业可以使用这种自然资源。权益强调的是一种投入与产出关系，由于自然资源是本质上是归国家所有，体现的是国家对所有权的垄断性，企业需要向国家申请勘探权、经营权等相关权限才可以合法经营利用自然资源。这种所有权带来的收益在一定程度上表现为马克思在地租理论里提到的地租收益（李文华，2008）。

以矿产资源为例，矿产资源权益是指矿产资源同主体结合所附着的权利和要求。这种权利和要求在经济上得到体现，就形成矿产资源的权益价值。矿产资源的权益价值是相对于主体而言的，因而它是产权和收益的结合。产权有狭义和广义之分。狭义的产权是指所有权。广义的产权是指所有权和所有权权能。"所有权权能是由所有权派生的对财产占有、使用、收益、处分等权利，这实际上是指经营权"（朱学义，1995；朱学义，1998）。

3.2.2 马克思的地租理论

马克思将大卫·李嘉图的资本价格模型和资源稀缺性原则作为资本主义经济关系动态分析的基础，将劳动价值论贯穿于地租理论研究中，在对古典经济学家的观点进行批判性继承的前提下，提出了科学的绝对地租理论，阐释了地租的本质。通过研究地租产生的原因和条件，他将地租分为级差地租、绝对地租两类，此外，还有垄断地租、矿山地租、建筑地段地租等形式（蒋健明，汪应宏，2017）。

根据级差地租产生的原因，又将级差地租分为级差地租Ⅰ、级差地租Ⅱ。级差地租Ⅰ的形成有两个条件：一是不同地块上所具有的可利用自然资源丰富程度的差别，以矿产资源为例，不同矿区具有不同的矿产储量，其面积、深度、矿产密度以及矿产质量都是不同的，由于这些因素，在同等投资的情况下，其产量和收益也会出现差异，质量较好的矿区由于具有较高的劳动生产率而获得超额利润；反之，质量较差的矿区其劳动生产率较低而不能得到利润。二是不同地块的地理位置的差别，这主要是受到交通条件影响，同样以矿产资源举例，在矿区矿石储量，质量等条件基本相同的条件下，交通条件不同，离市场远近不同，其运费也不同，这导致最终收益出现差异。由于交通便利，距市场较近的地块运费较少，因而可以获得超额利润。级差地租Ⅱ是指对同一自然资源持续追加投资，每次投资的劳动生产率必然会有差异，只要高于劣等资源的生产率水平，就会产生超额利润。这种针对同一自然资源，由于各个连续投资下劳动生产率的差异而产生的超额利润化为的地租即为级差地租Ⅱ，级差地租Ⅱ产生的利润是与经营生产活动不可分割的，往往是与运营企业密切相关的。级差地租Ⅰ与级差地租Ⅱ，虽然各有不同的表现形式，但是二者在本质上是一致的，它们都是由个别生产价格与社会生产价格之间的差额所形成的超额利润转化而成的（肖娅，2017；杨沛英，2007；戴双兴和朱立宇，2017）。

绝对地租是指各种自然资源的私有权，体现在使用该地区自然资源所产出的价值高于社会生产价格所产生的那部分超额利润，即资源所有者借所有权的垄断所取得的"地租"，我国对各自然资源能够长期拥有及控制，而且是处于垄断地位的（裴宏，2015；冯金华，2019）。

垄断地租是指由于某些特殊资源的应用难度大，技术要求高，供给量稀缺，而造成市场上长期处于供不应求的状态，继而形成一种同产品价值无关的、可能大大高于生产价格的垄断价格，企业以垄断价格将产品售出可以获得的超额利润（陈征，1995；方环非和周子钰，2019）。

马克思地租理论的理论依据来自剩余价值理论，他从探索剩余价值规律中，以地租这一特殊表现形式为例，从农业剩余价值规律中发现了绝对地租，并指出资本主义地租是剩余价值的转化形式之一，土地价格是地租资本化的结果。在论及绝对地租消亡的情形时，马克思认为私有制是产生绝对地租的源泉，私有制才是绝对地租产生的充分条件（刘卓红，杨煌辉，2021）。

3.3　效用价值论

3.3.1　效用价值论的内涵

根据西方经济学观点，效用有两层含义：其一，商品满足人的某种需要的能力；其二，人从消费商品中获得的满足效用。因此，不难发现效用价值论的两个核心意义：一个是功能价值；另一个是效用价值。

功能价值的核心观点是：商品有价值（能换钱）是因为商品有功能（能满足人的需要），因为商品很有限（稀缺），而且商品的价值（价格）=需求/供给量。效用价值的核心观点是：商品价值与商品边际效用正相关：商品边际效用大，商品价值高；商品边际效用小，商品价值低。商品的价值（价格）=商品边际效用/货币边际效用。

效用价值论在 17～18 世纪上半期经济学著作中有了明确的表述和充分的发挥。英国早期经济学家 N. 巴本（1640～1698）是最早明确表述效用价值观点的思想家之一。他指出，一切物品的价值都来自它们的效用，无用之物，便无价值；物品效用在于满足需求，一切物品能满足人类天生的肉体和精神欲望，才成为有用的东西，从而才有价值。意大利经济学家 F. 加利亚尼（1728～1787）是最初提出效用价值观点的人之一，他指出，价值是物品同需求的比率，价值取决于交换当事人对商品效用的估价，或者说，由效用和物品稀少性决定。

效用价值论在 18 世纪下半期和 19 世纪初期处于踏步不前状态。产业革命的实现和社会生产力的大发展，为古典经济学建立劳动价值论和以它为基础的理论体系创造了客观前提。

19 世纪 30 年代后，在对抗古典经济学劳动价值论的背景下，逐渐出现了边际效用价值论。英国经济学家 W. F. 劳埃德（1795～1852）是这一理论的直接先驱者之一。他在 1833 年指出，商品价值只表示商品的效用，不表示商品某种内在的性质；价值取决于人的欲望以及人对物品的估价；人的欲望和估价会随物品数量的变动而变化，并在被满足和不被满足的欲望之间的边际上表现出来。他实际上区分了总效用和边际效用这两个概念，而且暗示物品价值取决于边际效用。与此同时，爱尔兰经济学家 M. 朗菲尔德（1802～1884）也发表了类似观点，他指出，物品市场价格总是由能够引起实际购买的最低程度需求强度来调节的。

德国经济学家 H. H. 戈森（1810～1858）是边际效用论的主要先驱者。他在《论人类交换规律的发展及由此而引起的人类行为规范》（1854）中，重申了效用价值论，同时提出了满足需求的三条定理（后来被称为"戈森定理"），从而为边际效用价值论奠定了理论基础。这三条定理是：（1）效用递减定理，即随着物品占有量的增加，人的欲望或物品的效用是递减的。（2）边际效用相等定理，即在物品有限条件下，为使人的欲望得到最大限度满足，务必将这些物品在各种欲望之间作适当分配，使人的各种欲望被满足的程度相等。（3）在原有欲望已被满足的条件下，要取得更多享乐量，只有发现新享乐或扩充旧享乐。

边际效用价值论完成于 19 世纪 70 年代初。1871 年，英国经济学家 W. S. 杰文斯在其《政治经济学理论》中提出了"最后效用程度"价值论；同年，奥地利经济学家 C. 门格尔在其《国民经济学原理》（1871）中提出了类似的理论；1874 年，法国经济学家 L. 瓦尔拉斯在其《纯粹经济学纲要》（1874 ~ 1877）中，提出了"稀少性"价值论。这三人各自独立地提出了自己的理论，他们同是边际效用价值论的创始人。核心观点是边际效用大，价值高；边际效用小，价值低。

3.3.2 效用价值论与生态系统服务价值

效用价值论认为，生态产品是稀缺的区域生态资源效用（客体）与区域需求（主体）之间构成的满足关系，其价值决定于生态产品的效用和稀缺性（王娟等，2006）。运用效用价值理论可以很方便论证生态产品具有价值的结论，一方面生态产品是人类生产和生活不可缺少的，其中物质产品支持人类的基本生活生存，生态系统服务还具有水源涵养、土壤保持、洪水调蓄、固碳、释氧、气候调节、水质净化、空气净化、物种保育等调节服务以及景观游憩、康养服务、自然教育等文化服务，无疑对人类具有巨大的效用；另一方面，自 20 世纪 60 年代以来，随着人类社会的扩张性发展，生态系统问题日益突出并成为全球关注的焦点，由于生态系统服务满足既短缺又有用的条件，因此具有价值（梅林海等，2012）。已有研究中，沈辉等（2021）学者从效用价值论的稀缺性角度进行分析，人类对自然资源的开发利用率虽还未达到环境的容量，但生态环境状况每况愈下，丰富的自然资源严重稀缺以及区域不平衡，生态产品带给人们的边际效用逐渐增大，因此生态产品具有价值。吕洁华等（2015）学者根据效用价值论指出，森林作为一种生态产品，其价值由直接和间接利用效益构成，直接效益包括生态功能防护效用价值、固碳释氧价值等，间接效益则包括社会文化价值与精神价值等，从而对森林生态产品价值补偿标准进行理论探讨。赵晓迪等（2019）学者基于游客视角运用效用价值论探讨红色旅游资源价值，并指出旅游资源跟其他商品不同，具有本体性、动态性的特点，其本身就是构成旅游资源吸引魅力的基础，作为一种特殊的资源形态，其价值构成也不同于一般资源，即首先决定于它的效用性，而其价值大小则与两项因素有关：一是它的稀缺程度；二是资源的可开发条件。因此红色旅游资源效用价值是一个有条件的相对概念，而不是绝对的概念。

基于以上的分析，众多学者参照资源经济学的观点探讨了区域生态产品使用价值核算。例如，对区域生态服务各个影响因素进行评价，得到各种"评价因素"的得分，再乘以一个不变的货币系数，从而确定生态系统服务的经济价值（张小红，2007）；再如，先根据区域特征分别计算该区域生态服务不同功能的价值，进行加总后求出区域生态服务价值总功能量，然后根据区域生态经济系统所生产的总能量折算成货币价格的评价方法等等（丁宪浩，2010；Joshua et al.，2010）。上述研究成果具有重要的政策参考意义，但难以具体运用。区域生态系统服务价值可作为区域生态补偿标准的理论上限却不能作为实际补偿标准（丘水林，2018）。正如徐嵩龄（2001）所指出的，只要生态系统功能价值的计量没有真正与经济学接轨，它就难以被经济学所接受并对经济实践产生影响。另一部分学者则将区域生态产品总价值划分为使用价值和非使用价值两部分，前者包括直接使用价值和间接使用价值，后者包括选择价值、遗产价值和存在价值（黄加良，2015）。具有私人产品性质的生态产品可通过市场直接实现价值，生态区位林、自然保护区、国家公园等公益性明显的区域生态产品可通过市场间接实现价值。而非使用价值难以进行货币量化，只能通过条件价值评估法（CVM）等非市场价值评估方法来解决。吴建（2007）进一步指出，针对不可进行市场交易的生态产品等自然资源，在定量评估生态系统服务功能的非市场价值时，提出可以采用人为地建立交易市场，如现行应用广泛的排污权、碳汇权等交易市场，根据其价格和市场需求进行定价和交易。

3.4 自然资源价值理论

自然资源是指自然界中人类可以直接获得用于生产和生活的物质。大体可分为三类：一是不可更新资源，如各种金属和非金属矿物、化石燃料等，需要经过漫长的地质年代才能形成；二是可更新资源，指生物、水、土地资源等，能在较短时间内再生产出来或循环再现；三是取之不尽的资源，如风力、太阳能等，被利用后不会导致贮存量减少（王庆礼，邓红兵，2001）。

长期以来，由于人们对自然资源价值认识的偏差，导致自然资源被掠夺式开发与低效利用，使得自然资源综合效率下降，并引发一系列的生态环境问题，从而制约着人类可持续发展（严立冬等，2018）。特别是近年来，人类对自然资源进行粗放式的开发与利用，造成了自然资源稀缺与浪费并存的局面（Velenturf & Jopson，2019；Danish et al.，2019）。由此，人类逐渐认识到自然资源和环境的重要性，人们意识到应该重新建立自然资源价值观，自然资源有限、有价的价值观被哲学、生态学、经济学、伦理学等领域科学家所接受并对相关问题展开了讨论和研究。认识、研究自然资源价值理论及其评估的方法，将对社会发展、经济决策、生态建设等产生重要的理论指导意义（陈龙等，2019；Lv et al.，2020；Wallace et al.，2020）。随着研究的不断深入，自然资源逐渐由无价值的阶段慢慢地发展到有价值阶段（潘家华，2017）。

3.4.1 自然资源价值的形成

自然资源是一种人类可以直接获得并用于生产和生活的物质，同时具备关系人类福祉的有形服务功能（产品供给等）和无形服务功能（生态服务价值等），具有满足人类需要的功效，这种功效具有区域性、稀缺性等特性，决定其必然存在价值（李金昌，1991；Kalaitzi et al.，2018；郭韦杉等，2021）。自然资本是指能从自然资源中导出的，有利于生计的资源流和服务的自然资源存量（Costanza et al.，1997；欧阳志云等，1999；谢高地等，2001）。此外，在自然资源的开发利用过程中，融入了直接劳动，附着在自然资源上（吴新民和潘根兴，2003；唐本佑，2004）。自然资本与人力资本结合，共同产生了人类福祉。因此，自然资源价值是资源本身价值与人类劳动结合的产物（田亚亚等，2021）。它存在于事物对人的作用和影响中，是事物对人产生影响，满足人们欲望的能力。自然资源作为人类所需的一切生产、生活资料的最终来源，同时具有满足人们精神生活需要以及其他生态服务功能。因此，自然资源的价值是客观存在的（罗丽艳，2003）。

总的来说，自然资源具有两种不同的价值，即经济价值和资源价值。经济价值是一种"消费价值"，为社会经济发展提供不可或缺的物质能量，自然资源对于人类的经济价值是通过实践自然物的消费来实现的；资源价值则是一种"非消费性价值"，即作为环境的重要组成部分，这种价值不是通过对自然的消费，而是通过对生态系统的保护来实现的。

3.4.2 自然资源价值理论的发展历程

目前自然资源定价理论主要有两种：市场经济价格理论和马克思的价格

理论。前者的核心是效用价值论；后者的核心是劳动价值论。

（1）效用价值论。效用价值论由英国经济学家 N·巴本首次提出。他认为：一切商品的价值都取决于它们的用途；而它们的用途则取决于人们的主观评价。后来一些经济学家修正了一般效用价值论，提出了边际效用价值论。边际效用价值论则认为商品的价值取决于其边际效用。边际效用论者用主观价值论和供求论来说明市场价格的形成和决定，指出物品市价是供求双方对物品主观评价彼此均衡的结果。

（2）劳动价值论。劳动价值论认为，价值是凝结在商品中的无差别的人类劳动，价格是价值的货币表现。作为自然界天然形成的产物，当它处于自然状态时，其本身是没有价值的。尽管如此，马克思并没有否定没有凝结人类劳动的没有价值的东西，就不能够有价格，就不具备商品形式。比如土地是有价格的，不管这种土地是处于自然状态，还是处于开垦状态。根据劳动价值论的主张，自然资源价值即为在其自然再生产能力之上，人类为维护、恢复、增殖自然再生产所付出的必要劳动时间（温莲香，2009）。

3.4.3　自然资源的价值构成

在当前环境问题日益严重的背景下，可持续发展理论应运而生，它要求自然资源，开发利用限定在资源环境可承受的阈值之内，并不影响下一代的利益，即当代与后代具有均等的发展机会。基于可持续发展理论，自然资源的价值一般应包括以下方面。

3.4.3.1　内在价值

（1）自然资源的效用价值。自然资源的效用价值取决于自然资源的有用性。自然资源作为人类生存和发展的重要物质基础，其有用性即效用是毋庸置疑的。人类社会之所以生生不息皆源于自然界的慷慨给予，人类迈出的每一步都离不开自然界为其提供必需的能量，无论是在人类进化的初始阶段，还是在科技飞速发展的今天概莫能外。有用性是自然资源具有价值的前提和必要条件，这种有用性使之成为自然资产，其所有权通常由国家所有，人们要取得自然资源的使用权、收益权和处置权，必须支付相应的资源使用费，自然资源使用成本是其使用者为获得自然资源使用权而支付给所有者（包括国家或集体）的一定货币额，它体现了自然资源所有者与使用者之间的经济关系和经济学中"使用者付费"理念。

（2）自然资源的劳动价值。天然存在的自然资源有满足人们需要的使用价值，但没有凝结人类劳动，其本身并无价值。而为了经济生产生活的顺利进行，人类必须付出大量劳动对自然资源进行开采加工，如矿产资源需要经过发现、搜寻、开采（包括为了开采进行的交通、通信等准备工作）、洗选及配送等环节才能为经济生活所利用。这种经过加工的非自然状态的自然资源具有价值，这部分价值由加工所消耗的人类劳动形成（朱方明，贺立龙，2012）。自然资源的劳动价值包括物化劳动的转移价值和活劳动新创造的价值，它在自然资源价格构成中表现为开发成本和税收与利润。

3.4.3.2　外部成本

自然资源系统是一个有机体，具有一定的承载阈限。如果超过阈限，系统的稳定性就会遭到破坏，导致整体结构和功能的紊乱。自然资源的开发利用往往会对生态环境造成损害，包括三个方面：一是自然资源的开发利用往往带来生态破坏；二是自然资源的开发利用常常伴随环境污染；三是自然资源的开发利用会使其数量减少（甚至枯竭）、质量变差，这会损害子孙后代平等地利用资源繁衍发展的权益。正因为在自然资源的开发利用过程中会产生这三种负外部性，从可持续发展的视角，我们必须对破坏了的生态系统进行修复，对污染了的环境进行治理，对子孙后代的利益进行保护，为此花费的代价就称为补偿成本，分别是生态补偿费、环境补偿费和代际补偿成本。

3.5　生态价值论

3.5.1　生态价值的内涵

党的十八大报告中第一次使用了"生态价值"概念。生态价值，即生命现象与其环境之间相互依赖和满足需要的关系，是满足人类社会对自然生态系统服务功能客观需要的主观价值反映，体现了人类社会和自然生态系统两个整体之间关系的重要性。生态价值包括环境的生态价值、生命体的生态价值、生态要素的生态价值、生态系统的生态价值（孙志，2017）。

生态价值以生态系统的平衡为其价值衡量标准与尺度。生态价值可以分为三大类：一是人类生态价值。也就是说对于人类生存和发展的需要得到满足的生态系统的稳定性的价值。自然即为人类享用的物质的、精神的价值，同样的人的这种享用是受到自然内在规律的规范的，一旦超越了这个规范的限度就会导致层出不穷的生态问题甚至生态危机（杜明娥，2018）。二是生物生态的价值。处于地球自然界的一切生物（包括人类）一方面享用自然界的生存资源求得自我保护，另一方面也为其他生物生存创造一定的条件，各种生物物种都具有其不可取代的内在价值，它们共同构成生态系统平衡的生物圈的物质、能量以及信息的有序传递。三是地球生物圈的生态价值。在自然生态系统中，人类与其他生物因其属性、功能等的不同进行相应的自然分工与协同合作，地球生物圈生态系统作为一个有机整体，能够维持自身稳定进行内部调节（胡安水，2006）。因此作为生态价值而言，是对人类生存需要和经济利益的满足，也是对非人的自然存在物需要和利益的满足，最终实现地球生物圈即生态系统整体平衡需要和利益的满足（蒲雪娟，2018）。

对于"生态价值"概念的理解：首先，生态价值是一种"自然价值"，即自然物之间以及自然物对自然系统整体所具有的系统"功能"。这种自然系统功能可以被看成一种"广义的"价值。对于人的生存来说，它就是人类生存的"环境价值"。其次，生态价值不同于通常我们所说的自然物的"资源价值"或"经济价值"。生态价值是自然生态系统对于人所具有的"环境价值"。人也是一个生命体，也要在自然界中生活。人的生活需要有适合于人的自然条件，由这些自然条件构成了人类生活的自然体系，即人类的生活环境。这个环境作为人类生存的必要条件，是人类的"家园"，因而"生态价值"对于人来说，就是"环境价值"（谢花林等，2021）。

3.5.2　马克思的生态价值观

马克思的生态价值思想最早体现在《1844年经济学哲学手稿》中，并集中体现在"人与自然关系"的论述上。在这里，"人与自然关系"即人与自然之间的价值关系（张云飞，2019）。首先，人属于自然界的一部分，人同其他生物的本质区别就在于人具有主观能动性，人可以通过意识进行有目的有计划的活动。马克思强调人的本质实际上就是肯定了人的主体性地位。其次，马克思肯定了自然具有价值。自然界创造出了人类赖以生存的空气、阳光、土壤、水等自然条件，自然界对于人类和人类社会而言具有先在性。也就是说，自然界并不以人类的附属品而存在，而是人类生存和发展的前提。可以看到，马克思是认可自然界的重要地位的，更进一步地将自然界与人类以及社会历史统一起来。历史是自然史，也是人类史，人的存在使两者彼此制约。马克思关于人与自然的辩证法，否定了只承认人的价值并认为其他非人类存在物只有工具价值的人类中心主义与将人的价值纯粹归结于自然界的价值的非人类中心主义的极端思想。最后，在面对人与自然关系问题时，只有通过实践这个中介，才能协调好人与自然关系走向和谐统一。人与自然的关系归根结底就是人与人之间的关系，人与人的关系则表现在日常社会实践中。进一步来讲，人与人之间矛盾的解决有利于人与自然之间矛盾的解决（马俊峰，2012）。由于以往人类不合理的生产方式、自然资源掠夺方式导致人与自然的正常联系被割断，工业文明带来的生态问题严重阻碍了人与自然的和谐相处。因此，马克思主张在尊重生态自然的基础上通过人类的实践活动利用和改造生态自然（王雨辰，2020）。

3.5.3　生态价值的基本特征

通过唯物辩证法可知，事物的本性往往经由其特性呈现出来。因此，唯有从整体上把握生态价值的本性，才能够确保我们对生态价值的特点进行全面、准确的把握。具体来说，生态价值包含了以下几个基本特征：

（1）存在的普遍性。所谓生态价值存在的普遍性，即立足于生态价值，生态最初便是一个具有内在联系的相互依存的有机整体和有序系统，无机物与有机物之间、动植物之间、气水土光热之间等，这一切最终形成井然有序的物质交换、能量转换、信息交流的循环系统，从而推动了生物物种的演化进程和丰富多样化。就生态价值来看，生态系统中的各类自然存在物之间不是天然地达成一定的价值关系，只有存在于生态环境中的主体在其生存发展的环境中产生了相对不变的要求，同时客体正好符合这些要求的需要和满足关系才可以形成一定的价值关系。综上可得，生态价值存在的普遍性就是立足于人类自身，存在于人和生态环境之间、各类生命系统与其环境之间形成的普遍包含的价值关系。

（2）联结的多维性。当以人的视角将生态主客体之间存在的价值关系进行扩充以后，生态主体也就不再仅局限于人类自身，而是涵盖人类在内的对自身生存的生态环境具备稳定需求的所有生物物种。联结上的多维性，就是将生态价值置于有机整体的角度来看待，也就是说，就人而言，不只人类甚至动植物的众多类种均具备成为生态系统与生态价值关系中的主体的资格。也即生态系统的有机动态平衡不仅仅人类归功于人类这一生态存在，一切生物物种都在这一系统中生存发展并共同维系着生态系统的平衡与稳定。利奥波德（1933）提出大地伦理学，即将人类从大自然的主宰及征服者进而转变成为大地—社会之中的普通一员，这代表着人类必须从内心深处尊重其他生物伙伴，同样地以此种态度尊重大地社会。无论山川树木或是虫鱼鸟兽，其生存与发展的权利理当获得人类的承认以及尊重。随价值主体的多样性而来的价值需求与满足的多样性将成为必然结果。对生态环境而言，人类相对于其他生物物种的优越性在于其能力而非特权。

（3）关系的外部性。外部性是一种经济学上的概念，在这里指的是社会实践活动中，一个价值主体即人类的行为直接影响到价值客体的生存与发展，对价值客体产生了利益上的损害，却没有给予相应支付或进行相应生态补偿，就出现了外部性。

首先，大部分环境资源都具有公共物品的属性，因此具有共享性和非排他性的特性。其次，由于价值关系的外部性可能是正面的，也可能是负面的。正外部性是人类实践的活动使得其他生物物种受益，而受益者无须花费代价，也就是说，如果人类对自然资源的利用与开发不会危及生态环境的系统的稳定性，系统仍然保持一种动态平衡状态，即称这种行为具有正外部性。而负外部性是人类的实践活动损害了生态环境系统功能，而造成稳定的人类却没有为此付出一定的代价，就使得生态问题凸显出来，各种具体的环境问题的出现最终会形成巨大的生态危机，危及人的生存与发展，这种行为就具有一种负外部性的特点。相对于人而言，环境是外在的，人对环境的污染也是向外的。因此，对于生态环境的保护就是其正价值，而对于不合理的实践活动导致的环境问题与环境污染而言，它就代表了一种负价值。

（4）界限的模糊性。生态价值本质上是一种总体性的价值。在生态环境中，生态环境具有的边界不清晰性直接导致了在进行价值判断或者进行生态补偿时都会出现受益者的权利、责任、限度呈现模糊性的特点。比如说河流的上游与下游、山的南坡和北坡、生产链的始端和终端、发达地区和不发达地区等，其界限都是模糊的、不清晰的。

那么，在特定的区域形成的重大的环境污染，在其亟须解决这个地区生态问题时，在具体价值的理性评价上没有一个同一性的衡量尺度就会造成权力的拥有者仅凭自己的个人意愿，选择对这一地区的生态问题是否给予一定的道德关怀与关注。这显然是对于生态价值的认识存在重大的缺失，从而将对生态环境的保护放在经济利益的社会财富与个人财富的价值创造之外了，这种人类中心主义的价值理念的偏失显然需要进行必要的扬弃。无论是在国家、政府层面上对于政策法规以及系统机制的建立与执法力度与监督，个人层面上树立生态价值理念，明确并身体力行对于环境问题的保护。从而实现人与自然达成和谐局面，共同实现可持续发展（蒲雪娟，2018）。

3.6　外部性理论

3.6.1　外部性的定义

外部性也称外部效应或溢出效应，但不同的经济学家对外部性给出了不同的定义。归结起来不外乎两类定义：一类是从外部性的产生主体角度来定义；另一类是从外部性的接受主体来定义。萨缪尔森和诺德豪斯的定义："外部性是指那些生产或消费对其他团体强征了不可补偿的成本或给予了无须补偿的收益的情形。"（萨缪尔森，1999）后者如兰德尔的定义：外部性是用来表示"当一个行动的某些效益或成本不在决策者的考虑范围内的时候所产生的一些低效率现象；也就是某些效益被给予，或某些成本被强加给没有参加这一决策的人"（兰德尔，1989）。上述两种不同的定义，本质上是一致的。即外部性是某个经济主体对另一个经济主体产生一种外部影响，而这种外部影响又不能通过市场价格进行买卖。

例如，图 3-1 说明了外部性成本对煤炭行业产出的影响。厂商的供给曲线也就是边际成本曲线 MC，对于煤炭的市场需求曲线由 D 表示，市场均衡发生在 X_1。MC_p 是煤炭开采的私人边际成本曲线（不包含污染控制与损害）。因为社会既要考虑煤炭开采的私人成本，也要考虑其污染成本，社会边际成本曲线 MC_s 包含了这两项成本。煤炭开采导致的外部成本使得私人的边际成本 MC_p 曲线要大于社会的边际成本 MC_s 曲线，两条曲线间的垂直距离表示煤炭的开采对第三方产生的成本。在途中，外部性的成本随着 X 产出的增加而增加（即 MC_s 与 MC_p 分开得更远了）（克里斯托弗·斯奈德，2015）。如果煤炭厂商不采取控制污染排放的管制要求，在竞争状态下，会开采 X_1 产出水平的煤炭，从而使其生产者剩余最大化。但是在这一产出水平上，社会边际成本大于消费者对煤炭的支付。所以，最优的生产水平是 X_2，此时市场价格完全反映了社会成本。由于外部性的存在，污染厂商会追求过高的产量，从而导致更多的环境污染；同时，由于企业没有支付污染物排入环境的成本，最终导致污染物的减排和回收利用缺乏激励（汤姆·蒂坦伯格等，2016）。

庇古税是解决外部性的有效途径之一。庇古税会在供给曲线和需求曲线之间打入一个垂直的"楔子"。如图3-1所示，这个最优的税为 T。当向产生外部性的煤炭企业征收大小为 T 值得税收时，会使得煤炭企业的开采将至社会最优水平 X_2。此时的税收正好等于煤炭企业开采导致的外部性损害，这一部分税收正好可以通过转移支付、补贴等手段支付给受污染的群众，从而减少外部性的影响。

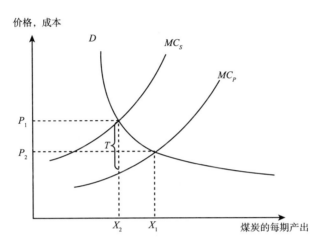

图3-1 外部性成本的图形分析

资料来源：克里斯托弗·斯奈德，2015.

3.6.2 外部性的类型

根据外部性表现形式的不同，外部性可以从不同的角度进行分类：根据外部性的影响效果不同，外部性可以分为正外部性（外部经济）和负外部性（外部不经济）；根据外部性的产生领域不同，外部性可以分为生产的外部性与消费的外部性；根据外部性产生的时空差异，外部性可以分为代内外部性与代际外部性；根据外部性的稳定性，外部性可以分为稳定的外部性与不稳定的外部；外部性的方向性不同，单向的外部性与交互的外部性；根据外部性产生的根源，外部性可以分为制度外部性与科技外部性。绝大多数经济学教科书都提到过的分类是正外部性和负外部性（沈满洪，2002）。正外部性就是一些人的生产或消费使另一些人受益而又无法向后者收费的现象；负外部性就是一些人的生产或消费使另一些人受损而前者无法补偿后者的现象。例如，私人花园的美景给过路人带来美的享受，但路人不必付费，这样，私人花园的主人就对过路人产生正外部性效果。

3.6.3 外部性的理论发展

随着社会的变迁和经济学的进步，许多经济学家对外部性理论的发展做出了重要贡献，外部性理论的发展经历了三个主要阶段，分别是马歇尔的"外部经济"理论、庇古的"庇古税"理论和科斯的"科斯定理"。

（1）马歇尔的"外部经济"理论。外部性概念源于马歇尔 1890 年发表的《经济学原理》中提出的"外部经济"概念。马歇尔考察的外部经济是外部因素对本企业的影响。内部经济是指由于企业内部的各种因素所导致的生产费用的节约，这些影响因素包括劳动者的工作热情、工作技能的提高、内部分工协作的完善、先进设备的采用、管理水平的提高和管理费用的减少等等。所谓外部经济，是指由于企业外部的各种因素所导致的生产费用的减少，这些影响因素包括企业离原材料供应地和产品销售市场远近、市场容量的大小、运输通信的便利程度、其他相关企业的发展水平等（马歇尔，1981）。

（2）庇古的"庇古税"理论。马歇尔所指的外部性是企业活动从外部受到影响，但是庇古所指的是企业活动对外部的影响。庇古通过分析边际私人净产值与边际社会净产值的背离来阐释外部性。边际私人净产值是指个别企业在生产中追加一个单位生产要素所获得的产值，边际社会净产值是指从全社会来看在生产中追加一个单位生产要素所增加的产值。当每一种生产要素在生产中的边际私人净产值与边际社会净产值相等，它在各生产用途的边际社会净产值都相等，而产品价格等于边际成本时，就意味着资源配置达到最佳状态。庇古把生产者的某种生产活动带给社会的有利影响，叫作"边际社会收益"；把生产者的某种生产活动带给社会的不利影响，叫作"边际社会成本"。外部性是指边际私人成本与边际社会成本、边际私人收益与边际社会收益的不一致（庇古，1999）。

对边际私人成本小于边际社会成本的部门实施征税，即存在外部不经济效应时，向企业征税；对边际私人收益小于边际社会收益的部门实行奖励和津贴，即存在外部经济效应时，给企业以补贴。庇古认为，通过这种征税和补贴，就可以实现外部效应的内部化。这种政策建议后来被称为"庇古税"。政府通过征税或者补贴来矫正经济当事人的私人成本和私人利益使其与相应的社会成本和社会利益相等以达到资源配置的帕累托最优状态。

由于庇古税运用的前提是政府必须知道引起外部性和受它影响的所有个人的边际成本或收益，拥有与决定帕累托最优资源配置相关的所有信息，只有这样政府才能定出最优的税率和补贴。但是，现实中政府并不是万能的，它不可能拥有足够的信息，因此庇古税实际的执行效果与预期存在相当大的偏差。

（3）科斯定理。科斯是新制度经济学的奠基人，科斯理论是在批判庇古理论的过程中形成的。科斯对庇古理论的批判主要集中在以下方面：第一，外部效应往往不是一方侵害另一方的单向问题，而具有相互性；第二，在交易费用为零的情况下，庇古税根本没有必要，通过双方的自愿协商，就可以产生资源配置的最佳化；第三，在交易费用不为零的情况下，解决外部效应的内部化问题要通过各种政策手段的成本——收益的权衡比较才能确定。也就是说，庇古税可能是有效的制度安排，也可能是低效的制度安排（沈满洪，2002）。由于科斯本人从未将定理写成文字，而其他人如果试图将科斯定理写成文字，则无法避免表达偏差。关于科斯定理，比较流行的说法是：只要财产权是明确的，并且交易成本为零或者很小，那么，无论在开始时将财产权赋予谁，市场均衡的最终结果都是有效率的，实现资源配置的帕累托最优（高鸿业，2004）。因此，解决外部性问题可能可以用市场交易形式即自愿协商替代庇古税手段。

同时，科斯理论也存在一些局限性。首先，在市场化程度不高的经济中，科斯理论不能发挥作用；其次，产权界定具有相应的困难性，例如像环境资源这样的公共物品产权往往难以界定或者界定成本很高，从而使得自愿协商失去前提；最后是交易成本为零很难，市场交易的可行性在一定程度上取决于交易费用，当交易费用过高时，自愿协商就失去了意义。因此，依靠市场机制矫正外部性是有一定困难的。但是，科斯定理毕竟提供了一种通过市场机制解决外部性问题的一种新的思路和方法。

3.6.4 外部性在生态系统服务中的应用

（1）生态补偿。生态补偿制度是以防止生态环境破坏、增强和促进生态系统良性发展为目的，以从事对生态环境产生或可能产生影响的生产、经营、开发、利用者为对象，以生态环境整治及恢复为主要内容，以经济调节为手段，以法律为保障的新型环境管理制度。自然资源、环境及其所提供的生态系统服务功能即具有公共物品的属性，因此将不可避免地产生过度使用及"搭便车"现象，必须通过生态补偿制度平衡相关利益者之间的利益失衡状态。中国的生态补偿制度、国外的生态系统服务付费制度都是解决环境外部性的可行方法。2007 年中国环境保护部在建立生态系统服务补偿试点项目时，采用的"开发者保护、破坏者修复、受益者补偿、污染者付费"的原则也是庇古理论的具体应用。排污收费制度已经成为世界各国环境保护的重要经济手段，其理论基础也是庇古税。生态产品总值核算可以为构建生态补偿机制提供生态系统服务价值货币化评价的支撑，生态产品总值的精准核算结果为生态补偿的货币化标准提供了重要的参考依据（石敏俊等，2022）。

（2）排污权交易。排污权交易是指在一定区域内，在污染物排放总量不超过允许排放量的前提下，内部各污染源之间通过货币交换的方式相互调剂排污量，从而达到减少排污量、保护环境的目的。它对企业的经济激励在于排污权的卖出方由于超量减排而使排污权剩余，之后通过出售剩余排污权获得经济回报。排污权交易就是将科斯定理应用在生态环境问题的典型措施，通过市场交易将排污权利进行交换，从而解决外部性问题。生态系统中的调节服务对排放的污染物具有重要的净化作用，此外，生态系统质量直接影响生态系统服务功能，不同质量等级的森林、草地、湿地等生态系统提供土壤保持、水源涵养、水质净化等服务功能的量具有显著差别（欧阳志云等，2020）。所以，生态产品总值核算中调节服务的大小会随着生态系统质量的优劣而变化，这为处于不同地区、污染排放大小不同企业的排污权交易的大小提供了重要的参考依据。例如，生态系统质量大，污染物排放小的地区，可以购买更多的排污权。

第4章

生态产品总值（GEP）核算的基本原理

4.1 生态产品总值的功能量核算

生态产品总值功能量核算，主要是从功能量的角度对生态系统提供的各项服务进行定量评价。即根据不同区域不同生态系统的结构、功能和过程，从生态系统服务功能机制出发，利用适宜的定量方法确定最终产品与服务的物质数量。功能量核算，即统计人类从生态系统中直接或间接得到的最终产品的功能量，如生态系统提供的粮食产量、木材产量、土壤保持量、污染物净化量、固碳释氧量，以及自然景观吸引的旅游人数等。

尽管尚未建立生态系统服务功能监测体系，然而大多数生态系统产品产量可以通过现有的经济核算体系获得，部分生态系统调节服务功能量可以通过现有水文、环境、气象、森林、草地、湿地监测体系获得，部分生态系统服务功能量可以通过生态系统模型估算，生态系统及其要素的监测体系、生态系统长期监测、水文监测、气象台站、环境监测网络等可以为生态系统最终产品与服务功能量的核算提供数据和参数。

功能量核算的特点是能够比较客观地反映生态系统的生态过程，进而反映生态系统的可持续性。运用功能量核算方法对生态系统最终产品与服务进行核算，其结果比较直观，且仅与生态系统自身健康状况和提供服务功能的能力有关，不会受市场价格不统一和波动的影响。功能量核算特别适合于同一生态系统不同时段提供服务功能能力的比较研究，以及不同生态系统所提供的同一项服务功能能力的比较研究，是生态系统服务功能评价研究的重要手段。

功能量核算是以生态系统服务功能机制研究为理论基础的，生态系统服务功能机制研究程度决定了功能量核算的可行性和结果的准确性。功能量核算采用的手段和方法主要包括定位实验研究、遥感、GIS、调查统计等，其中，定位实验研究是主要的服务功能机制研究手段和技术参数获取手段，RS和调查统计则是主要的数据来源，GIS为功能量核算提供了良好的技术平台，但是不同尺度基础数据的转换和使用方法尚待进一步研究。功能量核算是价值量评价的基础。

单纯利用功能量核算方法也有其局限性，主要表现在由于各单项生态系统服务功能量纲不同，所以无法进行加和，从而无法评价生态系统的综合服务功能。

生态产品功能量核算包括三大类：即物质产品功能量核算、调节服务功能量核算、文化服务功能量核算。其中，物种产品和文化服务产品功能量主要采用统计调查方法进行测算，调节服务功能量则依据各指标对应的通用生态环境科学机理模型进行测算。生态产品功能量核算的核算项目、指标和方法如表4-1所示。

表4-1　　　　　　　　　　　生态产品功能量核算方法

类别	核算项目	功能量指标	核算方法
物质产品	农业产品	农业产品产量	调查统计
	林业产品	林业产品产量	
	畜牧业产品	畜牧业产品产量	
	渔业产品	渔业产品产量	
	水资源产品	工业、农业、居民生活用水量	
	生态能源	秸秆、薪柴、水能发电、光伏发电、风能发电能量	
调节服务	水源涵养	水源涵养量	水量平衡法或水量供给法
	土壤保持	土壤保持量	修正通用土壤流失方程（RUSLE）
	洪水调蓄	植被调蓄水量	水量平衡法
		湖泊可调蓄水量	湖泊调蓄模型
		水库防洪库容	水库调蓄模型
		沼泽滞水量	沼泽调蓄模型
	固碳	固定二氧化碳量	固碳机理模型
	释氧	释放氧气量	质量平衡法
	气候调节	植被蒸腾消耗能量	蒸散模型
		水面蒸发消耗能量	

续表

类别	核算项目	功能量指标	核算方法
调节服务	水体净化	净化 COD 量	污染物净化模型或污染物平衡模型
		净化总氮量	
		净化总磷量	
	空气净化	净化二氧化硫量	污染物净化模型或污染物平衡模型
		净化氮氧化物量	
		净化工业粉尘量	
	负氧离子	负氧离子提供量	负氧离子经验模型
	物种保育	森林物种保育面积	统计调查
	噪声消减	噪声消减量	噪声消减模型
	防风固沙	防风固沙量	防风固沙模型
	病虫害防治	自我防治病虫害的生态系统面积	统计调查
文化服务	旅游康养	旅游总人次	统计调查
	休闲游憩	休闲游憩总人时	
	景观增值	受益土地和房产面积	

资料来源：《生态产品总值核算规范》（国家发展和改革委员会，国家统计局，2022），《江西省生态产品总值核算规范（试行）》，有部分修改。

4.2　生态产品总值的价值量核算

在生态产品功能量核算的基础上，结合各类生态产品的参考价格，通过一定数学运算得到以货币化形式呈现的各类产品的价值，这个过程就是生态产品价值量核算。具体而言，物质产品价值主要采用市场价值法核算，调节服务价值综合利用替代成本法、影子工程法、市场价值法等进行核算，文化服务价值使用旅行费用法、市场价值法、替代成本法等进行核算。生态产品价值量核算的核算项目、指标和核算方法如表 4 - 2 所示。

（1）市场价值法。该方法主要适用于能够直接在市场上进行交易的生态产品，如林木产品、固碳服务等。使用的是生态产品的市场价格，并扣除当中的人类投入贡献，以获得生态产品的"净"价值。

（2）土地租金法。该方法主要适用于作物等物质供给类生态产品，土地的贡献等于其为生产作物而收取的报酬。

表4-2　　　　　　　　　　生态产品价值量核算方法

类别	核算项目	价值量指标	核算方法
物质产品	农业产品	农业产品产值	市场价值法 土地租金法 残值法
	林业产品	林业产品产值	
	畜牧业产品	畜牧业产品产值	
	渔业产品	渔业产品产值	
	水资源产品	工业、农业、居民生活用水价值	
	生态能源	生态能源产值	
调节服务	水源涵养	水源涵养价值	影子工程法（水库建设成本）
	土壤保持	减少泥沙淤积价值	替代成本法（清淤成本）
		减少面源污染价值	替代成本法（环境工程降解成本）
	洪水调蓄	调蓄洪水价值	影子工程法（水库建设成本）
	固碳	固碳价值	替代成本法（造林成本）
	释氧	释放氧气价值	替代成本法（制氧成本）
	气候调节	植被蒸腾调节温度湿度价值	替代成本法（空调降温成本）
		水面蒸发调节温度湿度价值	
	水体净化	净化COD价值	替代成本法（污染物治理成本）
		净化总氮价值	
		净化总磷价值	
	空气净化	净化二氧化硫价值	替代成本法（污染物治理成本）
		净化氮氧化物价值	
		净化工业粉尘治理价值	
	负氧离子	提供负氧离子的价值	市场价值法（负氧离子生产成本）
	物种保育	物种保育价值	市场价值法（森林恢复成本）
	噪声消减	噪声消减价值	替代成本法
	防风固沙	防风固沙价值	替代成本法
	病虫害防治	病虫害控制价值	替代成本法
文化服务	旅游康养	旅游康养价值	旅行费用法、市场价值法
	休闲游憩	休闲游憩价值	替代成本法
	景观增值	受益土地与房产增值	市场价值法

资料来源：《生态产品总值核算规范》（国家发展和改革委员会，国家统计局，2022），《江西省生态产品总值核算规范（试行）》，有部分修改。

（3）残值法。该方法计算的是生态产品对应的产品（或行业）总产出，然后扣除其中劳动力、生产资产和中间投入等其他所有投入，以此估算生态产品的价值量。

（4）替代成本法。该方法计算的是替代生态产品能贡献相同惠益的成本，也被称为重置成本法。替代品可以是消费品（如家庭的空气过滤装置替代树木的空气净化服务）或投入品（如兴建水处理厂的成本）。在所有情况下，如果替代品提供相同的价值，则认为生态产品的价格等于通过替代品提供与一单位生态产品相同惠益的成本（如 1 吨饲料的价格）。在单一情况下，可以根据在该情况下使用替代品的总成本来估算核算项目的价格（例如单位农场提供生态产品的价格）。

（5）旅行费用法。根据游客对旅行目的地的偏好来估算休闲旅游的价值。旅行费用包括家庭或个人到达旅游点的交通支出、门票费、食宿费用等，还可能包括旅行和参观该场所的时间机会成本。

（6）特征价格法。该方法主要适用于景观增值类生态产品。通过评估因生态系统特征（如清洁空气、生态系统景观）对地产价值或租金价值（或其他复合商品）的影响而产生的差异化溢价，以此估算生态产品的价值量。

4.3　生态产品总值核算体系

生态产品总值核算指标体系包括生态系统物质产品、调节服务产品和文化服务产品三大类。其中：物质产品主要包括农业产品、林业产品、畜牧业产品、渔业产品、淡水资源和生态能源；调节服务产品主要包括水源涵养、土壤保持、洪水调蓄、气候调节、固碳、释氧、水体净化、空气净化、负氧离子、物种保育等生态服务功能；文化服务产品是指生态系统以及与其共生的各类文化，为人类获取知识、放松身心、陶冶情操等方面带来的非物质惠益，包括旅游康养、休闲游憩、景观增值等功能。

实际核算工作中，应立足于区域特色，结合区域生态产品类型以及生态产品总值核算目的，选择相应的核算指标，编制生态产品清单（见表 4-3）。在核算生态系统对人类福祉和经济社会发展的支撑作用时，生态产品总值应核算生态系统的物质产品价值、调节服务价值和文化服务价值之和；当 GEP 核算用于考核各级地域单元生态保护成效与生态效益时，可只核算生态系统调节服务和文化服务的价值。

表 4 - 3　　　　　　　　　　生态产品目录清单及说明

序号	一级指标	二级指标	指标说明
1	物质产品	农业产品	从农业生态系统中获得的初级产品，如稻谷、玉米、谷子、豆类、薯类、油料、棉花、麻类、糖类、烟叶、茶叶、药材、蔬菜、水果等
2		林业产品	林木产品、林产品以及与森林资源相关的初级产品，如木材、竹材、松脂、生漆、油桐籽等
3		畜牧业产品	放牧、散养等利用自然资源饲养禽畜获得的产品，如牛、羊、猪、家禽、奶类、禽蛋等
4		渔业产品	利用水域中生物的物质转化功能，通过捕捞、养殖等方式取得的水产品，如鱼类、其他水生动物等
5		水资源产品	生态系统为人类提供的用于工农业生产、居民生活等的水资源，包括农田灌溉用水、工业用水、城镇公共用水、城镇居民生活用水、农村居民生活用水、林牧渔畜用水、生态环境用水等
6		生态能源	生态系统中的生物物质及其所含的能量，如沼气、秸秆、薪柴、水能等
7	调节服务	水源涵养	生态系统通过林冠层、枯落物层、根系和土壤层拦截滞蓄降水，增强土壤下渗、蓄积，从而有效涵养土壤水分、调节地表径流和补充地下水的功能
8		土壤保持	生态系统通过林冠层、林下植被、枯落物层、根系等各个层次消减雨水对土壤的侵蚀力，增加土壤抗蚀性从而减少土壤流失、保持土壤的功能
9		洪水调蓄	生态系统依托其特殊的水文物理性质，通过吸纳大量的降水和过境水量，蓄积洪峰水量，消减并滞后洪峰，以缓解汛期洪峰造成的威胁和损失的功能
10		固碳	生态系统通过植物光合作用吸收大气中的二氧化碳合成有机物，将碳固定在植物或土壤中的功能
11		释氧	生态系统通过植物光合作用释放氧气，维持大气氧气稳定的功能
12		气候调节	生态系统通过植被蒸腾作用、水面蒸发过程吸收太阳能，从而调节气温、改善人居环境舒适程度的功能
13		水体净化	生态系统吸纳和转化水体污染物，从而降低污染物浓度，净化水环境的功能
14		空气净化	生态系统吸收、阻滤大气中的污染物，如 SO_2、NO_x 等，降低空气污染浓度，改善空气环境的功能

序号	一级指标	二级指标	指标说明
15	调节服务	负氧离子	在生态系统中，森林和湿地是产生空气负氧离子的重要场所，在空气净化、城市小气候等方面有调节作用
16		物种保育	生态系统为珍稀濒危物种提供生存与繁衍场所的作用和价值
17		噪声消减	森林、灌丛等生态系统通过植物反射和吸收声波能量，起到的消减交通噪音的功能
18		防风固沙	生态系统通过增加土壤抗风能力，降低风力侵蚀和风沙危害的功能
19		病虫害防治	生态系统通过提高物种多样性水平增加天敌而降低病虫害危害的功能
20	文化服务	旅游康养	生态系统为人类提供旅游观光、娱乐、休养等服务，使其获得审美享受、身心恢复等非物质惠益
21		休闲游憩	生态系统为人类提供业余时间的休闲、运动等服务，使其获得精神放松、心情愉悦等非物质惠益
22			
23		景观增值	生态系统为人类提供美学享受，从而提高周边土地、房产价值，产生房屋销售和租赁过程中的自然景观溢价的功能

资料来源：《生态产品总值核算规范》（国家发展和改革委员会，国家统计局，2022），《江西省生态产品总值核算规范（试行)》，有部分修改。

GEP 核算指标体系由物质产品、调节服务产品、文化服务产品三大类构成，各项指标的功能量和价值量核算指标如表 4-4 所示。

表 4-4　　　　　生态产品功能量及价值量核算指标体系

类别	核算科目	功能量指标	价值量指标
物质产品	农业产品	农业产品产量	农业产品产值
	林业产品	林业产品产量	林业产品产值
	畜牧业产品	畜牧业产品产量	畜牧业产品产值
	渔业产品	渔业产品产量	渔业产品产值
	水资源产品	工业、农业、居民生活用水量	工业、农业、居民生活用水价值
	生态能源	秸秆、薪柴、水能发电、光伏发电、风能发电能量	生态能源产值

续表

类别	核算科目	功能量指标	价值量指标
调节服务	水源涵养	水源涵养量	水源涵养价值
	土壤保持	土壤保持量	减少泥沙淤积价值
			减少面源污染价值
	洪水调蓄	洪水调蓄量	调蓄洪水价值
	固碳	固定二氧化碳量	固碳价值
	释氧	释放氧气量	释放氧气价值
	气候调节	植被蒸腾消耗能量	植被蒸腾调节温度湿度价值
		水面蒸发消耗能量	水面蒸发调节温度湿度价值
	水体净化	净化 COD 量	净化 COD 价值
		净化总氮量	净化总氮价值
		净化总磷量	净化总磷价值
	空气净化	净化二氧化硫量	净化二氧化硫价值
		净化氮氧化物量	净化氮氧化物价值
		净化工业粉尘量	净化工业粉尘治理价值
	负氧离子	负氧离子提供量	提供负氧离子的价值
	物种保育	森林物种保育面积	物种保育价值
	噪声消减	噪声消减量	噪声消减价值
	防风固沙	防风固沙量	防风固沙价值
	病虫害防治	自我防治病虫害的生态系统面积	病虫害控制价值
文化服务	旅游康养	旅游总人次	旅游康养价值
	休闲游憩	休闲游憩总人时	休闲游憩价值
	景观增值	受益土地和房产面积	土地、房产增值

资料来源：《生态产品总值核算规范》（国家发展和改革委员会，国家统计局，2022），《江西省生态产品总值核算规范（试行）》，有部分修改。

　　生态系统包括森林、草地、湿地、农田、城市、荒漠等类型，各类生态系统所提供的生态产品也不尽相同（见表4－5）。其中，森林生态系统偏重于土壤保持、水源涵养等服务功能；湿地生态系统主要提供洪水调蓄、污染物净化等服务功能；草地生态系统、农田生态系统则偏重于畜牧业产品和农业产品的生产。在核算实践中，可依据森林、灌丛、草地、湿地、农田、荒漠等具有的生态功能，核算单一类型生态系统的生产总值，用于衡量生态系统保护和利用的变化情况。

表 4－5　　　　　　　　　不同生态系统生态产品核算指标

类别	核算科目	森林	草地	湿地	农田	城市**	荒漠
物质产品	物质产品供给	✓	✓	✓	✓	✓	✓
调节服务	水源涵养	✓	✓	✓	✓	✓	✓
	土壤保持	✓	✓	✓	✓		✓
	洪水调蓄	✓	✓	✓	✓	✓	
	固碳	✓	✓	✓	✓	✓	✓
	释氧	✓	✓	✓	✓	✓	✓
	气候调节	✓	✓	✓	✓	✓	✓
	水体净化					✓	
	空气净化	✓	✓	✓	✓	✓	
	负氧离子	✓					
	物种保育	✓					
	噪声消减					✓	
	防风固沙*	✓	✓	✓	✓		✓
	病虫害防治	✓					
文化服务	旅游康养	✓	✓	✓	✓	✓	✓
	休闲游憩*					✓	
	景观增值*					✓	

注：＊只核算城市内的噪声消减、休闲游憩、景观增值。＊＊指城市建成区范围（住建部）。

资料来源：《生态产品总值核算规范》（国家发展和改革委员会，国家统计局，2022），《江西省生态产品总值核算规范（试行）》，有部分修改。

4.4　生态产品总值核算流程

4.4.1　生态产品总值核算技术流程

4.4.1.1　总体技术路径

以全覆盖亚米级高分辨率遥感影像为基础，利用目视解译、人工智能等技术，结合土地利用调查、自然资源确权、生态产品信息普查等数据，获取核算区域地块级生态资源图斑，依据核算区域生态特点，构建生态产品总值核算指标体系，并以地块级生态图斑为基本核算单元，融合气象、水利、林业、大气、水环境、文旅、物质生产统计及产品定价等多源数据，精准核算出每一个生态资源图斑的价值（见图4-1）。

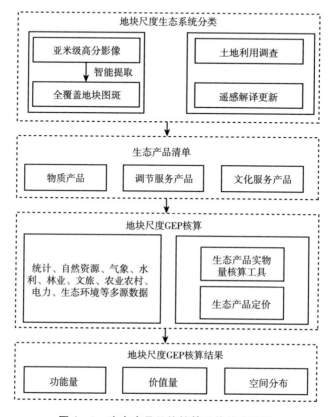

图4-1 生态产品总值核算总体技术路径

4.4.1.2 生态产品总值核算步骤

生态产品总值核算的主要核算流程包括确定核算地域范围、明确核算单元及生态系统类型、编制生态产品目录清单、数据资料收集、GEP功能量核算、GEP价值量核算及GEP总值核算共7项主要步骤（见图4-2）。

（1）确定核算的地域范围。核算空间范围一般根据核算目的进行确定，核算区域可以是行政区域，如村、乡、县、市或省，也可以是功能相对完整的生态系统地域单元，如一片森林、一个湖泊、一片沼泽或不同尺度的流域，以及由不同生态系统类型组合而成的地域单元。

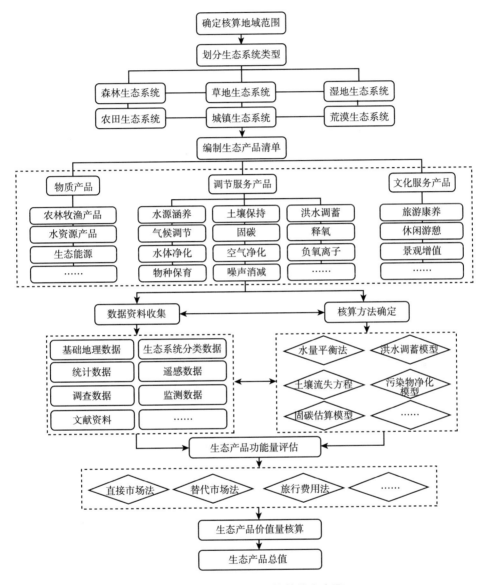

图4-2 生态产品总值核算技术步骤

资料来源：《生态系统评估 生态系统生产总值（GEP）核算技术规范（征求意见稿）》（国家市场监督管理总局，国家标准化管理委员会，2020），有部分修改。

（2）明确核算单元及生态系统类型。以核算地域全覆盖亚米级高分辨率遥感影像为基础，利用目视解译、人工智能等技术，提取核算地域范围

内的精细地块图斑，结合国土三调、自然资源确权、生态产品信息普查等
数据，为每一地块图斑赋予生态类型属性，构建核算地域全覆盖、精细化、
空间化生态资源一张图，为生态产品总值（GEP）核算提供基本单元（见
图4－3）。

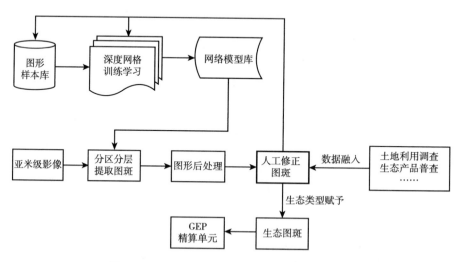

图4－3　生态产品总值核算单元提取技术路线

①地理区块的分区切割。首先从核算地域亚米级高分辨率遥感影像中
提取路网和河流水系等网状地物信息，构建路网和水系的面状基本图斑；
其次对于高差大于200米的丘陵或山地，根据DEM计算山体坡面图并提取
山脊线、沟谷线等地形要素；最后结合道路网、水系网、地形线等分区约
束，将目标区域划分为若干相对独立的地理区块，作为各类型图斑地块提
取的控制。

②影像地块分层提取。在各地理区块之内，分别采用边缘提取模型工
具、纹理识别模型工具、栅格矢量化工具、曲线构面处理工具、边界平滑
与美化处理工具等一系列计算工具，按照视觉注意力/辨识度从高到低的顺
序，逐层提取建筑物、耕地地块、水体、林草和岩土图斑等在影像上普遍
存在的地理图斑（每一个大类还可再继续向下分层），最后将各层图斑在控
制网形态的约束下，通过GIS Overlay工具和狭长细小图斑处理工具，再逐层
组合而形成全覆盖、精细形态的影像地块。地块图斑边界精度要求优于2个
像元。

③生态图斑类型赋予。生态图斑是指在高分辨率遥感影像上可辨识的，
有确定生态系统类型归属的最小空间单元。基于精细影像地块图斑，结合核

算地域国土三调、自然资源确权、生态产品信息普查等数据，为每一地块图斑赋予生态系统类型属性，包括森林、湿地、草地、农田、城镇等生态系统类型，构建核算地域全覆盖、精细化、空间化生态资源一张图，为生态产品总值核算提供基本单元。

（3）编制生态产品目录清单。根据生态系统类型及生态产品总值核算的用途，如生态效益评估、生态补偿、生态保护成效评估、考核、离任审计、生态产品交易，调查核算范围内的生态产品的种类，明确物质产品、调节服务、文化服务的具体指标科目，编制生态产品目录清单。

（4）数据资料收集。收集和利用核算地域内已有的常规现状资料，包括相关文献资料、监测与统计等信息数据以及基础地理与地形图件，进行数据预处理以及参数本地化。由于核算时段或范围特殊性不能满足数据完整性要求时，可利用相关研究、邻域监测数据等进行核算分析。

基于核算地域范围内精细生态图斑，通过构建多粒度决策器模型，实现基于生态图斑的地形、气象、水利、林业、大气、水环境、文旅、物质生产统计等多源数据融合，为生态产品总值核算提供数据基础。

（5）开展生态产品功能量核算。以核算地域全覆盖、融合多源基础数据的生态图斑为核算单元，根据确定的核算基准时间，选择科学合理、符合核算区域特点的功能量核算方法与技术参数，核算各类生态产品的功能量。

（6）开展生态产品价值量核算。以核算地域全覆盖、融合各生态指标功能量的生态图斑为核算单元，采用市场价值法、影子工程法、替代成本法、旅行费用法等生态产品指标定价方法，精确计算出每个生态图斑的生态价值量。

（7）核算生态产品总值。将核算单元内的各类生态产品价值加总得到生态产品总值。

4.4.2　生态产品总值核算质量控制

4.4.2.1　核算管理

行政区域或重点项目地块级生态产品总值核算应按照上述技术路径开展功能量和价值量核算评估，并实行自检、互检、技术负责人检查和专家验收的"三检一验"制度，检验内容包括每个核算科目的数据来源、功能量和价值量核算与评估。

4.4.2.2 规范基础数据与参数

生态产品总值核算应输入基础地理、气象、生态环境监测、社会经济等多类别数据，具体数据要求应根据核算地域实际情况，由项目建设方、承建方、第三方专业机构等多方协商确定。有村镇统计参考数据的可按平均核算，有遥感数据的可按标准解译应用。

4.4.2.3 规范过程控制

生态产品价值核算单位应参照生态产品功能量和价值量核算方法，针对各类生态产品的指标科目协同开发统一的数据处理、参数设置以及核算评估模块，规范输入数据、调整参数、成果输出等过程，为不同区域不同项目生态产品价值核算提供标准便捷工具，保证生态产品价值核算成果标准统一、科学可靠。

4.4.2.4 规范成果形式

（1）数据格式。除文字、表册和多媒体外，其他空间数据需转换为GEOTIFF 格式（栅格数据格式）或 SHAPEFILE 格式（矢量数据格式）。

（2）数据基础。

①坐标系采用 2000 国家大地坐标系。确有必要时，可采用依法批准的其他坐标系，如 84 世界大地坐标系等。

②地图投影采用高斯—克吕格投影，按 6°分带方式进行投影。确有必要时，可采用依法批准的其他投影方式或经纬度。

③高程系采用 1985 国家高程基准。确有必要时，可采用依法批准的其他高程基准系，如 84 世界大地坐标系椭球高程基准或与国家高程基准建立联系的独立高程系。

（3）影像分辨率。

①用于生态类型地块图斑提取的遥感影像空间分辨率一般应优于 2 米，多时相影像匹配误差小于 1 个像元。

②用于专题图制作底图的遥感影像空间分辨率应优于 1 米，且影像应层次丰富、色彩鲜艳、反差适中、饱和度较高、影像清晰。

③用于地块级生态类型解译的多时相遥感影像分辨率应优于 10 米。

（4）制图标准。项目生态产品价值核算与评估结果的空间专题图制作应遵循表 4-6 的规定。

表 4 - 6 空间专题图制作要求

项目	要求
坐标系统	采用 2000 国家大地坐标系
影像底图	影像底图应层次丰富、色彩鲜艳、反差适中、饱和度较高、影像清晰
图面要素	利用提取获得的应用专题产品作为主要图面要素，叠加省界、地区界、县界等行政区界要素，并根据实际需要添加各类名称注记，例如城市名称、行政区域注记、图名、核算时段、注记、比例尺等内容
图件产品	主要图件包括要素图斑详图，各个专题产品详图，其他图件方面，可根据实际需要制作

4.4.3 生态产品总值核算成果汇总

4.4.3.1 成果类型

（1）图件成果。

①生态系统分类标准产品。在土地利用调查数据或遥感专题信息提取成果的基础上，经过转换形成满足项目生态产品价值核算的生态系统分类标准产品。

②专题图件。根据项目生态产品价值核算技术规范，所有调节服务产品应制作相应的功能量和价值量专题图件，图件要求应符合表 4 - 6 的规定。

（2）表册成果。包括数据来源采集表、核算结果汇总表等。

（3）文本成果。生态产品价值核算报告。

（4）平台成果。生态产品价值核算数字化平台。

4.4.3.2 成果文件组织

以核算地域或项目为单位，以文件夹形式统一管理成果。成果管理文件夹命名采用"核算地域名称——生态产品价值核算"或"项目名称——生态产品价值核算"。

4.4.3.3 成果审核

需公开发布的评估成果应由项目主管单位审核确认，不得发布涉及国家秘密的资料和数据。

4.4.3.4 成果安全

生态产品价值核算过程中涉及国家秘密的资料和数据，应按保密规定进行管理，不得发生失密、泄密问题。

第 5 章

生态产品总值（GEP）核算方法与模型

在生态系统产品与服务功能量核算的基础上，核算生态系统产品与服务总经济价值。针对物质产品、文化服务产品，根据相关统计数据，结合核算地域生态资源类型、空间分布，旅游景点位置、交通等信息，采用面积比例分摊等方法，进行价值量地块化空间处理，精细呈现价值分布情况。综合物质产品、调节服务产品、文化服务产品，可计算某一地区或国家的生态产品总值，具体计算公式如下：

$$GEP = EPV + ERV + ECV$$

其中，GEP 为生态产品总值；EPV 为物质产品价值；ERV 为调节服务产品价值；ECV 为文化服务产品价值。

5.1 物质产品的核算方法与模型

生态系统物质产品，包括直接利用物质产品和转化利用物质产品两部分，包括农业产品、林业产品、畜牧业产品、渔业产品、水资源、生态能源等。直接利用的物质产品指的是从自然生态系统中获取的野生产品，或在不损坏自然生态系统稳定性和完整性的前提下在自然生态系统中人工种养殖的产品，包括粮食、蔬菜、水果、肉、蛋、奶、水产品等食物，以及药材、木材、纤维、淡水、遗传物质等原材料。转化利用的物质产品指的是以与自然相和谐的转化利用方式从直接利用物质产品中转化而来的生态产品，包括可再生能源。物质产品功能与人类密切相关，这些产品的短缺会对人类福祉产生直接或间接的不利影响。

生态系统在一定时间内提供的各类产品的产量可以通过现有的经济核算体系获得，如农产品生产主要是通过种植和采摘经济作物资源的形式，这些实物产品的产量可通过统计资料获取。

由于生态系统提供的产品能够在市场上进行交易，存在相应的市场价格，对交易行为所产生的价值进行估算，从而得到该种产品的价值。运用市场价值法对生态系统的物质产品进行价值评估。

参照《生态系统生产总值核算技术规范》（DB36/T 1402 - 2021），分别从直接利用物质产品和转化利用物质产品进行核算。

5.1.1 直接利用物质产品

5.1.1.1 功能量核算

$$Y_f = \sum_{i=1}^{n} Y_{fi}$$

其中，Y_f为物质产品总产量，单位视具体产品而定；Y_{fi}为i类物质产品的产量，单位视具体产品而定；n为核算地域同一类型直接利用物质产品的类别数。

5.1.1.2 价值量核算

$$V_m = \sum_{i=1}^{n} (Y_{fi} \times P_i - C_i)$$

其中，V_m为直接利用物质产品总价值，单位为万元/年；Y_{fi}为第i类物质产品总产量，单位为千克/年；P_i为第i类物质产品的价格，单位为元/千克，以最新公布的生态产品价格为准；C_i为第i类物质产品劳动者报酬、固定资产折旧、生产税净额和资本正常回报等成本，单位为万元/年；n为核算地域直接利用物质产品的类别数。

5.1.2 转化利用物质产品

5.1.2.1 功能量核算

$$Y_{ee} = \sum_{i=1}^{n} Y_{eei}$$

其中，Y_{ee}为可再生能源总产量或使用量，单位为千瓦时/年；Y_{eei}为i类可再生能源的产量或使用量，单位为千瓦时/年；n 为核算地域可再生能源类型的数量。

5.1.2.2 价值量核算

$$V_{ee} = \sum_{i=1}^{n} (Y_{eei} \times P_i - C_i) - \sum_{j=1}^{m} V_{dj}$$

其中，V_{ee} 为转化利用物质产品（可再生能源）总价值，单位为元/年；Y_{eei} 为第 i 类可再生能源的产量或使用量，单位为千瓦时/年；P_i 为第 i 类可再生能源的价格，单位为元/千瓦时，以省级主管部门公布最新的生态产品价格为准；C_i 为第 i 类物质产品劳动者报酬、固定资产折旧、生产税净额和资本正常回报等成本，单位为元/年；V_{dj} 为第 j 类生态损益，单位为元/年。

5.2 调节服务产品的核算方法与模型

5.2.1 水源涵养

水源涵养是指生态系统通过林冠层、枯落物层、根系和土壤层对降水进行拦截滞蓄，增强土壤下渗、蓄积，从而有效涵养土壤水分、调节地表径流和补充地下水。不同生态系统水源涵养能力具有差异性，不同生态种类之间及种群内部的水源涵养能力也具有差异性。水源涵养功能不仅满足生态系统内部各生态组分对水源的需要，同时持续地向外部提供水源，在众多生态系统服务功能中占有十分重要的地位。

参考欧阳志云（2021）的研究，水源涵养核算方法如下。

5.2.1.1 功能量核算

方法 1：水源涵养量是生态系统为本地区和周边其他地区提供的总水资源量，包括本地区的用水量和净出境水量。由于本地区的用水量在物质产品功能中得到体现，为避免重复计算，不包括用水量。

$$Q_{wr} = LQ - EQ$$

其中，Q_{wr} 为水源涵养量（立方米）；LQ 为区域出境水量（立方米）；EQ 为区域入境水量（立方米）。

方法 2：通过水量平衡方程计算。水量平衡原理是指在一定的时空内，水分的运动保持着质量守恒，或输入的水量和输出的水量之间的差额等于系统内蓄水的变化量。

$$Q_{wr} = \sum_{i=1}^{n} A_i \times (P_i - R_i - ET_i + C_i) \times 10^{-3}$$

其中，Q_{wr} 为水源涵养总量，单位为立方米/年；A_i 为第 i 类生态系统的面积，单位为公顷；P_i 为年产流降雨量，单位为毫米/年；R_i 为年地表径流量，单位为毫米/年；ET_i 为年蒸发量，单位为毫米/年；C_i 为年侧向渗漏量，单位为毫米/年，默认忽略不计；α_i 为第 i 类生态系统平均地表径流系数。

5.2.1.2　价值量核算

生态系统的水源涵养价值是指生态系统通过吸收、渗透降水，增加地表有效水的蓄积从而有效涵养土壤水分、缓和地表径流和补充地下水、调节河川流量而产生的生态效应。

$$V_{wr} = Q_{wr} \times (C_{we} + C_{wo})$$

其中，V_{wr} 为水源涵养总价值，单位为万元/年；Q_{wr} 为区域内水源涵养量，单位为立方米/年；C_{we} 为水库建设单位库容投资，单位为万元/立方米；C_{wo} 为水库单位库容的年运营成本，单位为万元/立方米。

5.2.2　土壤保持

土壤保持功能是生态系统（如森林、草地等）通过林冠层、枯落物、根系等各个层次消减雨水的侵蚀能量，增加土壤抗蚀性从而减轻土壤侵蚀，减少土壤流失，保持土壤的功能。土壤保持功能是生态系统服务功能的一个重要方面，它为土壤形成、植被固着、水源涵养等提供了重要基础，同时也为生态安全和系统服务提供了保障。防治水土流失，保护、改良与合理利用水土资源，可以更好地维护和提高土地生产力，有利于充分发挥水土资源的生态效益、经济效益和社会效益，建立良好的生态环境。

5.2.2.1　功能量核算

选用土壤保持量，即通过生态系统减少的土壤侵蚀量（潜在土壤侵蚀量与实际土壤侵蚀量的差值），作为生态系统土壤保持功能的评价指标。其中，实际土壤侵蚀是指当前地表覆盖情形下的土壤侵蚀量，潜在土壤侵蚀则是指没有地表覆盖因素情形下可能发生的土壤侵蚀量（欧阳志云等，2021）。

$$Q_{sr} = \sum_{i=1}^{n} R \times K \times L \times S \times (1 - C) \times A_i$$

其中，Q_{sr} 为土壤保持总量，单位为吨/年；R 为降雨侵蚀力因子，单位为兆焦耳·毫米/（公顷·小时·年）；K 为土壤可蚀性因子，单位为吨·公顷·小时/（公顷·兆焦耳·毫米）；L 为坡长因子；S 为坡度因子；C 为植被覆盖因子；A_i 为第 i 类生态系统的面积，单位为公顷；n 为核算低于生态系统类型的数量。

5.2.2.2 价值量核算

生态系统土壤保持价值是指通过生态系统减少土壤侵蚀产生的生态效应，包括减少泥沙淤积和减少面源污染两个指标（欧阳志云等，2021）。

$$V_{sr} = V_{sd} + V_{dpd}$$

$$V_{sd} = \gamma \times (Q_{sr}/\rho) \times C$$

$$V_{dpd} = \sum_{i=1}^{n} Q_{sr} \times C_i \times P_i$$

其中，V_{sr} 为土壤保持总价值，单位为万元/年；V_{sd} 为减少泥沙淤泥价值，单位为万元/年；V_{dpd} 为减少面源污染价值，单位为万元/年；Q_{sr} 为土壤保持量，单位为吨/年；C 为单位水库库容工程清淤费用，单位为万元/立方米；ρ 为土壤容重，单位为吨/立方米；γ 为土壤淤泥系数；C_i 为土壤中氮、磷的纯含量，单位为%；P_i 为单位污染物处理成本，单位为万元/吨。

5.2.3 洪水调蓄

洪水调蓄是指自然生态系统具有特殊的水文物理性质，能够吸纳大量的降水和过境水，蓄积洪峰水量，削减并滞后洪峰，以缓解汛期洪峰造成的威胁和损失。洪水调蓄功能是湿地生态系统提供的最具价值的调节服务功能之一。作为滞洪区和泄洪区，其特有的生态结构能够吸纳大量的降水和过境水，蓄积洪峰水量，削减并滞后洪峰，以缓解汛期洪峰造成的威胁和损失。

参照《生态系统生产总值核算技术规范》（DB36/T 1402－2021），洪水调蓄核算方法如下。

5.2.3.1 功能量核算

选用可调蓄水量（植被、湖泊）、防洪库容（水库）和洪水期滞水量（沼泽）表征湿地生态系统的洪水调蓄能力，即湿地调节洪水的潜在能力。

$$C_{fm} = C_{fc} + C_{lc} + C_{mc} + C_{rc}$$

其中，C_{fm} 为洪水调蓄总量，单位为立方米/年；C_{fc} 为森林、灌丛、草地洪水调蓄总量，单位为立方米/年；C_{lc} 为湖泊洪水调蓄量，单位为立方米/年；C_{mc} 为沼泽洪水调蓄量，单位为立方米/年；C_{rc} 水库洪水调蓄量，单位为立方米/年。

5.2.3.2 价值量核算

生态系统的洪水调蓄价值是湿地生态系统（如湖泊、水库、沼泽等）通过蓄积洪峰水量，削减洪峰从而减轻河流水系洪水威胁产生的生态效应。

洪水调蓄价值主要体现在减轻洪水威胁的经济价值。湿地生态系统的洪水调蓄功能与水库的作用非常相似，运用影子工程法，通过建设水库的费用成本计算湿地生态系统的洪水调蓄价值。

$$V_{fm} = C_{fm} \times (C_{we} + C_{wo})$$

其中，V_{fm} 为洪水调蓄总价值，单位为元/年；C_{fm} 为洪水调蓄总量，单位为立方米/年；C_{we} 为水库单位库容的工程造价，单位为元/立方米；C_{wo} 为水库单位库容的运营成本，单位为元/立方米。

5.2.4 水质净化

水质净化功能是指水环境通过一系列物理和生化过程对进入其中的污染物进行吸附、转化及生物吸收等，使水体生态功能部分或完全恢复至初始状态的能力，达到净化水环境的功能。生态系统水质净化价值是指湿地生态系统通过自身的自然生态过程和物质循环作用降低水体中的污染物浓度，水体得到净化产生的生态效益。

5.2.4.1 功能量核算

根据我国《地表水环境质量标准》（GB3838－2002）中对水环境质量应控制的项目和限值的规定，选取相应指标作为生态系统水质净化功能的评价指标。

水质净化服务价值评估主要是利用监测数据，根据生态系统中污染物构成和浓度变化，选取适当的指标对其进行定量化评估。常用指标包括总氮、总磷、COD及部分重金属。参照《生态系统生产总值核算技术规范》（DB36/T 1402 – 2021），核算方法有两种情况。

方法1：如果地表水环境质量劣于Ⅲ级，核算公式为：

$$Q_{wp} = \sum_{i=1}^{n} Q_i \times A$$

其中，Q_{wp}为水体污染物净化总量，单位为千克/年；Q_i为水域湿地对第i类水体污染物的单位面积年净化量，单位为千克/（平方千米·年）；A为水域湿地面积，单位为平方千米。

方法2：如果地表水环境质量等于或优于Ⅱ级，核算公式为：

$$Q_{wp} = \sum_{i=1}^{n} \left[(Q_{ei} + Q_{ai}) - (Q_{di} + Q_{si}) \right]$$

其中，Q_{wp}为水体污染物净化总量，单位为吨/年；Q_{ei}为第i类污染物入境量，单位为吨/年；Q_{ai}为第i类污染物排放总量，单位为吨/年；Q_{di}为第i类污染物出境量，单位为吨/年；Q_{si}为污水处理厂处理第i类污染物的量，单位为吨/年；n为核算地域水体污染物类型的数量。

5.2.4.2　价值量核算

生态系统水质净化价值是指湿地生态系统通过自身的自然生态过程和物质循环作用降低水体中的污染物质浓度，水体得到净化产生的生态效应。目前较为广泛的定价方法是影子工程法、支出费用法等。可使用影子工程法，以替代该功能而建设污水处理厂的价格评估湖泊水质净化功能价值，由于各地生产力水平发展不均衡，替代成本法以当地污水处理厂处理某种污染物的单价来表示生态系统水净化的价值量更加客观。

采用替代成本法，通过工业治理水体污染物的成本来评估生态系统水质净化功能的价值。

$$V_{wp} = \sum_{i=1}^{n} (Q_{wpi} \times C_i)$$

其中，V_{wp}为水环境净化总价值，单位为万元/年；Q_{wpi}为第i类水体污染物的净化量，单位为吨/年；C_i为第i类水体污染物单位治理成本，单位为万元/吨；n为核算地域水体污染物类型的数量。

5.2.5　空气净化

空气净化是绿色植物通过叶片上的气孔和枝条上的皮孔吸收空气中的有害物质，在体内通过氧化还原过程转化为无毒物质；同时依靠其表面特殊的生理结构（如绒毛、油脂和其他黏性物质），能吸收、过滤、阻隔和分解降低大气污染物，从而有效净化空气，改善大气环境。

5.2.5.1　功能量核算

空气净化功能主要体现在净化污染物和阻滞粉尘方面。二氧化硫、氮氧化物、工业粉尘是空气污染物的主要物质，研究选用生态系统净化二氧化硫、氮氧化物、阻滞粉尘等指标核算生态系统净化大气的能力。参照《生态系统生产总值核算技术规范》（DB36/T 1402 – 2021），核算方法有两种情况。

方法 1：如果环境空气质量劣于国家二级，大气污染物净化量为生态系统自净能力，核算公式为：

$$Q_{ap} = \sum_{i=1}^{n} \sum_{j=1}^{m} Q_{ij} \times A_i$$

其中，Q_{ap} 为大气污染物净化总量，单位为吨/年；Q_{ij} 表示第 i 类生态系统对第 j 类大气污染物的单位面积年净化量，单位为吨/平方千米·年；A_i 表示第 i 类生态系统的面积，单位为平方千米；n 为核算地域生态系统类型的数量；m 为核算地域大气污染物类型的数量。

方法 2：如果环境空气质量等于或优于国家二级，大气污染物净化量为污染物排放量，核算公式为：

$$Q_{ap} = \sum_{i=1}^{n} Q_i$$

其中，Q_{ap} 为大气污染物净化总量，单位为吨/年；Q_i 为第 i 类大气污染物排放量，单位为吨/年；n 为核算地域大气污染物类型的数量。

5.2.5.2　价值量核算

生态系统空气净化价值是指生态系统通过一系列物理、化学和生物因素的共同作用，吸收、过滤、阻隔和分解降低大气污染物（如二氧化硫、氮氧化物、工业粉尘等），使大气环境得到改善产生的生态效应。常使用市场价值法、恢复费用法、替代成本法、防护费用法等方法评估其经济价值。

采用替代成本法，通过工业治理大气污染物成本评估生态系统空气净化价值。

$$V_{ap} = \sum_{i=1}^{n}(Q_{api} \times C_i)$$

其中，V_{ap} 为空气净化总价值，单位为万元/年；Q_{api} 为第 i 种大气污染物的净化量，单位为吨/年；C_i 为第 i 类大气污染物的治理成本，单位为万元/吨；n 为核算地域大气污染物类型的数量。

5.2.6 固碳

生态系统的固碳是指陆地生态系统能吸收大气中的二氧化碳合成有机质，将碳固定在植物或土壤中。这种功能对于调节气候、维护和平衡大气中 CO_2 和 O_2 的稳定具有重要意义，能有效减缓大气中二氧化碳浓度升高，减缓温室效应，改善生活环境。生态系统的固碳功能，对于人类社会及全球气候平衡都具有重要意义。研究选用 CO_2 固定量作为生态系统固碳功能的评价指标。参考欧阳志云等（2021）的研究，固碳核算方法如下。

5.2.6.1 功能量核算

方法 1：

$$Q_{co_2} = \sum_{i=1}^{n} M_{co_2}/M_c \times A \times C_{ci} \times (AGB_{t_2} - AGB_{t_1})$$

其中，Q_{co_2} 为陆地生态系统固碳量（tCO_2/a）；$M_{co_2}/M_c = 44/12$ 为 C 转化为 CO_2 的系数；A 为陆地生态系统面积（hm^2）；C_{ci} 为第 i 类生态系统生物量—碳转换系数；i 为生态系统类别，$i = 1, 2, \cdots, n$；n 为生态系统的种类；AGB_{t_2} 为第 t_2 年的生物量（t/hm^2）；AGB_{t_1} 为第 t_1 年的生物量（t/hm^2）。

方法 2：

$$Q_{co_2} = M_{co_2}/M_c \times (FCS + GSC + WCS + CSC)$$

其中，Q_{co_2} 为生态系统总固碳量（tCO_2/a）；$M_{co_2}/M_c = 44/12$ 为 C 转化为 CO_2 的系数；FCS 为森林（及灌丛）固碳量（tC/a）；GSC 为草地固碳量（tC/a）；WCS 为湿地固碳量（tC/a）；CSC 为农田固碳量（tC/a）。

森林（及灌丛）固碳量：

$$FCS = FCSR \times S + FCSR \times S \times \beta$$

其中，FCS 为森林（及灌丛）固碳量（tC/a）；$FCSR$ 为森林（及灌丛）植被固碳速率 $[tC/(hm^2 \cdot a)]$；S 为森林（及灌丛）面积（hm^2）；β 为森林（及灌丛）土壤固碳系数。

草地固碳量：

$$GSC = GSR \times S$$

其中，GSR 为草地土壤的固碳速率 $[tC/(hm^2 \cdot a)]$；S 为草地面积（hm^2）。

农田固碳量：

$$CSC = (BSS + SCSRN + PR \times SCSRS) \times S$$

其中，CSC 为农田固碳量（tC/a）；BSS 为无固碳措施条件下的农田土壤固碳速率 $[tC/(hm^2 \cdot a)]$；$SCSRN$ 为施用化学氮肥的农田土壤固碳速率 $[tC/(hm^2 \cdot a)]$；$SCSRS$ 为当地秸秆全部还田的农田土壤固碳速率 $[tC/(hm^2 \cdot a)]$；PR 为农田秸秆还田推广施行率（%）；S 为农田面积（hm^2）。

湿地固碳量：

$$WCS = \sum SCSR_n \times WA_n \times 10^{-2}$$

其中，WCS 为湿地固碳量（tC/a）；$SCSR_n$ 为第 n 类湿地的固碳速率 $[tC/(hm^2 \cdot a)]$；WA_n 为第 n 类湿地的面积（hm^2）。

方法3：

$$Q_{CO_2} = M_{CO_2}/M_C \times NEP$$

其中，Q_{CO_2} 为陆地生态系统二氧化碳固定总量，单位为 $t \cdot CO_2/a$；$M_{CO_2}/M_C = 44/12$ 为 CO_2 与 C 的分子量之比；NEP 为净生态系统生产力，单位为 $t \cdot C/a$。

其中，NEP 有两种计算方法。

（1）由净初级生产力（NPP）减去异氧呼吸消耗得到：

$$NEP = NPP - RS$$

其中，NEP 为净生态系统生产力（$t \cdot C/a$）；NPP 为净初级生产力（$t \cdot C/a$）；RS 为土壤呼吸消耗碳量（$t \cdot C/a$）。

（2）按照各省 NEP 和 NPP 的转换系数，根据 NPP 计算得到 NEP：

$$NEP = \alpha \times NPP \times M_{C_6}/M_{C_6H_{10}O_5}$$

其中，NEP 为净生态系统生产力（$t \cdot C/a$）；α 为 NEP 和 NPP 的转换系数；NPP 为净初级生产力（吨干物质/年）；$M_{C_6}/M_{C_6H_{10}O_5} = 72/162$ 为干物质转化为 C 的系数。

5.2.6.2　价值量核算

生态系统固碳价值是指生态系统通过植被光合作用固定 CO_2，实现大气中 CO_2 与 O_2 的稳定产生的生态效应。生态系统固碳价值核算常用的方法有碳税法、碳交易价格、造林成本法、工业减排法，其中采用较多的是造林成本法和碳税法等。本研究采用造林成本法评估生态系统固碳的经济价值。

$$V_{ef} = Q_{CO_2} \times C_{CO_2}$$

其中，V_{ef} 为固碳总价值，单位为万元/年；Q_{CO_2} 为二氧化碳固定总量，单位为吨/年；C_{CO_2} 为单位造林固碳成本或碳交易市场价格，单位为万元/吨。

5.2.7　释氧

生态系统的释氧是指生态系统通过植物光合作用吸收大气中的二氧化碳，释放氧气，维持大气氧气稳定的功能。这种功能对于调节气候、维护和平衡大气中 CO_2 和 O_2 的稳定具有重要意义，能有效减缓大气中二氧化碳浓度升高，减缓温室效应，改善生活环境。生态系统的释氧功能，对于人类社会及全球气候平衡都具有重要意义。参考欧阳志云等（2021）的研究，释氧核算方法如下。

5.2.7.1　功能量核算

研究选用释氧量作为生态系统释氧功能的评价指标。

方法 1：

根据光合作用化学方程式可知，植物每吸收 1 mol CO_2，就会释放 1 mol O_2，据此可以测算出生态系统释放氧气的质量：

$$Q_{op} = M_{O_2}/M_{CO_2} \times Q_{tCO_2}$$

其中，Q_{op} 为生态系统释氧量（t）；$M_{O_2}/M_{CO_2} = 32/44$ 为 CO_2 转化为 O_2 的系数；Q_{tCO_2} 为生态系统固碳量（tCO_2/a）。

方法 2：

$$G_{or} = 1.19A \times B_{年} \times F$$

其中，G_{or} 为林分年释氧量，单位为 $t \cdot a^{-1}$；A 为林分面积，单位为 hm^2；$B_{年}$ 为实测林分净生产力，单位为 $t \cdot hm^{-2} \cdot a^{-1}$；$F$ 为森林生态系统服务修正系数。

5.2.7.2 价值量核算

生态系统固碳释氧价值是指生态系统通过植被光合作用固定 CO_2 并释放 O_2，实现大气中 CO_2 与 O_2 的稳定产生的生态效应，体现在固碳价值和释氧价值两个方面。

生态系统释氧价值核算常用的方法有工业制氧法、造林成本法。本研究采用工业制氧成本法评估生态系统释氧的经济价值。

$$V_{or} = G_{or} \times C_{or}$$

其中，V_{or} 为释氧总价值，单位为万元/年；G_{or} 为林分年释氧量，单位为吨/年；C_{or} 为工业制氧价格，单位为万元/吨。

5.2.8 气候调节

气候调节是指生态系统通过植被蒸腾作用、水面蒸发过程吸收太阳能，能降低夏季气温、减小气温变化范围、增加空气湿度，从而改善人居环境舒适程度的生态效应。生态系统的水面蒸发和植被蒸腾是气候调节的主要物质基础。水面蒸发吸收（释放）热量，从而可以减缓环境温度变化，并向空气中释放水汽，增加环境湿度。生态系统通过植物的光合作用吸收太阳光能，减少光能向热能的转变，从而减缓气温的升高；生态系统通过蒸腾作用，将植物体内的水分以气体形式通过气孔扩散到空气中，使太阳光的热能转化为水分子的动能，消耗热量，降低空气温度，同时散发到空气中的水汽能增加空气的湿度。

5.2.8.1 功能量核算

选用生态系统降温增湿消耗的能量作为生态系统气候调节功能的评价指标。参考欧阳志云等（2021）的研究，主要有三种核算方法。

方法 1：
采用实际测量生态系统内外温差进行功能量转换。

$$Q = \sum_{i=1}^{n} \Delta T_i \times \rho_c \times V$$

其中，Q 为吸收的大气热量（J/a）；ρ_c 为空气的比热容 [J/(m³·℃)]；V 为生态系统内空气的体积（m³）；ΔT_i 为第 i 天生态系统内外实测温差（℃）；n 为一年内空调开放的总天数。

方法 2：

采用生态系统消耗的太阳能量作为气候调节的功能量。

$$CRQ = ETE - NRE$$

其中，CRQ 为生态系统消耗的太阳能量（J/a）；ETE 为森林、草地、灌丛、湿地等生态系统蒸腾作用消耗的太阳能量（J/a）；NRE 为森林、草地、湿地等生态系统吸收的太阳净辐射能量（J/a）。

方法 3：

采用生态系统蒸腾蒸发总消耗热量作为气候调节的功能量。

$$E_{tt} = E_{pt} + E_{we}$$

其中，E_{tt} 为生态系统蒸腾蒸发消耗的总能量（kW·h）；E_{pt} 为生态系统植被蒸腾消耗的能量（kW·h）；E_{we} 为生态系统水面蒸发消耗的能量（kW·h）。

植被蒸腾：森林、灌丛、草地生态系统植被蒸腾消耗的能量。

$$E_{pt} = \sum_{i}^{3} EPP_i \times S_i \times D \times 10^6/(3600 \times r)$$

其中，E_{pt} 为生态系统植被蒸腾消耗的能量（kW·h）；EPP_i 为第 i 类生态系统类型单位面积蒸腾消耗热量 [kJ/(m²·d)]；S_i 为第 i 种生态系统类型面积（km²）；r 为空调能效比，无量纲；D 为空调开放天数（天）；i 为研究区不同生态系统类型（如森林、灌丛、草地）。

水面蒸发：水面蒸发降温增湿消耗的能量。

$$E_{we} = E_w \times q \times 10^3/3600 + E_w \times y$$

其中，E_{we} 为水面蒸发消耗能量（kW·h）；E_w 为水面蒸发量（m³）；q 为挥发潜热，即蒸发 1g 水所需要的热量（J/g）；y 为加湿器将 1m³ 水转化为蒸汽的耗电量（kW·h）。

5.2.8.2　价值量核算

生态系统气候调节价值是植被通过蒸腾作用和水面蒸发过程使大气温度

降低、湿度增加产生的生态效应，包括植被蒸腾和水面蒸发两个方面（欧阳志云等，2021）。植被通过蒸腾作用吸收热量、降低温度、增加湿度，运用替代成本法，采用空调等效降温增湿所需要的耗电量计算植被降温增湿价值。水面通过蒸发作用吸收热量，增加空气中水汽含量、降低温度、增加湿度，运用替代成本法，采用加湿器等效降温增湿所需要的耗电量计算水面蒸发降温增湿价值。

$$V_u = E_u \times P_e$$

其中，V_u 为气候调节总价值，单位为万元/年；E_u 为生态系统蒸腾蒸发消耗的总能量，单位为千瓦时/年；P_e 为电价，单位为万元/千瓦时。

5.2.9　负氧离子

负氧离子是空气中的分子在高压或强射线的作用下被电离所产生的自由电子大部分被氧气所获得的。在自然生态系统中，森林和湿地是产生空气负氧离子的重要场所。负氧离子有利于人体的身心健康，主要通过人的神经系统及血液循环能对人的机体生理活动产生影响。在空气净化、城市小气候等方面具有调节作用，其浓度水平是城市空气质量评价的指标之一。森林环境中的高浓度空气负氧离子作为一种宝贵资源，已成为评价森林康养功能和空气清洁程度的重要指标，其具有杀菌、净化空气、抑制和辅助治疗多种疾病的功能，被誉为空气的"维生素"和"成长素"。

5.2.9.1　功能量核算

以森林区域所产生的负氧离子量作为评估指标，参照《森林生态系统服务功能评估规范》（GB/T 38582－2020），采用替代工程法评价负氧离子的生态价值。

$$Q_n = 5.256 \times 10^{15} \times A \times H \times (C_n - 600)/L_n$$

其中，Q_n 为林分提供负氧离子总数量（个/年）；A 为林分面价（公顷）；H 为林分平均高度（米）；C_n 为林分负氧离子浓度（个/立方米）；L_n 为负氧离子寿命（分钟）。

5.2.9.2　价值量核算

生态系统负氧离子价值核算常用的方法有工业负氧离子成本法等。本研究采用工业负氧离子成本法评估生态系统负氧离子的经济价值。

$$V_n = Q_n \times P_n$$

其中，V_n 为林分年提供负氧离子价值（元/年）；Q_n 为林分提供负氧离子总数量（个/年）；P_n 为工业负氧离子生产成本（元/个）。

5.2.10　物种保育

物种多样性是生物多样性最主要的结构和功能单位，可以为生态系统演替与生物进化提供必需的物种与遗传资源，是人类生存和发展的基础。生态系统为珍稀濒危物种提供生存与繁衍场所的作用和价值。森林生态系统为生物物种提供生存与繁衍的场所，从而对其起到保育作用的功能。

5.2.10.1　功能量核算

$$N_b = \sum_{i=1}^{n} N_{bi}$$

其中，N_b 为保护物种总数量；N_{bi} 为第 i 类保护物种的数量；n 为核算地域保护物种的种类数。

5.2.10.2　价值量核算

参照 LY/T 2649−2016 核算物种保育价值。

$$V_{BC} = \left(1 + \sum_{i=1}^{x} B_i \times 0.1 + \sum_{j=1}^{y} T_j \times 0.1 + \sum_{r=1}^{z} O_r \times 0.1\right) \times V_{GBC} \times A$$

其中，V_{BC} 为物种保育价值（元/年）；B_i 为物种 i 的珍稀濒危指数，x 为珍稀濒危物种数；T_j 为物种 j 的特有种指数，y 为特有种物种数；O_r 为物种 r 的古树年龄指数，z 为古树年物种数量；V_{GBC} 为单位面积生态系统物种保育价值（元·hm^{-2}·a^{-1}）；A 为生态系统面积（hm^2）。

5.2.11　噪声消减

噪声消减是城市绿地通过植物体反射、吸收等降低道路交通噪声的作用。噪声消减是反映城市人居环境的一项重要指标。

5.2.11.1　功能量核算

参照《生态产品总值核算规范》（国家发展和改革委员会，国家统计局，2022），选用噪声消减量，作为城市生态系统噪音消减实物量的评价指标。核算该指标所需的道路平均降噪分贝和道路长度来自地面调查监测数据。

$$Q_{NA} = \sum_{i=1}^{n} R_i \times NA_i$$

其中，Q_{NA} 为噪声消减量（db）；NA_i 为第 i 类道路两侧的平均降噪分贝（db/km），降噪分贝数由绿化带近路侧和远路侧噪声差值确定；R_i 为第 i 类道路的长度（km）。

5.2.11.2　价值量核算

运用替代成本法（即隔音墙的建设和维护成本），评估城市生态系统噪声消减价值。噪声消减量参照实物量核算，隔音墙建设和维护成本来自园林部门。

$$V_{NA} = Q_{NA} \times (C_{NA} + P_{NA} \times D_{NA})$$

其中，V_{NA} 为噪声消减价值（元/年）；Q_{NA} 为噪声消减量（db）；P_{NA} 为隔音墙建造成本（元/db）；C_{NA} 为隔音墙维护成本 ［元/(db・a)］；D_{NA} 为隔音墙年折旧率。

5.2.12　防风固沙

防风固沙是指生态系统通过其结构与过程，降低因风蚀导致的地表土壤裸露，增强地表粗糙程度，减少风沙输沙量，减少土地沙化的功能，是生态系统提供的重要调节功能之一。

在风蚀过程中，植被可通过多种途径对地表土壤形成保护，减少风蚀输沙量。地表植被可以通过根系固定表层土壤，改良土壤结构，减少土壤裸露的机会，进而提高土壤抗风蚀的能力；植被还可以通过增加地表粗糙度、阻截等方式降低起沙风速、降低大风动能，从而削弱风的强度和挟沙能力，减少风力侵蚀和风沙危害。

5.2.12.1　功能量核算

根据《生态产品总值核算规范》（国家发展和改革委员会，国家统计局，

2022），选用防风固沙量，即通过生态系统减少的风蚀量（潜在风蚀量与实际风蚀量的差值），作为生态系统防风固沙功能的评价指标。

$$Q_{sf} = 0.1699 \times (WF \times EF \times SCF \times K')^{1.3711} \times (1 - C^{1.3711})$$

其中，Q_{sf} 为防风固沙量（t/a）；WF 为气候侵蚀因子（kg/m）；K' 为地表糙度因子；EF 为土壤侵蚀因子；SCF 为土壤结皮因子；C 为植被覆盖因子。

5.2.12.2　价值量核算

生态系统防风固沙价值主要体现在减少土地沙化的经济价值。根据防风固沙量和土壤沙化盖沙厚度标准，核算出减少的沙化土地面积；运用替代成本法，根据单位面积沙化土地治理费用（将沙地恢复为有植被覆盖的草地/农田所花费的费用），计算治理这些沙化土壤的成本作为生态系统防风固沙功能的价值。

$$V_{sf} = \frac{Q_{sf}}{\rho \times h} \times c$$

其中，V_{sf} 为减少土地沙化价值（元/a）；Q_{sf} 为防风固沙量（t/a）；ρ 为土壤容重（t/m³）；h 为土壤沙化覆沙厚度（m）；c 为治沙工程的平均成本或单位植被恢复成本（元/平方米）。

5.2.13　病虫害防治

生态系统病虫害控制服务是指生态系统中复杂的群落通过提高物种多样性水平增加天敌而降低植食性昆虫的种群数量，达到病虫害控制的生态功能。

参照 2020 年国家市场监督管理总局和国家标准化管理委员会编制的《生态系统评估　生态系统生产总值（GEP）核算技术规范》对病虫害防治进行核算。

5.2.13.1　功能量核算

选用依靠生态系统病虫害控制而达到自愈的林地和草地面积作为生态系统病虫害控制服务的评价指标。病虫害主要发生在草地和林地，除人工防治外，发生病虫害的区域主要依靠生态系统的病虫害控制而达到自愈。因此，可以采用这些自愈的面积作为生态系统病虫害控制功能量。

$$Q_{PC} = S_{fpc} + S_{gpc}$$

其中，Q_{PC} 为生态系统病虫害发生面积（平方米）；S_{fpc} 为森林病虫害自愈的天然林面积（平方米）；S_{gpc} 为草地病虫害自愈的天然草地面积（平方米）。

5.2.13.2 价值量核算

运用替代成本法（即人工防治病虫害费用）来核算生态系统病虫害控制功能的价值。

$$V_{pc} = V_{fpc} + V_{gpc}$$

其中，V_{pc} 为病虫害控制价值（元/年）；V_{fpc} 为森林病虫害控制价值（元/年）；V_{gpc} 为草地病虫害控制价值（元/年）。

（1）森林病虫害控制价值：

$$V_{fpc} = S_{nf} \times C_{fpc}$$

其中，V_{fpc} 为森林病虫害控制价值（元/年）；S_{nf} 为病虫害自愈的天然林面积（平方米）；C_{fpc} 为单位面积森林病虫害防治费用（元/平方米）。

（2）草地病虫害控制价值：

$$V_{gpc} = S_g \times C_{fpc}$$

其中，V_{gpc} 为草地病虫害控制价值（元/年）；S_g 为病虫害自愈的草地面积（平方米）；C_{fpc} 为单位面积草地病虫害防治费用（元/平方米）。

5.3 文化服务

文化服务产品包括旅游康养、休闲游憩和景观增值等，主要参照《生态产品总值核算规范》（国家发展和改革委员会和国家统计局，2022）进行核算。其中休闲游憩和景观增值的核算范围仅限于城市建成区。

5.3.1 旅游康养

5.3.1.1 功能量核算

选用核算区域内自然景区的年旅游总人次，作为生态系统旅游康养服务实物量的评价指标。自然景区名录、旅游人次与游客来源等数据来自文化旅游、住房城乡建设场、林草、统计等部门或问卷调查。

$$N_t = \sum_{i=1}^{n} N_{ti}$$

式中，N_t为自然景区游客总人次（人·次/a）；N_{ti}为第 i 个自然景区的游客人次（人·次/a）；i 为自然景区，$i = 1, 2, 3, \cdots, n$；n 为自然景区数量。

5.3.1.2　价值量核算

运用旅行费用法，核算生态系统旅游康养服务价值。自然景区名录、旅游人数等参照实物量核算，游客的社会经济特征、旅行费用情况等来自问卷调查。

$$V_r = \sum_{j=1}^{J} N_j \times TC_j$$
$$TC_j = T_j \times W_j + C_j$$
$$C_j = C_{tc,j} + C_{lf,j} + C_{ef,j} + C_{n,j}$$

式中，V_r为生态系统旅游康养价值（元/a）；N_j为 j 地到自然景区旅游的总人次（人·次/a）；j 为到自然景区的游客所在区域，$j = 1, 2, 3, \cdots, J$；J 为游客所在区域的数量；TC_j为来自 j 地的游客的平均旅行成本（元（人·次））；T_j为来自 j 地的游客用于旅途和在自然景区旅游的平均时间（天/次）；W_j为来自 j 地的游客的当地平均工资（元（人·天））；C_j为来自 j 地的游客花费的平均直接旅行费用（元/（人·次）），其中包括游客从 j 地到自然景区的交通费用 $C_{tc,j}$（元/（人·次））、景区内食宿花费 $C_{lf,j}$（元/（人·次））、景区门票费用 $C_{ef,j}$（元/（人·次））和旅游带动的购物、娱乐等延伸相关花费 $C_{n,j}$（元/（人·次））。

5.3.2　休闲游憩

5.3.2.1　功能量核算

选用核算区域内公园、绿地、河湖周边带等休闲活动型自然空间的休闲游憩总人时（人数·小时），作为城市生态系统休闲游憩服务实物量的评价指标。城市休闲游憩区人时数据来自文化旅游、住房城乡建设、统计等部门或问卷调查。

$$N_{pt} = \sum_{i=1}^{n} N_{pti}$$

式中，N_{pt} 为城市休闲游憩总人时（人·时/a）；N_{pti} 为第 i 个城市休闲游憩区的人时数（人·时/a）；i 为城市休闲游憩区，$i=1$，2，3，…，n；n 为城市休闲游憩区数量。

5.3.2.2　价值量核算

运用替代成本法，核算城市生态系统休闲游憩服务价值。休闲游憩总人时参照实物量核算，游客的经济社会特征、当地单位时间人均工资情况来自问卷调查或相关统计数据。

$$E_t = N_{pt} \times E$$

式中，E_t 为城市生态系统休闲游憩价值（元/a）；N_{pt} 为城市休闲游憩总人时（人·时/a）；E 为当地单位时间人均工资（元/（人·时））。

5.3.3　景观增值

5.3.3.1　功能量核算

城市生态系统可为其周边人群提供美学体验、精神愉悦等服务，从而提高周边土地、房产价值。选用能直接从生态系统获得景观增值的土地与居住小区房产面积或数量，作为城市生态系统景观增值实物量的评价指标。受益酒店销售客房数及自住房面积等数据来自统计、住房城乡建设、文化旅游、商务等部门或问卷调查。

$$H_l = \sum_{i=1}^{n} H_{li}$$

$$R_l = \sum_{i=1}^{n} R_{li}$$

式中，H_l 为从城市生态景观获得增值的酒店客房间（晚）数（晚/a）；H_{li} 为第 i 区从城市生态景观获得增值的酒店客房间（晚）数（晚/a），$i=1$，2，3，…，n；R_l 为从城市生态景观获得增值的自住房面积（m²/a）；R_{li} 为第 i 区从城市生态景观获得增值的自住房面积（m²/a），$i=1$，2，3，…，n。

5.3.3.2 价值量核算

运用市场价值法，核算城市生态系统景观增值价值。酒店景观增值销售房间数和自有住房景观增值面积参照实物量核算，酒店房间平均单价及酒店景观溢价系数来自文化旅游、商务、统计等部门，自有住房服务价值及自有住房景观溢价系数来自住房城乡建设、统计等部门。

$$VL = VH + VR$$
$$VH = H_l \times PH \times RH$$
$$VR = R_l \times PR \times RR$$

式中，VL 为城市生态系统景观增值价值（元/a）；VH 为酒店景观增值（元/a）；VR 为自有住房景观增值（元/a）；H_l 为酒店景观增值销售房间（晚）数（晚/a）；PH 为酒店房间平均单价（元/晚）；RH 为酒店景观增值房间的景观溢价系数（%）；R_l 为自有住房景观增值面积（m^2/a）；PR 为自有住房服务价值（元/m^2）；RR 为自有住房服务价值的景观溢价系数（%）。

5.4 InVEST 模型

5.4.1 模型简介

生态系统服务和交易的综合评估（integrated valuation of ecosystem services and trade-offs，InVEST）模型是美国斯坦福大学、大自然保护协会（TNC）与世界自然基金会（WWF）联合开发的，旨在通过模拟不同土地覆被情景下生态服务系统物质量和价值量的变化，为决策者权衡人类活动的效益和影响提供科学依据，用于生态系统服务功能评估的模型系统 InVEST 模型填补了这一领域的空白，实现了生态系统服务功能价值定量评估的空间化。

InVEST 是用于评估生态系统服务功能量及其经济价值、支持生态系统管理和决策的一套模型系统，它包括陆地、淡水和海洋三类生态系统服务评估模型。目前，自然资本项目组开发的 InVEST 模型已在 20 多个国家和地区的空间规划、生态补偿、风险管理、适应气候变化等环境管理决策中得到广泛应用。近年来，中国的生态系统服务研究越来越多，并在国家、区域、流域等多个尺度的生态功能区划、生态保护红线划定、生态补偿、资源环境承载力评估等政策中得到应用。

5.4.2　工具下载

InVEST 模型凭借其简单便捷，操作灵活，输出结果具有较强空间表达能力等诸多特性，正逐步应用于社会各部门生态系统管理决策中。InVEST 软件工具自发布以来不断优化完善，该软件最新版本为 InVEST3.10.2，可通过 https：//naturalcapitalproject. stanford. edu/software/invest 链接来下载，基于 ArcGIS 平台或独立运行。该模型主要包括淡水生态系统、海洋生态系统和陆地生态系统三大评估模块（见表 5－1）。用户可根据决策需求，选择三大模块的具体评估项目，输入相应模块需求数据并设定参数，完成特定生物物理或经济模型的决策过程，基本过程如图 5－1 所示（唐尧等，2015）。

表 5－1　　　　　　　　InVEST 模型模块评估项目

淡水生态系统模块	海洋生态系统模块	陆地生态系统模块
水力发电	拓展检查、创建 GS	生物多样性
水质	海岸保护	碳储量
产水量	海洋水质	农作物授粉
水土保持	生境风险评估	木材产量
	美感评估	
	水产养殖	
	叠置分析	
	波能、风能评估	

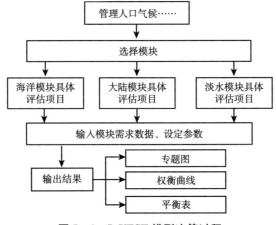

图 5－1　InVEST 模型决策过程

5.4.3　模型应用

InVEST 模型在国外的应用研究相对成熟，在决策过程中，InVEST 是很有效的。自然资本项目已经在全球许多决策问题中应用了 InVEST，通过使用 InVEST 来帮助制定决策。在国外已广泛应用于美国加利福尼亚州、明尼苏达州、夏威夷群岛和西海岸，以及拉丁美洲的亚马逊流域、亚洲印度尼西亚、亚马逊和非洲坦桑尼亚等多个区域（Fisher et al.，2011；Goldstein et al.，2012）。戈德斯坦等（2012）和费舍尔等（2011）针对夏威夷欧胡岛屿和坦桑尼亚的森林生态系统，分别利用水质净化、碳储量和木材产量、碳储量等模块，完成不同情景下的决策方案评估。

近年来，我国大量研究运用 InVEST 模型对生态系统服务功能进行量化评估，相关研究多集中在土壤保持、水源供给和碳储量功能评价方面（刘娇等，2021；杨君等，2022）。如杨君等（2022）探讨洞庭湖的生态服务功能物质量空间分布情况，提升研究区乃至长江流域生态系统服务功能，为土壤保持、土地利用和生态保护提供参考。当前，众多研究探讨两种及以上服务功能的综合性评价，以及服务功能间的耦合关系。

InVEST 模型评估有助于区域生态系统的管理，特别是在多种服务和多种目标分析中具有明显优势。目前，该模型在生物多样性、水土保持、水环境、碳储量等方面的应用研究已趋于成熟，其他模块如农作物授粉、木材产量、美感等，正在发展并有待于深入研究和推广应用（唐尧等，2015）。

第 6 章

省级生态产品总值（GEP）核算实践

6.1 案例省概况

本章数据、图、表等资料均由江西财经大学生态文明研究院江西省 GEP 核算项目组编写，原始数据包括研究区的土地利用数据、气象数据、统计年鉴数据等。

6.1.1 基本信息

江西省位于中国东南部，在长江中下游南岸，以山地、丘陵为主，地处中亚热带，季风气候显著，四季变化分明。境内水热条件差异较大，多年平均气温自北向南依次增高，南北温差约 3℃。全省面积为 16.69 万平方千米，总人口为 4518 余万人，辖 11 个设区市、100 个县（市、区）。

江西省资源丰富、生态良好。全省 97.7% 的面积属于长江流域，水资源丰富，河网密集，河流总长约 18400 千米，有全国最大的淡水湖——鄱阳湖。已发现野生高等植物 5117 种，野生脊椎动物 845 种。全省现有世界遗产地 5 处，世界文化与自然双遗产地 1 处，世界地质公园 3 处，国际重要湿地 1 处，国家地质公园 5 处，国家级风景名胜区 15 处，林业自然保护区 186 处（国家级 15 处），森林公园 180 处（国家级 46 处），湿地公园 84 处（国家级 28 处）。江西省矿产资源丰富，已查明有资源储量的矿产有九大类 139 种，在全国居前 10 位的有 81 种，有色、稀土和贵金属矿产优势明显，是亚洲超大型的铜工业基地之一，有"世界钨都""稀土王国""中国铜都""有色金属之乡"的美誉。

　　江西省物产丰富、品种多样。景德镇的瓷器源远流长，以"白如玉、明如镜、薄如纸、声如磬"的特色闻名中外。樟树的四特酒，周恩来总理赞誉为"清、香、醇、纯"，四特酒由此而得名。遂川狗牯脑茶叶，曾获巴拿马国际食品博览会金奖。南丰蜜橘，历史上是皇室贡品。此外，还有庐山云雾茶、中华猕猴桃、赣南脐橙、南安板鸭、泰和乌鸡、江铃汽车、金圣卷烟等，列入中国驰名商标的品种有 159 件。

　　江西省人杰地灵、文化璀璨。在中华文明的历史长河中，江西省人才辈出，陶渊明、欧阳修、曾巩、王安石、朱熹、文天祥、宋应星、汤显祖、詹天佑等文学家、政治家、科学家若群星灿烂，光耀史册。江西省红色文化闻名中外。井冈山是中国革命的摇篮，南昌是中国人民解放军的诞生地，瑞金是苏维埃中央政府成立的地方，安源是中国工人运动的策源地。第二次国内革命战争时期，江西籍有名有姓的革命烈士就有 25 万多人，占全国的 1/6，为中国革命胜利作出了重大贡献。

　　江西省产业齐备、特色鲜明。江西农业在全国占有重要地位，是新中国成立以来全国两个从未间断向国家贡献粮食的省份之一。生态农业前景可喜，有机食品、绿色食品、无公害食品均位居全国前列。进入 21 世纪以来，江西省大力实施以新型工业化为核心的发展战略，有色产业、电子信息、医药、汽车、航空、食品、纺织、光伏、锂电、钢铁、石化、建材等产业呈现了良好的发展势头。同时，江西省还在大力发展旅游业，主要旅游景区可概括为"四大名山""四大摇篮""四个千年""六个一"。

6.1.2　生态系统类型

　　江西省生态系统类型主要有森林、灌丛、湿地、草地、农田和城镇等。其中，森林生态系统面积为 93171 平方千米，占全省国土面积的 55.81%；农田生态系统面积为 44098 平方千米，占全省国土面积的 26.42%。其次是灌丛、湿地、草地、城镇等生态系统（见表 6-1）。

表 6-1　　　　　　　　2020 年江西省生态系统类型面积

生态系统类型	森林	灌丛	草地	湿地	农田	城镇	荒漠	合计
面积（平方千米）	93171	9310	7191	7724	44098	5424	13	166931
比例（%）	55.81	5.58	4.31	4.63	26.42	3.25	0.01	100.00

6.2 案例省物质产品价值核算

江西省物质产品类型丰富，因其特有的自然地理环境和优良的空气、水质等生态条件，各类农业、林业产品产量可观。经核算，2020年江西省生态系统物质产品价值量如表6-2所示。

表6-2　　　　2020年江西省生态系统物质产品价值量

指标	类别	价值量（亿元/年）
农业产品	谷物及其他作物	750.90
	蔬菜、食用菌及花卉、盆景园艺产品	580.88
	水果、坚果、茶、饮料和香料作物	328.79
	中药材	29.30
	农业产品合计	1689.87
林业产品	林木的培育和种植	90.45
	竹木采运	98.96
	林产品	178.40
	林业产品合计	367.81
畜牧业产品	牲畜饲养	76.78
	猪的饲养	689.73
	家禽饲养	330.19
	狩猎和捕捉动物	3.35
	其他畜牧业	25.35
	畜牧业合计	1125.40
渔业产品	鱼类	330.30
	甲壳类	83.60
	贝类	4.93
	其他渔业	54.70
	渔业产品合计	473.53
水资源产品	水资源	512.65
	水资源产品合计	512.65

续表

指标	类别	价值量（亿元/年）
生态能源	水能发电	44.22
	光伏发电	20.58
	风力发电	31.08
	生态能源合计	95.88
合计		4265.14

2020 年江西省农业产品价值量为 1689.87 亿元/年。谷物及其他作物价值量合计 750.90 亿元/年，其中谷物产品功能量为 2076.26 万吨/年，价值量为 574.29 亿元/年；薯类产品（按折粮计算）功能量为 57.62 万吨/年，价值量为 13.80 亿元/年；油料产品功能量为 122.70 万吨/年，价值量为 77.43 亿元/年；豆类产品功能量为 32.00 万吨/年，价值量为 20.98 亿元/年；棉花产品功能量为 5.29 万吨/年，价值量为 3.60 亿元/年；麻类产品功能量为 0.56 万吨/年，价值量为 0.96 亿元/年；烟草产品功能量为 2.68 万吨/年，价值量为 7.40 亿元/年。蔬菜、食用菌及花卉、盆景园艺产品合计价值量为 580.88 亿元/年。水果、坚果、茶、饮料和香料作物产品合计价值量为 328.79 亿元/年。中药材产品播种面积为 103.54 千公顷/年，价值量为 29.30 亿元/年。

2020 年江西省林业产品价值量为 367.81 亿元/年，主要的林业产品有木材、竹材、竹笋干、油菜籽、油桐籽、茶油和松脂等。其中林木的培育和种植价值量为 90.45 亿元/年；竹木采运价值量为 98.96 亿元/年；林产品价值量为 178.40 亿元/年。

2020 年江西省畜牧业产品价值量为 1125.40 亿元/年。畜牧业产品以猪肉、禽肉、牛肉为主，以羊肉、禽蛋、牛奶、兔肉、蚕茧、蜂蜜等为辅。2020 年猪的饲养实现价值量 689.73 亿元/年；家禽饲养实现价值量 330.19 亿元/年；牲畜的饲养实现价值量 76.78 亿元/年；狩猎和捕捉动物实现价值量 3.35 亿元/年；其他畜牧业共实现价值量 25.35 亿元/年。

2020 年江西省渔业产品价值量为 473.53 亿元/年。渔业产品包括鱼类、甲壳类、贝类以及其他渔业产品。2020 年度鱼类产品实现价值量 330.30 亿元/年；甲壳类产品实现价值量 83.60 亿元/年；贝类产品实现价值量 4.93 亿元/年；其他渔业产品实现价值量 54.70 亿元/年。

各地市农林牧渔业产品价值量在空间上的分布，价值量较高的三个地级市分别为赣州市、宜春市和上饶市，价值量较低的市有景德镇市、鹰潭市、新余市和萍乡市。

2020年江西省用水总量为244.12亿立方米，按照当年2.10元/立方米的单价计算，2020年度水资源产品实现价值量512.65亿元/年。生态系统提供的水资源产品价值量最高的是宜春市，为99.20亿元/年；其次是赣州市，为69.36亿元/年；水资源产品价值量较少的两个地级市为鹰潭市和萍乡市，分别为13.44亿元/年和14.22亿元/年。

2020年江西省转化利用的生态物质产品以生态能源为主。水能发电功能量为73.70亿千瓦时/年，光伏发电功能量为34.30亿千瓦时/年，风力发电功能量为51.80亿千瓦时/年，按2020年江西省的电价0.60元/千瓦时计算，共实现价值量95.88亿元/年。

2020年江西省生态系统物质产品价值量合计4265.12亿元/年，占生态产品总值的10.30%。其中，农业产品价值量占物质产品价值的比重最高，达39.62%；其次为畜牧业产品，占比为26.39%；两者合计价值量占比达66.01%，为省2020年度物质产品价值的主要组成部分。生态能源价值占比最低，为2.25%。2020年江西省生态系统物质产品价值量构成如图6-1所示。

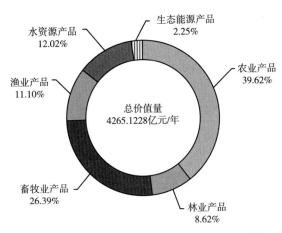

图6-1 2020年江西省生态系统物质产品价值量构成

6.3 案例省调节服务产品价值核算

调节服务的核算内容包括水源涵养、土壤保持、洪水调蓄、气候调节、固碳、释氧、水体净化、空气净化、负氧离子、物种保育10个二级指标。通过核算，2020 年江西省生态产品调节服务价值量为 31711.09 亿元/年（按当年价格计算），占整个生态产品总值的 76.60%。其中，水源涵养 10761.90 亿元/年、土壤保持 1841.72 亿元/年、洪水调蓄 5938.85 亿元/年、气候调节 11297.33 亿元/年、固碳 26.18 亿元/年、释氧 127.01 亿元/年、水体净化 16.80 亿元/年、空气净化 29.11 亿元/年、负氧离子 83.36 亿元/年，物种保育 1588.82 亿元/年。其中，气候调节价值量最高，占调节服务总价值的 35.63%；其次是水源涵养价值，占调节服务总价值的 33.94%（见表 6-3）。

表 6-3　　　　2020 年江西省生态系统调节服务功能量和价值量

服务功能	核算指标	功能量	单位	价值量（亿元/年）	占调节服务比例（%）
水源涵养	水源涵养量	1268.26	亿立方米/年	10761.90	33.94
土壤保持	减少泥沙淤积	19.98	亿立方米/年	434.04	5.81
	减少氮面源污染	0.42	亿吨/年	727.84	
	减少磷面源污染	0.12	亿吨/年	679.84	
	合计			1841.72	
洪水调蓄	植被	582.63	亿立方米/年	4943.92	18.73
	水库	117.25	亿立方米/年	994.93	
	合计			5938.85	
气候调节	气候调节量	1366.46	亿千瓦时/年	11297.33	35.63
固碳	陆地固碳量	1366.80	万吨/年	26.18	0.08
释氧	释放氧气量	993.79	万吨/年	127.01	0.40
水体净化	净化 COD	85.30	万吨/年	11.94	0.05
	净化总氮	6.61	万吨/年	1.16	
	净化总磷	6.61	万吨/年	3.70	
	合计			16.80	
空气净化	净化二氧化硫	220.94	万吨/年	27.90	0.09
	净化氮氧化物	8.22	万吨/年	1.04	
	净化工业粉尘	5.72	万吨/年	0.17	
	合计			29.11	
负氧离子	负氧离子产生量	1.30	10^{27} 个	83.36	0.26
物种保育	生物多样性	1024.81	万公顷/年	1588.82	5.01
调节服务	总计			31711.08	100.00

6.3.1 水源涵养

经核算，2020 年江西省生态系统的水源涵养功能量为 1268.26 亿立方米/年，价值量为 10761.90 亿元/年，占全省生态产品总值的 26.00%。水源涵养能力在空间上呈现出东北部、西部较高，中间较低的分布特征，价值量空间分布与功能量空间分布特征一致。

在地市层面上，江西省各地市水源涵养价值量在 187.59 亿元/年 ~ 2601.71 亿元/年，均值为 978.354 亿元/年。如图 6 - 2 所示，江西省各地市水源涵养价值量从大到小依次为：赣州市、吉安市、上饶市、抚州市、宜春市、九江市、景德镇市、鹰潭市、南昌市、萍乡市、新余市。江西省各地市单位面积的水源涵养价值量如图 6 - 2 所示，各地市单位面积的水源涵养价值量在 3.61 万元/公顷 ~8.00 万元/公顷，均值为 6.43 万元/公顷，从大到小排序依次为：景德镇市、鹰潭市、抚州市、上饶市、宜春市、赣州市、萍乡市、吉安市、新余市、九江市、南昌市。

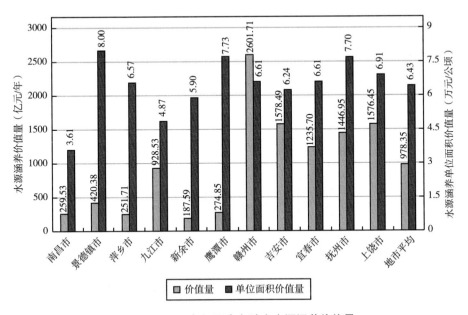

图 6 - 2　2020 年江西省各地市水源涵养价值量

6.3.2 土壤保持

土壤保持功能量核算指标为减少泥沙淤积量、减少氮面源污染量和减少磷面源污染量。经核算，2020年江西省生态系统的土壤保持功能量分别为减少泥沙淤积19.98亿立方米/年、减少氮面源污染0.42亿吨/年、减少磷面源污染0.12亿吨/年，价值量分别为434.04亿元/年、727.84亿元/年和679.84亿元/年，合计1841.72亿元/年，占全省生态产品总值的4.45%。土壤保持价值量在空间上呈现出中部价值量较低、四周较高的分布特征。

在地市层面上，江西省各地市土壤保持价值量在6.96亿元/年~390.49亿元/年，均值为167.43亿元/年。如图6-3所示，江西省各地市土壤保持价值量从小到大依次为：南昌市、新余市、景德镇市、萍乡市、鹰潭市、宜春市、抚州市、九江市、吉安市、上饶市、赣州市。江西省各地市单位面积的土壤保持价值量如图6-3所示，各地市单位面积的土壤保持价值量在0.10万元/公顷~1.85万元/公顷，从小到大排序依次为：南昌市、新余市、景德镇市、赣州市、吉安市、宜春市、抚州市、九江市、萍乡市、上饶市、鹰潭市。

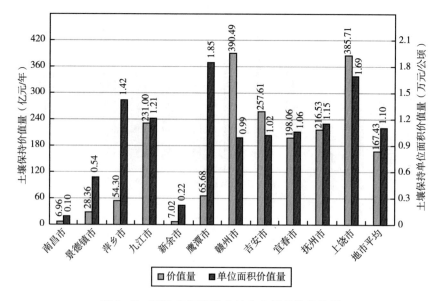

图6-3 2020年江西省各地市土壤保持价值量

6.3.3 气候调节

经核算，2020年江西省生态系统的气候调节功能量为1366.46亿千瓦时/年，价值量为11297.33亿元/年，占全省生态产品总值的27.29%。气候调节价值量在空间上呈现出鄱阳湖流域、赣江流域等湿地生态系统较高，其他区域较低的分布特征。

在地市层面上，江西省各地市气候调节价值量在168.07亿元/年 ~ 2697.65亿元/年，均值为1027.03亿元/年。如图6-4所示，江西省各地市气候调节价值量从大到小依次为：赣州市、上饶市、九江市、吉安市、抚州市、宜春市、南昌市、景德镇市、萍乡市、鹰潭市、新余市。江西省各地市单位面积的气候调节价值量如图6-4所示，各地市单位面积的气候调节价值量在4.92万元/公顷 ~ 12.29万元/公顷，均值为6.68万元/公顷，从大到小排序依次为：南昌市、九江市、上饶市、赣州市、抚州市、吉安市、景德镇市、鹰潭市、新余市、萍乡市、宜春市。

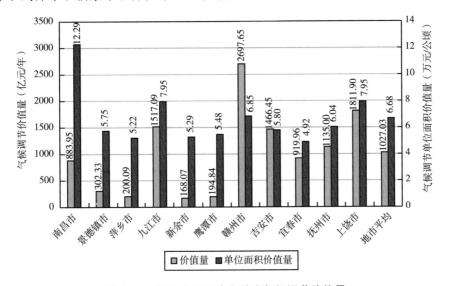

图6-4 2020年江西省各地市气候调节价值量

6.3.4 洪水调蓄

洪水调蓄功能量核算指标分为植被洪水调蓄和水库洪水调蓄。经核算，

2020 年江西省生态系统的植被洪水调蓄和水库洪水调蓄功能量分别为 582.63 亿立方米/年和 117.25 亿立方米/年，价值量分别为 4943.92 亿元/年和 994.93 亿元/年，合计 5938.85 亿元/年，占全省生态产品总值的 14.35%。洪水调蓄价值量在空间上呈现出北部较高的分布特征。

在地市层面上，江西省各地市洪水调蓄价值量在 79.78 亿元/年 ~ 1156.53 亿元/年，均值为 539.90 亿元/年。如图 6-5 所示，江西省各地市洪水调蓄价值量从大到小依次为：上饶市、九江市、赣州市、抚州市、吉安市、宜春市、南昌市、景德镇市、鹰潭市、新余市、萍乡市。江西省各地市单位面积的洪水调蓄价值量如图 6-5 所示，各地市单位面积的洪水调蓄价值量在 2.08 万元/公顷 ~6.05 万元/公顷，均值为 3.64 万元/公顷，从大到小排序依次为：九江市、南昌市、上饶市、景德镇市、鹰潭市、抚州市、新余市、宜春市、赣州市、吉安市、萍乡市。

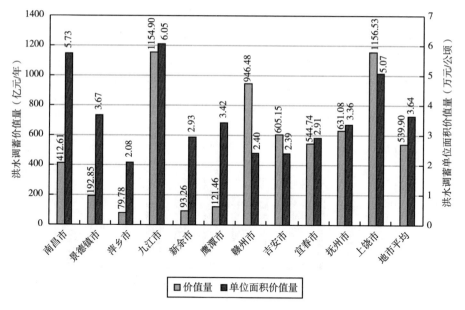

图 6-5　2020 年江西省各地市洪水调蓄价值量

6.3.5　固碳

经核算，2020 年江西省生态系统的固碳功能量为 1366.80 万吨/年，价值量为 26.18 亿元/年，占全省生态产品总值的 0.06%。固碳价值量在空间上呈现出四周较高、中部较低的分布特征。

在地市层面上，江西省各地市固碳价值量在 0.239 亿元/年 ~ 8.694 亿元/年，均值为 2.380 亿元/年。如图 6-6 所示，江西省各地市固碳价值量从大到小依次为：赣州市、吉安市、上饶市、抚州市、宜春市、九江市、景德镇市、萍乡市、鹰潭市、新余市、南昌市。江西省各地市单位面积的固碳价值量如图 6-6 所示，各地市单位面积的固碳价值量在 0.003 万元/公顷 ~ 0.022 万元/公顷，均值为 0.014 万元/公顷，从大到小排序依次为：赣州市、萍乡市、吉安市、抚州市、景德镇市、上饶市、宜春市、鹰潭市、九江市、新余市、南昌市。

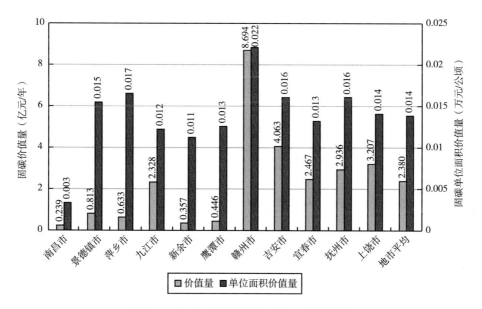

图 6-6　2020 年江西省各地市固碳价值量

6.3.6　释氧

经核算，2020 年江西省生态系统的释氧功能量为 993.79 万吨/年，价值量为 127.01 亿元/年，占全省生态产品总值的 0.31%。释氧价值量在空间上呈现出四周较高、中部较低的分布特征。

在地市层面上，江西省各地市释氧价值量在 1.16 亿元/年 ~ 42.17 亿元/年，均值为 11.55 亿元/年。如图 6-7 所示，江西省各地市释氧价值量从大到小依次为：赣州市、吉安市、上饶市、抚州市、宜春市、九江市、景德镇市、萍乡市、鹰潭市、新余市、南昌市。江西省各地市单位面积的释氧价值量如图 6-7 所示，各地市单位面积的释氧价值量在 0.02 万元/公顷 ~ 0.11 万元/公顷，均值为 0.07 万元/公顷，从大到小排序依次为：赣州市、萍乡市、吉安市、抚州市、景德镇市、上饶市、宜春市、鹰潭市、九江市、新余市、南昌市。

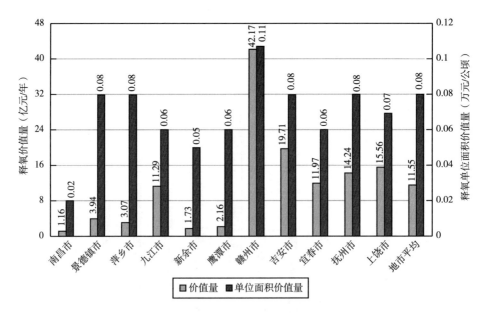

图 6-7 2020 年江西省各地市释氧价值量

6.3.7 空气净化

空气净化功能量核算指标为净化二氧化硫量、净化氮氧化物量和净化工业粉尘量。经核算，2020 年江西省生态系统的空气净化功能量分别为净化二氧化硫 220.94 万吨/年、净化氮氧化物 8.22 万吨/年、净化工业粉尘 5.72 万吨/年，价值量分别为 27.90 亿元/年、1.04 亿元/年和 0.17 亿元/年，合计 29.11 亿元/年，占全省生态产品总值的 0.07%。空气净化价值量在空间上呈现出中部较低、四周较高的分布特征。

在地市层面上，江西省各地市空气净化价值量在 0.33 亿元/年 ~ 8.46 亿元/年，均值为 2.65 亿元/年。如图 6-8 所示，江西省各地市空气净化价值量从大到小依次为：赣州市、吉安市、上饶市、抚州市、宜春市、九江市、景德镇市、萍乡市、鹰潭市、新余市、南昌市。江西省各地市单位面积的空气净化价值量如图 6 - 8 所示，各地市单位面积的空气净化价值量在 0.01 万元/公顷 ~0.02 万元/公顷，均值为 0.02 万元/公顷，从大到小排序依次为：赣州市、萍乡市、景德镇市、抚州市、吉安市、上饶市、鹰潭市、宜春市、新余市、九江市、南昌市。

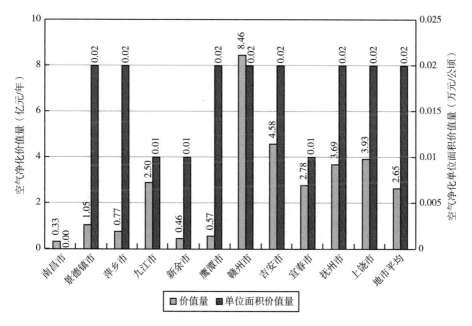

图 6 - 8　2020 年江西省各地市空气净化价值量

6.3.8　水体净化

水体净化功能量核算指标为净化 COD 量、净化总氮量和净化总磷量。经核算，2020 年江西省生态系统的水体净化功能量分别为净化 COD85.30 万吨/年、净化总氮 6.61 万吨/年、净化总磷 6.61 万吨/年，价值量分别为 11.94 亿元/年、1.16 亿元/年和 3.70 亿元/年，合计 16.80 亿元/年，占全省生态产品总值的 0.04%。水体净化价值量在空间上呈现出鄱阳湖、赣江、修水、抚河、信江、袁河等流域较高、其他区域较低的分布特征。

在地市层面上，江西省各地市水体净化价值量在 0.20 亿元/年 ~5.04 亿元/年，均值为 1.53 亿元/年。如图 6 - 9 所示，江西省各地市水体净化价值量从大到小依次为：九江市、上饶市、南昌市、吉安市、宜春市、赣州市、抚州市、新余市、景德镇市、鹰潭市、萍乡市。江西省各地市单位面积的水体净化价值量在0.001万元/公顷～0.05万元/公顷，均值为0.01万元/公顷，从大到小排序依次为：南昌市、九江市、上饶市、新余市、宜春市、鹰潭市、吉安市、抚州市、景德镇市、赣州市、萍乡市。

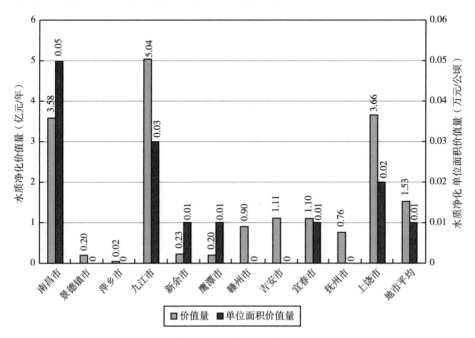

图6-9　2020年江西省各地市水体净化价值量

6.3.9　负氧离子

经核算，2020年江西省生态系统的负氧离子功能量为1.30×10^{27}个/年，价值量为83.36亿元，占全省生态产品总值（GEP）的0.20%。

在地市层面上，江西省各地市负氧离子价值量在0.96亿元/年～23.60亿元/年，均值为7.58亿元/年。如图6-10所示，江西省各地市负氧离子价值量从大到小依次为：赣州市、吉安市、上饶市、抚州市、宜春市、九江市、景德镇市、萍乡市、鹰潭市、新余市、南昌市。江西省各地市单位面积的负氧离子价值量在0.01万元/公顷～0.06万元/公顷，均值为0.05万元/公顷，从大到小排序依次为：赣州市、景德镇市、抚州市、萍乡市、吉安市、上饶市、宜春市、鹰潭市、新余市、九江市、南昌市。

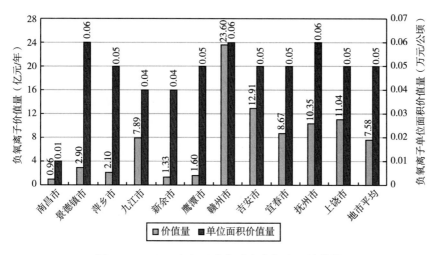

图 6-10　2020 年江西省各地市负氧离子价值量

6.3.10　物种保育

经核算，2020 年江西省生态系统的物种保育功能量为 1024.81 万公顷/年，价值量为 1588.82 亿元/年，占全省生态产品总值的 3.84%。

在地市层面上，江西省各地市物种保育价值量在 18.341 亿元/年~449.77 亿元/年，均值为 144.439 亿元/年。如图 6-11 所示，江西省各地市物种保育价值量从大到小依次为：赣州市、吉安市、上饶市、抚州市、宜春市、九江市、景德镇市、萍乡市、鹰潭市、新余市、南昌市。

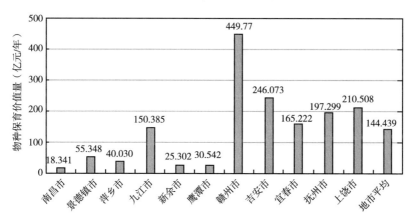

图 6-11　2020 年江西省各地市物种保育价值量

6.4　案例省文化服务产品价值核算

江西省旅游资源丰富，全省现有世界遗产地 5 处，世界文化与自然双遗产地 1 处，世界地质公园 3 处，国际重要湿地 1 处，国家地质公园 5 处，国家级风景名胜区 15 处，林业自然保护区 186 处（国家级 15 处），森林公园 180 处（国家级 46 处），湿地公园 84 处（国家级 28 处）。主要旅游景区有"四大名山"——庐山、井冈山、龙虎山、三清山；"四大摇篮"——中国革命摇篮井冈山、人民军队摇篮南昌、共和国摇篮瑞金和中国工人运动摇篮安源；"四个千年"——千年瓷都景德镇、千年名楼滕王阁、千年书院白鹿洞书院、千年古寺东林寺；"六个一"——一湖（中国最大淡水湖鄱阳湖）、一村（中国最美乡村婺源）、一海（庐山西海）、一峰（龟峰）、一道（小平小道）、一城（共青城）。经过多年的发展，江西现有旅游景区（点）2500 余处。其中，国家 5A 级旅游景区 11 处，国家 4A 级旅游景区 143 处。当前江西推向市场的五彩精华旅游线、红色经典旅游线、绿色精粹旅游线、鄱阳湖原生态旅游线等 4 条黄金旅游线路受到海内外游客的青睐。

经核算，2020 年江西省游客总数为 5.56 亿人次，旅游总收入为 5423.00 亿元（按当年价格计算），占整个生态产品总值的 13.10%。分地市来看，南昌市和九江市的文化服务价值量都超过 1000 亿元/年，远超其他地市，其次是赣州市，文化服务价值量为 660.99 亿元/年，文化服务价值量最小的是新余市，仅为 164.82 亿元/年，如图 6－12 所示。

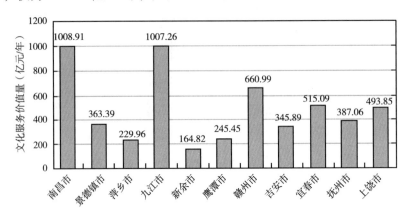

图 6－12　2020 年江西省各地市文化服务价值量

6.5 案例省生态产品总值核算

2020 年江西省生态产品总值为 41399.21 亿元（按当年价格计算），约为当年江西省地区生产总值的 1.61 倍。其中，物质产品价值为 4265.12 亿元，占 GEP 的 10.30%；调节服务产品价值为 31711.09 亿元，占 GEP 的 76.60%；文化服务产品价值为 5423.00 亿元，占 GEP 的 13.10%。2020 年江西省 GEP 总量结构如图 6 - 13 所示。

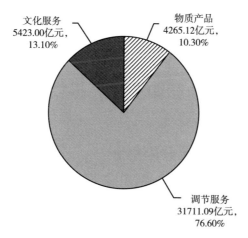

图 6 - 13   2020 年江西省 GEP 总量结构

在地市空间分布上，2020 年的生态产品总值在赣州市最高，为 8567.94 亿元，其次为上饶市、九江市、吉安市，其 GEP 分别为 6206.99 亿元、5440.80 亿元、5060.92 亿元。新余市、萍乡市和鹰潭市的 GEP 较低，分别为 783.73 亿元、996.82 亿元、1068.27 亿元。

2020 年全省单位面积生态产品总值为 24.78 万元/公顷，如图 6 - 14 所示。分各地市来看，南昌市的单位面积 GEP 为江西省各地市之首，为 41.19 万元/公顷，其次是鹰潭市、九江市、景德镇市，单位面积 GEP 分别为 30.01 万元/公顷、28.91 万元/公顷、28.53 万元/公顷，吉安市和赣州市的单位面积 GEP 较小，分别为 19.97 万元/公顷、21.76 万元/公顷。江西省单位面积 GEP 整体呈现出北部较高、南部较低的空间分布特征。

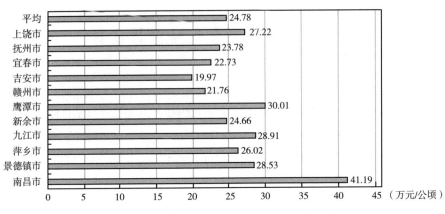

图 6 - 14　2020 年江西省各地市单位面积 GEP

6.6　案例省生态产品总值变化

6.6.1　生态产品总值总体变化

江西省 2010 年和 2020 年生态产品总值分别为 33628.12 亿元和 37597.06 亿元（按 2010 年可比价计算，下同），2010～2020 年增加了 11.80%，年均增长率 1.18%。各生态产品大类中，物质产品价值在 2010 年和 2020 年分别为 2152.94 亿元和 3220.20 亿元，2010～2020 年增加了 49.57%；调节服务产品价值在 2010 年和 2020 年分别为 30656.87 亿元和 30170.48 亿元，2010～2020 年小幅下降 1.59%；文化服务产品价值在 2010 年和 2020 年分别为 818.32 亿元和 4206.38 亿元，2010～2020 年增加了 414.03%（如表 6 - 4 所示）。

表 6 - 4　　　江西省生态产品价值量及变化（2010～2020 年）

核算大类	2010 年（亿元）	2020 年（亿元）	2010～2020 年变化（%）
物质产品	2152.94	3220.20	49.57
调节服务产品	30656.87	30170.48	-1.59
文化服务产品	818.32	4206.38	414.03
生态产品总值	33628.12	37597.06	11.80

注：均按 2010 年价格计算。

6.6.2　物质产品价值量变化

江西省的物质产品中，农业产品价值从 2010 年的 801.36 亿元到 2020 年的 1310.77 亿元，增加了 63.57%；林业产品价值从 2010 年的 186.80 亿元到 2020 年的 285.29 亿元，增加了 52.73%；畜牧业产品价值从 2010 年的 584.05 亿元到 2020 年的 872.93 亿元，增加了 49.46%；渔业产品价值从 2010 年的 255.58 亿元到 2020 年的 367.27 亿元，增加了 43.70%；水资源产品价值从 2010 年的 282.91 亿元到 2020 年的 288.06 亿元，增加了 1.82%；生态能源产品价值从 2010 年的 42.24 亿元到 2020 年的 95.88 亿元，增幅达 126.99%（如表 6-5 所示）。

表 6-5　　　　江西省生态物质产品价值量变化（2010~2020 年）

核算大类	产品类型	核算指标	2010 年（亿元）	2020 年（亿元）	2010~2020 年变化（%）
物质产品	农业产品	农业产品价值	801.36	1310.77	63.57
	林业产品	林业产品价值	186.80	285.29	52.73
	畜牧业产品	畜牧业产品价值	584.05	872.93	49.46
	渔业产品	渔业产品价值	255.58	367.27	43.70
	水资源产品	水资源产品价值	282.91	288.06	1.82
	生态能源产品	生态能源价值	42.24	95.88	126.99

注：均按 2010 年价格计算。

6.6.3　调节服务产品价值量变化

江西省调节服务产品中，水源涵养价值量 2010 年和 2020 年分别为 11050.26 亿元/年和 10299.97 亿元/年，10 年间下降了 6.79%；土壤保持价值量 2010 年和 2020 年分别为 1101.09 亿元/年和 1119.27 亿元/年，10 年间增长了 1.65%；气候调节价值量 2010 年和 2020 年分别为 10945.96 亿元/年和 11297.33 亿元/年，10 年间增长了 3.21%；洪水调蓄价值量 2010 年和 2020 年分别为 5778.44 亿元/年和 5683.94 亿元/年，10 年间小幅下降 1.64%；固碳价值量 2010 年和 2020 年分别为 22.90 亿元/年和 25.06 亿元/年，10 年间增长了 9.44%；释氧价值量 2010 年和 2020 年分别为 111.07 亿

元/年和 121.55 亿元/年，增长了 9.44%；空气净化价值量 2010 年和 2020 年
分别为 14.72 亿元/年和 14.56 亿元/年，小幅下降 1.09%；水质净化价值量
2010 年和 2020 年分别为 8.23 亿元/年和 8.40 亿元/年，10 年间增加了 2.07%；
物种保育价值量 2010 年和 2020 年分别为 1543.24 亿元/年和 1520.63 亿元/年，
小幅下降 1.47%；负氧离子价值量 2010 年和 2020 年分别为 80.97 亿元/年和
79.78 亿元/年，小幅下降 1.47%（如表 6 - 6 所示）。

表 6 - 6　　　　江西省调节服务产品价值量（2010 ~ 2020 年）

核算大类	产品类型	核算指标	2010 年（亿元/年）	2020 年（亿元/年）	2010 ~ 2020 年变化（%）
调节服务产品	水源涵养	水源涵养量	11050.26	10299.97	- 6.79
	土壤保持	减少泥沙淤积量	408.68	415.43	1.65
		减少氮面源污染量	358.01	363.92	
		减少磷面源污染量	334.40	339.92	
		合计	1101.09	1119.27	
	气候调节	气候调节量	10945.96	11297.33	3.21
	洪水调蓄	植被调蓄量	4943.55	4731.72	- 1.64
		水库调蓄量	834.89	952.22	
		合计	5778.44	5683.94	
	固碳	固碳量	22.90	25.06	9.44
	释氧	释氧量	111.07	121.55	9.44
	空气净化	净化二氧化硫量	14.11	13.95	- 1.09
		净化氮氧化物量	0.53	0.52	
		净化工业粉尘量	0.09	0.09	
		合计	14.72	14.56	
	水质净化	净化 COD 量	5.85	5.97	2.07
		净化总氮量	0.57	0.58	
		净化总磷量	1.81	1.85	
		合计	8.23	8.40	
	物种保育	生物多样性	1543.24	1520.63	- 1.47
	负氧离子	负氧离子量	80.97	79.78	- 1.47

注：均按 2010 年价格计算。

6.6.4 文化服务产品价值量变化

江西省 2010 年全年接待国内旅游人数 10819.2 万人次，国内旅游收入 794.8 亿元，接待入境旅游人数 114.1 万人次，旅游外汇收入 3.46 亿美元，景观游憩价值合计为 818.32 亿元；2020 年全年全省接待国内旅游者 55695 万人次，国内旅游收入 4204.13 亿元（按 2010 年价格计算，下同），接待入境旅游者 13.0 万人次，国际旅游外汇收入 0.29 亿美元，景观游憩价值合计为 4206.38 亿元。2020 年较 2010 年增加了 414.03%，这得益于江西近 10 年来大力发展旅游业（见表 6-7）。

表 6-7　　江西省文化服务产品功能量和价值量（2010~2020 年）

核算大类	产品类型	核算指标	2010 年	2020 年	2010~2020 年变化（%）
文化服务产品	景观游憩	旅游总人次（万人次）	10819.2	55695	414.78
		景观游憩价值（亿元）	818.32	4206.38	414.03

注：均按 2010 年价格计算。

6.7　案例省生态产品总值提升的对策建议

6.7.1　强化生态保护修复，助力生态系统"提质"

（1）完善生态安全屏障体系。落实主体功能区战略，加强生态功能重要区域保护。以重点生态功能区、生态保护红线、自然保护地等为重点，加快实施重要生态系统保护和修复重大工程。全面加强沿长江生态保育与修复带，鄱阳湖、赣江源—东江源核心生态保护区，赣东—赣东北、赣西—赣西北、赣南山地森林生态屏障建设，筑牢"一带双心五河三屏"的生态保护格局。

（2）构建以国家公园为主体的自然保护地体系。科学划定自然保护地保护范围及功能分区，加快整合归并优化各类自然保护地。初步建成以国家公园为主体、自然保护区为基础、各类自然公园为补充的自然保护地体系。严格管控自然保护地范围内非生态活动，稳妥推进核心区内居民、耕地、矿权有序退出。加强自然保护区规范标准化建设，提升自然保护区管理能力。

（3）加强生物多样性保护。实施生物多样性保护重大工程，加强珍稀濒危野生动植物栖息地、迁徙通道保护修复。完善生物多样性保护网络，推进生物多样性关键区和生物多样性优先区域开展生物多样性调查、观测和评估。全面禁止非法交易野生动物，严厉打击破坏野生动植物资源行为。

6.7.2 严格管控生态占用，助力生态系统"节流"

（1）加强生态环境分区管控。强化国土空间规划和用途管控，减少人类活动对自然生态空间的占用，优先使用 GEP 低值区域和生态重要性较低区域，使 GEP 损失最小化。立足资源环境承载能力，落实"三线一单"生态环境分区管控，建立动态更新和调整机制，加强"三线一单"在政策制定、环境准入、园区管理、执法监管等方面的应用。不断健全环境影响评价等生态环境源头预防体系，对重点区域、重点流域、重点行业等专项规划依法开展环境影响评价，严格建设项目生态环境准入。

（2）对自然保护地、生态保护红线保护修复和管理情况开展督查，加强对地方政府及有关部门生态保护修复履责情况、开发建设活动生态环境影响监管情况的监督。对突出生态破坏问题及问题集中地区开展专项督查。加大对挤占生态空间和损害重要生态系统行为的惩处力度，对违反生态保护管控要求，造成生态破坏的单位和人员，依法追究责任。

6.7.3 探索多元化生态建设，助力生态系统"开源"

（1）推进城市生态系统修复。实施城市更新行动，科学规划布局城市绿环绿廊绿楔绿道，推进城市生态修复和功能完善。按照居民出行"300 米见绿、500 米入园"的要求，加强城市公园绿地、区域绿地、防护绿地等建设，完善城市绿地系统。加强城市山体河湖等自然风貌保护，开展受损山体、废弃工矿用地修复。实施城市河湖生态修复工程，系统开展城市江河、湖泊、湿地、岸线等治理和修复，恢复河湖水系连通性和流动性。

（2）强化矿山开采污染防治与生态修复。扎实推进矿山生态环境问题排查整治，抓好突出问题整改。落实矿山生态修复任务，加强环境污染监管，加强重有色金属矿区历史遗留问题综合治理。大力发展绿色矿业，加快绿色矿山建设，提升矿山生态环境保护和治理水平。

6.7.4　实施生态空间系统治理，助力生态系统"增效"

（1）加强山水林田湖草沙系统治理，促进生态系统功能恢复和提升。在赣南山地源头区、赣中丘陵区、赣北平原滨湖区等特色生态单元，探索打造不同类型、各具特色的山水林田湖草沙生命共同体示范区，为全省不同地理单元山水林田湖草沙一体化生态保护修复探索经验和提供示范。开展国土绿化行动，进一步推深做实林长制，推进低产低效林改造、重点防护林工程和重点区域森林"四化"建设。坚持自然恢复为主，加大湿地保护和修复力度，强化湿地用途管制和利用监管。推行森林河流湖泊休养生息，健全耕地休耕轮作制度，巩固退耕还林成果，有序开展退圩还湖还湿。科学推进水土流失综合治理。

（2）积极推动水生态保护修复。开展重点江河湖库水生态调查评估，实施一批水生态保护与修复工程，推进土著鱼类和土著水生植物恢复，促进河湖水生态健康。加强河湖岸线管理，强化岸线用途管制，在"五河"及长江干流、重要支流和重点湖库周边划定生态缓冲带，试点实施重点水域生态缓冲带恢复工程。积极推进美丽河湖保护与建设，强化美丽河湖示范引领。

第7章

县级生态产品总值（GEP）
核算实践

7.1 案例县概况

本章数据、图、表等资料均由江西财经大学生态文明研究院修水县 GEP 核算项目组编写，原始数据包括研究区的土地利用数据、气象数据、统计年鉴数据等。

7.1.1 区位情况

修水县位于江西省西北部修河上游，介于东经 113°56′～114°56′，北纬 28°41′～29°22′，居幕阜山脉和九岭山脉之间，地处江西、湖北、湖南三省交界处。东邻江西省的武宁县、清安县，西毗湖南省的平江县、湖北省的通城县，北接湖北省的通山县、崇阳县，南连江西省的铜鼓县、奉新县。县域南北宽 76 千米，东西长 97 千米，总面积 4505 平方千米，为江西省幅员最广之县。修水县中心城区距南昌 277 千米，距离九江 210 千米，距离长沙 398 千米，距离武汉 374 千米。

7.1.2 人口经济

2020 年，修水县地区生产总值（GDP）257.01 亿元，按可比价计算，比上年增长 4.1%。其中，第一产业增加值 29.52 亿元，增长 2.2%；第二产业增加值 101.30 亿元，增长 3.0%；第三产业增加值 126.19 亿元，增长 5.6%。三次产业结构为 11.5∶39.4∶49.1。三次产业对 GDP 增长的贡献率分别为

4.8%、31.7%、63.5%。年末全县户籍人口 892612 人，其中城镇人口 226561 人，乡村人口 666051 人。全县农村居民人均可支配收入 12684 元，比上年增长 9.6%；城镇居民人均可支配收入 32962 元，增长 6.6%。

7.1.3 自然资源

（1）土壤资源。修水是个比较典型的山区县，以山为主，素有"八山半水一分田，半分道路和庄园"的说法。境内四周群山环绕，北有幕阜山，南有九岭山，均为东北—西南走向，从四周向中心依次是中山、低山、丘陵和河谷地形。中、低山占总面积的 65%，高丘占总面积的 20.5%，低丘占总面积的 13.5%，河谷阶地仅占总面积的 1%。全县地势西高东低，向东北倾斜，略如碗状。全县土壤成土母质，有酸性结晶岩、混质岩、红砂岩、石英岩、紫色砂砾岩、碳酸盐岩类等风化物和第四纪红色黏土及河积物等。按土壤普查，土类有红壤、山地黄壤、山地黄棕壤、水稻土、石灰石土、山地草甸土、潮土、紫色土 8 类。亚类有潴育型水稻土、潜育型水稻土、淹育型水稻土、紫色土、山地草甸土、棕色石灰石土、潮土、红壤、山地黄红壤、山地黄壤、山地黄棕壤 11 类，44 个土属，140 个土种。

（2）气候资源。修水县属亚热带湿润季风气候区，光、热、水资源较为丰富，霜期比较短，农业生产条件较为优越。境内多年平均日照时数 1629 小时，日照百分率为 38%。大于 10℃ 期间的日照为 1254 小时，平均每天有 5.6 小时，占全年日照时数的 76%。各地年平均气温在 13~17℃。最热月为 7 月，月平均气温在 27~28℃。最冷月为 1 月，月平均气温为 3~4℃。平均气温年较差为 24~25℃。初霜一般出现在 11 月中旬，最早为 10 月 24 日，最晚为 12 月 15 日。终霜一般出现在 3 月中旬，最早为 2 月 15 日，最晚为 4 月 8 日，年平均无霜期 247 天，最长为 289 天，最短为 223 天。年平均降水量为 1500 毫米以上。降水季节分配不均匀，4~6 月降水集中，多年平均为 700~800 毫米，占全年 47%，10~12 月为 140~190 毫米，占全年 10%。

（3）水资源。修河是境内主要水系，修河及其 11 条支流，流贯全境。修河发源于幕阜山东麓，上游又称渣津水，汇合司前水、大桥水、东港水、东津水、山口水、北岸水、杭口水、奉乡水、安溪水、三都水等，蜿蜒曲折，呈树枝状分布，向中心河谷辐合。在曾家桥起称修河，向东北出境，流经武宁、永修，在吴城汇合赣江后注入鄱阳湖。西部汨罗水，发源于黄龙，经水源、大桥和湖南平江，注入洞庭湖。

（4）生物资源。修水县是全省商品粮生产基地县，农作物资源极其丰富，主要农作物有 15 种。水稻（包括早稻、中稻、一晚、二晚）品种 350 个；旱地粮食作物有红薯、小麦、大豆、蚕豆、冬豆、玉米等品种 154 个；经济作物有棉花品种 4 个，油菜品种 8 个，芝麻品种 6 个，花生品种 6 个，苎麻品种 4 个。水果资源丰富，主要品种有梨、桃、杨梅、柑橘、甜橙（化红）、葡萄、柚等。药材资源丰富，种植历史悠久，种类众多，是江西的天然药库。据 1984 年中药资源普查，发现资源品种 313 个，主要品种 157 个，数量较大的有白术、玄参、生地、半夏、车前子、桔梗、何首乌、白头翁、葛根、茯苓、黄精、百合、山药等 41 个品种。全县种植及野生中药材蕴藏量约 5000 吨。

（5）矿产资源。修水县矿藏储量十分丰富，已发现矿产 35 种，矿种多、分布广、规模大、品位高、易开采，主要矿产有钨、石英、金、大理石、长石、石煤、石灰石、瓷土、花岗岩、青石板等。钨矿储量丰富，总储量约 24.4 万多吨。主要分布在港口、布甲、黄港、黄坳等地。香炉山钨产品位最高，储量最大。石英资源可采储量达 200 万吨，远景储量 3000 多万吨。石煤是修水县非金属矿的主要矿产，分布很广，可靠储量 47.7 亿吨，石煤中还含有一定数量的钒、铀、铬、铝。瓷土储量约 2500 万吨，分布在古市、义宁等地；陶土储量 7000 万吨。大理石分布在港口、横山、四都等地，储量丰富。

7.1.4　地形地貌

修水县属江南丘陵地貌，江西省地貌区划为赣西北中低山丘陵区。县境四周群山环绕，向中部依次低山起伏，丘陵广布。修河及其一级支流两岸发育河谷阶地。地势周围高中间低，西北幕阜山脉和东南九岭山脉呈抱合之势，侦腹地构成一向东北开口的盆地。修水地貌总体构架呈带状平行展布。

7.1.5　环境质量状况

（1）大气环境质量情况。"十三五"期间，修水县空气质量总体保持优良，细颗粒物 $PM_{2.5}$ 平均浓度为 25 微克/立方米，可吸入颗粒物 PM_{10} 平均浓度为 52 微克/立方米，SO_2 平均浓度为 10 微克/立方米，NO_2 平均浓度为 11 微克/立方米，O_3 平均浓度为 97 微克/立方米、CO 平均浓度为 0.729 毫克/

立方米，各项指标年均值全部达到《环境空气质量标准》（GB3095-2012）二级标准。空气优良天数比率为94.5%，重污染天数比率为0。

（2）水环境质量情况。水环境质量总体保持平稳，国考、省考断面水质优良率均为100%；修河、东津水库等重点水体水质标准全部达到Ⅲ类及以上。

（3）土壤环境质量情况。受污染耕地安全利用（含治理与修复）任务完成率达100%，未发现违规开发利用污染地块现象；污染地块安全利用率达100%，未发生突发土壤污染环境事故。

（4）核与辐射安全情况。全县未发生辐射安全事故，辐射环境质量保持天然本底水平。

（5）主要污染物排放量减少率完成情况。"十三五"期间，修水县二氧化硫、氮氧化物、化学需氧量和氨氮排放总量分别下降6%、9%、5%、7%，出色地完成了"十三五"规划设定的目标任务。

7.1.6　主要生态系统类型

修水县生态系统类型主要有森林、灌丛、湿地、草地、农田、城镇和荒漠等。生态系统服务能带来良好的生态效益，不仅表现为自然资源上的价值，还包括能提供的生态生产潜力。修水县覆被大量的森林资源，在气候调节、涵养水源、保持水土等方面能发挥很重要作用。森林植物通过光合作用，每天都消耗大量的二氧化碳，释放出大量的氧气，这对于维持修水县大气中二氧化碳和氧气含量的平衡具有重要意义。灌丛的生态适应范围极为广泛，是修水县山地常见的植被类型，灌丛生态系统的碳汇功能日益显著，其碳储量的增加是修水县陆地生态系统碳储量增加的主要原因之一。农田生态系统提供着全世界66%的粮食供给，因其具有这种巨大的服务功能价值，才构成人类社会存在和发展的基础，修水县农田生态系统不仅受自然规律的制约，还受人类活动的影响，良好的农田生态系统能提供区域优质的粮食物质产品。湿地具有多种生态功能，蕴藏着丰富的自然资源，被人们称为"地球之肾"、物种贮存库、气候调节器，在保护生态环境、保持生物多样性以及发展经济社会中，具有不可替代的重要作用，修水县湿地资源丰富，在提高周围地区空气湿度，减少土壤水分丧失，增加地表和地下水资源方面具有重要作用。

修水县生态系统具有保土、调节气候、净化空气、涵养水源等生态功能。生态系统不仅能提供食物、医药和其他生产生活原料，还能维持区域的生命支持系统，形成人类生存所必需的环境条件，提供了休闲、娱乐与美学享受，如调节气候及大气中的气体组成、涵养水源及保持土壤、支持生命的自然环境条件等，均是修水县生态系统服务的价值体现。

修水县森林生态系统 354093.60 公顷，占全县国土面积的 78.64%；农田生态系统 46875.01 公顷，占比 10.43%；其次是城镇、湿地、灌丛、草地、荒漠等生态系统，具体情况见表 7-1。

表 7-1   2020 年修水县主要生态系统类型比重

生态系统类型	森林	农田	城镇	湿地	草地	灌丛	荒漠	总计
面积（公顷）	354093.60	46875.01	22715.51	16356.20	2189.29	7636.02	301.70	450167.33
占比（%）	78.64	10.43	5.04	3.63	0.49	1.70	0.07	100

7.2   案 例 县 物 质 产 品 价 值 核 算

物质产品功能量核算方法，主要是通过统计法、调查法获得相应的基础数据。直接利用的物质产品功能量通过农林牧渔产品（工业化畜牧产品除外）等的产量。转化利用的物质产品功能量用可再生能源产量或使用量作为评估指标，首先分别统计各类可再生能源产量或使用量，其次进行加总。修水县物质产品功能量数据来自修水县统计、电力等部门报送资料，或通过实地调查获得（见表 7-2）。

表 7-2   2020 年修水县物质产品功能量评估方法

类别	科目	指标	方法
物质产品	直接利用	农林牧渔产品（工业化畜牧产品除外）等产量	统计、调查
	转化利用	水电、光伏发电等可再生能源使用量	

修水县物质产品价值量，采用市场价格法进行核算，即各类物质产品功能量，根据 2020 年当年各类物质产品的市场价格运算得出的产值数据。

修水县物质产品类型丰富，因其特有的自然地理环境和优良的空气、水质等生态条件，各类农业、林业产品产量可观。同时，地方政府通过科学规划，大力实施精品战略，"两品一标"农产品达 170 个，修水宁红茶、杭猪、金丝皇菊入选"国家地理标志保护产品"，有效地促进了修水县生态系统物质产品价值提升。经过核算，修水县 2020 年生态系统物质产品价值量如下（见表 7 - 3、图 7 - 1）。

表 7 - 3　　　　　　2020 年修水县物质产品功能量和价值量

指标	类别	名称	功能量值	单位	价值量（万元/年）
农业产品	谷物	稻谷	23200	吨/年	73757
		小麦			
		玉米			
		其他谷物			
	薯类	马铃薯			2561
		其他薯类			
	油料	花生	4553	吨/年	5561
		油菜籽	11556		
		芝麻	296		
		其他油料	58		
	豆类	大豆			2697
		其他豆类			
	棉花	棉花	384	吨/年	487
	糖类	甘蔗	760	吨/年	52
	蔬菜及食用菌	蔬菜	96537	吨/年	46498
		食用菌	320	吨/年	535
	水果	梨	1137	吨/年	2833
		柑橘	1099	吨/年	
		其他水果	2009	吨/年	
	茶叶	茶叶	6702	吨/年	21831
	药材	中草药材	3984	吨/年	6486
	花卉盆景园艺				371
	其他农作物				38616
	农产品合计				202285
林业产品	林木的培育和种植				9486
	竹木采运				7645
	林产品				27806
	林产品合计				44937

续表

指标	类别	名称	功能量值	单位	价值量 （万元/年）
畜牧业 产品	牲畜饲养	牛的饲养			3526
		羊的饲养			11875
		其他牲畜副产品			571
	猪的饲养	猪的饲养			149638
	家禽的饲养	肉禽			4532
		禽蛋			1613
	其他畜牧业	蚕茧等			11873
	畜牧业产品合计				183628
渔业产品	鱼类		14986	吨/年	25056
	虾蟹类		946	吨/年	3300
	其他		865	吨/年	4185
	渔业产品合计				32541
水资源产品	水资源		24592	万立方米/年	51643.2
生态能源	水能发电		34693.3	万千瓦时/年	20816
	光伏发电		2929	万千瓦时/年	1757.4
	生态能源合计				22573.4
合计					537607.6

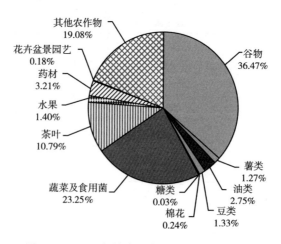

图 7-1　2020 年修水县农业产品价值量构成

　　农业产品价值量为 202285 万元/年，其中谷物产品功能量为 23200 吨/年，价值量为 73757 万元/年；茶叶产品功能量为 6702 吨/年，价值量为 21831 万元/年；油料产品功能量为 16463 吨/年，价值量为 5561 万元/年；蔬菜及食用菌产品功能量为 96857 吨/年，价值量为 47033 万元/年；水果产品功能量为 4245 吨/年，价值量为 2833 万元/年。

　　修水县 2020 年林业产品价值量为 44937 万元/年。畜牧业产品以猪肉、羊肉、蚕茧为主，牛肉、禽肉蛋等为辅，年度共实现价值量 183628 万元/年。渔业产品包括鱼类、虾蟹类等，年度共实现价值量 32541 万元/年。

　　修水县 2020 年用水总量为 24592 万立方米，按照 2.10 元/立方米的单价计算，修水县 2020 年水资源产品实现价值量 51643.2 万元/年。

　　修水县 2020 年转化利用的物质产品，以可再生能源水力、光能发电为主，功能量为 37622.3 万千瓦时/年，价值量为 22573.4 万元/年。

　　修水县 2020 年生态系统物质产品价值量合计 537607.6 万元/年，占生态产品总值（GEP）的 3.72%。其中，农业产品价值占物质产品价值比重最高，达 37.63%；其次为畜牧业产品，占比为 34.16%；两者合计价值量占比达 71.79%，为修水县 2020 年物质产品价值的主要组成部分。生态能源价值占比最低，为 4.20%。修水县 2020 年生态系统物质产品价值构成如图 7-2 所示。

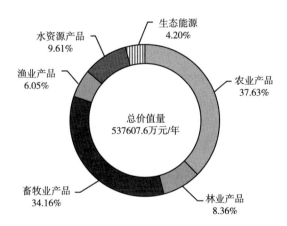

图 7-2　2020 年修水县物质产品价值量构成

7.3 案例县调节服务产品价值核算

调节服务的核算内容包括水源涵养、土壤保持、洪水调蓄、水体净化、空气净化、固碳、释氧、气候调节、负氧离子、物种保育 10 个二级指标。不同的指标统计功能量、价值量的方法各有不同，具体见表 7 - 4。

表 7 - 4　　　　　2020 年修水县调节服务功能量与价值量评估方法

类别	指标	核算内容	功能量方法	价值量方法
调节服务	水源涵养	水源涵养量	水量平衡法	影子工程法
	土壤保持	土壤保持量	修正通用水土流失方程	替代成本法
	洪水调蓄	森林、灌丛、草地的洪水调蓄量	水量平衡法	影子工程法
		湿地的洪水调蓄量	蓄水方程	影子工程法
	水体净化	净化 COD、氨氮、总磷等污染物量	水体净化模型	替代成本法
	空气净化	净化 SO_2、氮氧化物等空气污染物量	空气净化模型	替代成本法
	固碳	陆地固碳量	固碳机理模型	市场价值法
	释氧	释放氧气量	释氧机理模型	替代成本法
	气候调节	植被蒸腾、水面蒸发消耗的能量	蒸散模型	替代成本法
	负氧离子	负氧离子产生量	负氧离子模型	替代成本法
	物种保育	物种多样性	统计调查	机会成本法

通过核算，2020 年修水县生态产品调节服务价值量为 1328.0321 亿元/年，占整个生态产品总值的 91.92%。其中，水源涵养 410.7606 亿元/年、土壤保持 39.1414 亿元/年、洪水调蓄 124.2776 亿元/年、气候调节 508.6470 亿元/年、固碳 2.1915 亿元/年、释氧 10.4496 亿元/年、水体净化 0.2509 亿元/年、空气净化 0.0134 亿元/年、负氧离子 162.6779 亿元/年，物种保育 69.6221 亿元/年（见表 7 - 5）。

7.3.1 水源涵养

经核算，2020 年修水县生态系统的水源涵养功能量为 475968.3 万立方米/年，价值量为 410.7606 亿元/年，占全县生态产品总值的 28.3162%。水源涵养能力在空间上呈现出南部高、中间低的分布特征，价值量空间分布与功能量空间分布特征一致。

表 7-5　　　　　　2020 年修水县调节服务功能量与价值量汇总

指标		功能量	单位	价值量（亿元/年）	价值量占调节服务比例（%）
水源涵养		473291.70	万立方米/年	410.7606	30.9300
土壤保持		24103.50	万吨/年	39.1414	2.9473
洪水调蓄	植被	106873.94	万立方米/年	92.2329	9.3580
	水库	37132.56	万立方米/年	32.0447	
	合计	144006.50	万立方米/年	124.2776	
气候调节	植被	399.70	亿千瓦时/年	359.7311	38.3008
	水面	165.46	亿千瓦时/年	148.9159	
	合计	565.16	亿千瓦时/年	508.6470	
固碳		112.40	万吨/年	2.1915	0.1650
释氧		81.80	万吨/年	10.4496	0.7869
水体净化	COD	15321.30	吨/年	0.2145	0.0189
	氨氮	1467.80	吨/年	0.0257	
	总磷	191.9	吨/年	0.0107	
	合计		吨/年	0.2509	
空气净化	二氧化硫	262.3	吨/年	0.0033	0.0010
	氮氧化物	704.8	吨/年	0.0089	
	净化工业粉尘	405.5	吨/年	0.0012	
	合计		吨/年	0.0134	
负氧离子（10^{24} 个/年）		36.00		162.6779	12.2495
物种保育				69.6221	5.2425
总计				1328.0321	100

在乡镇层面上，修水县各乡镇水源涵养能力在 3764.80 万 ~40344.00 万立方米，均值为 7738.27 万立方米，各乡镇水源涵养价值量在 3.25 亿元/年 ~34.82 亿元/年，均值为 11.41 亿元/年。修水县各乡镇水源涵养的功能量和价值量从大到小依次为：马坳镇、黄港镇、黄沙镇、溪口镇、征村乡、山口镇、黄坳乡、四都镇、港口镇、复源乡、何市镇、大椿乡、新湾乡、宁州镇、东港乡、渣津镇、庙岭乡、上奉镇、大桥镇、布甲乡、古市镇、漫江乡、全

丰镇、太阳升镇、上衫乡、白岭镇、竹坪乡、黄龙乡、杭口镇、上杭乡、石坳乡、西港镇、余段乡、义宁镇、水源乡和路口乡（见图7-3）。

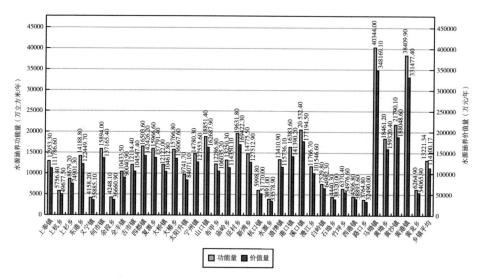

图7-3 2020年修水县各乡镇水源涵养功能量和价值量

修水县各乡镇单位面积的水源涵养价值量如图7-4所示，各乡镇单位面积的水源涵养价值量在7.35万元/公顷～10.28万元/公顷，均值为8.91万元/公顷，从大到小排序依次为：复源乡、黄港镇、新湾乡、港口镇、东港乡、布甲乡、马坳镇、余段乡、庙岭乡、漫江乡、溪口镇、大椿乡、山口镇、竹坪乡、上衫乡、征村乡、黄坳乡、全丰镇、宁州镇、大桥镇、上奉镇、何市镇、黄沙镇、四都镇、古市镇、杭口镇、上杭乡、石坳乡、渣津镇、黄龙乡、

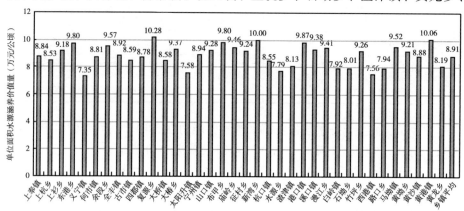

图7-4 2020年修水县各乡镇单位面积水源涵养价值量

白岭镇、路口乡、太阳升镇、水源乡、西港镇和义宁镇。

7.3.2　土　壤　保　持

经核算，2020 年修水县生态系统的土壤保持功能量为 15321.3 万吨/年，价值量为 39.1414 亿元/年，占全县生态产品总值的 2.7092%。2020 年修水县生态系统的土壤保持能力在空间上呈现出北部和南部部分区域高，其他区域低的分布特征。

在乡镇层面上，修水县各乡镇土壤保持能力在 155.80 万吨~1717.00 万吨，均值为 669.54 万吨，各乡镇土壤保持价值量在 2530.30 万元/年~27882.60 万元/年，均值为 1.09 亿元（见图 7-5）。修水县各乡镇土壤保持的功能量和价值量从大到小依次为：溪口镇、港口镇、黄沙镇、大椿乡、古市镇、黄港镇、全丰镇、黄坳乡、白岭镇、黄龙乡、漫江乡、宁州镇、大桥镇、渣津镇、路口乡、马坳镇、庙岭乡、杭口镇、布甲乡、山口镇、东港乡、四都镇、水源乡、太阳升镇、新湾乡、上奉镇、何市镇、征村乡、西港镇、余段乡、上衫乡、竹坪乡、石坳乡、上杭乡和义宁镇。

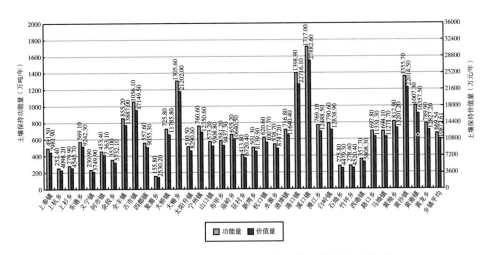

图 7-5　2020 年修水县各乡镇土壤保持功能量和价值量

修水县各乡镇单位面积的土壤保持价值量如图 7-6 所示，各乡镇单位面积的土壤保持价值量在 0.19 万元/公顷~2.77 万元/公顷，均值为 1.02 万元/公顷，从大到小排序依次为：路口乡、水源乡、黄龙乡、杭口镇、港口镇、白岭镇、余段乡、溪口镇、大椿乡、古市镇、全丰镇、漫江乡、西港镇、黄沙镇、大桥镇、石坳乡、庙岭乡、布甲乡、宁州镇、渣津镇、义宁镇、黄坳乡、竹坪乡、太阳升镇、东港乡、上杭乡、新湾乡、上奉镇、四都镇、上衫乡、山口镇、黄港镇、何市镇、征村乡、马坳镇和复源乡。

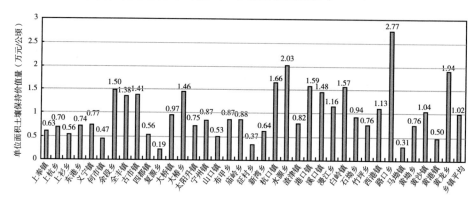

图 7-6　2020 年修水县各乡镇单位面积土壤保持价值量

7.3.3　洪水调蓄

经核算，2020 年修水县生态系统的洪水调蓄功能量为 144006.50 万立方米/年，价值量为 124.2776 亿元/年，占全县生态产品总值的 8.6019%。其中，植被洪水调蓄功能量为 106873.94 万立方米/年，价值量为 92.2329 亿元/年，占全县洪水调蓄价值量的 74.21%，所占比重较大。植被丰富的区域在雨量大、上游流下来的水多的时候，能够储存一定水，不至于使这部分水直接流到下游，以至于单位时间内水流量过大造成洪灾；枯水期能够防水，在雨量小、上游流下来的水少的时候，能够释放一定的水，以至于下游河道不会干涸，不会干旱。水库的洪水调蓄功能量为 37132.56 万立方米/年，价值量为 32.0447 亿元/年。2020 年修水县生态系统的洪水调蓄能力在空间上呈现出南部和东南部高，其他区域低的分布特征。

在乡镇层面上，修水县各乡镇洪水调蓄能力在 886.00 万立方米 ~31499.00 万立方米，均值为 4000.18 万立方米，各乡镇洪水调蓄价值量在 0.76 亿元/年 ~27.18 亿元/年，均值为 3.45 亿元/年（见图 7-7）。修水县各乡镇洪水调蓄的功能量和价值量从大到小依次为：马坳镇、黄港镇、四都镇、黄沙镇、溪口镇、征村乡、山口镇、黄坳乡、宁州镇、新湾乡、港口镇、大椿乡、何市镇、太阳升镇、复源乡、东港乡、庙岭乡、渣津镇、大桥镇、布甲乡、上奉镇、古市镇、漫江乡、上衫乡、全丰镇、白岭镇、竹坪乡、上杭乡、黄龙乡、杭口镇、余段乡、石坳乡、西港镇、路口乡、义宁镇和水源乡。

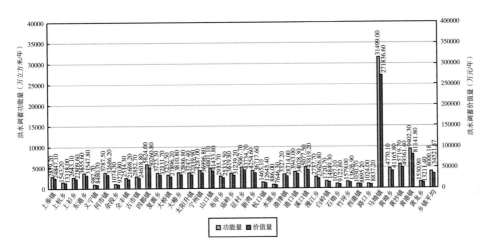

图 7 - 7　2020 年修水县各乡镇洪水调蓄功能量和价值量

修水县各乡镇单位面积的洪水调蓄价值量如图 7 - 8 所示，各乡镇单位面积的洪水调蓄价值量在 1.73 万元/公顷 ~7.43 万元/公顷，均值为 2.42 万元/公顷，从大到小排序依次为：马坳镇、四都镇、太阳升镇、新湾乡、上衫乡、宁州镇、庙岭乡、东港乡、黄港镇、余段乡、复源乡、征村乡、黄坳乡、港口镇、山口镇、布甲乡、黄沙镇、溪口镇、竹坪乡、上杭乡、大桥镇、大椿乡、漫江乡、路口乡、全丰镇、何市镇、杭口镇、古市镇、渣津镇、黄龙乡、上奉镇、石坳乡、白岭镇、水源乡、义宁镇和西港镇。

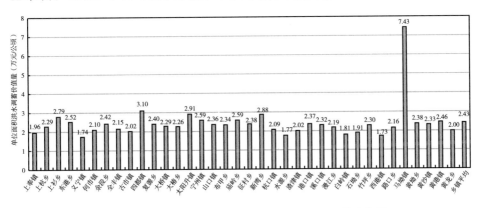

图 7 - 8　2020 年修水县各乡镇单位面积洪水调蓄价值量

7.3.4　水体净化

经核算，2020 年修水县生态系统水体净化 COD、总氮、总磷三大类工业污染净化功能量分别为 15321.30 吨/年、1467.80 吨/年、191.90 吨/年，价值量合计为 0.2509 亿元/年，价值量占比非常小。

7.3.5　空气净化

经核算，2020 年修水县生态系统的空气净化 3 类污染物二氧化硫、氮氧化物、工业粉尘的功能量分别为 262.30 吨/年、704.80 吨/年和 405.50 吨/年，价值量合计为 0.0134 亿元/年，占全县生态产品总值总量比例非常小。

7.3.6　固碳

经核算，2020 年修水县生态系统固碳总量为 112.40 万吨，按碳交易价格核算价值量为 2.1915 亿元/年，占全县生态产品价值（GEP）的 0.1519%。固碳能力在空间上呈现出西北部、南部高，其他区域低的分布特征。

在乡镇层面上，修水县各乡镇固碳能力在 0.60 万吨~12.40 万吨，均值为 3.12 万吨，各乡镇固碳价值量在 116.50 万元/年~2412.50 万元/年，均值为 608.74 万元/年（见图 7-9）。修水县各乡镇固碳的功能量和价值量从大到小依次为：马坳镇、黄港镇、溪口镇、大椿乡、港口镇、黄坳乡、黄沙镇、

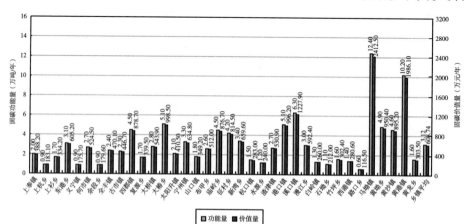

图 7-9　2020 年修水县各乡镇固碳功能量和价值量

四都镇、庙岭乡、征村乡、新湾乡、宁州镇、东港乡、漫江乡、大桥镇、何市镇、渣津镇、布甲乡、全丰镇、古市镇、太阳升镇、上奉镇、山口镇、上衫乡、复源乡、竹坪乡、黄龙乡、杭口镇、西港镇、白岭镇、水源乡、石坳乡、上杭乡、义宁镇、余段乡和路口乡。

修水县各乡镇单位面积的固碳价值量如图7-10所示，各乡镇单位面积的固碳价值量在0.02万元/公顷~0.07万元/公顷，均值为0.05万元/公顷，从大到小排序依次为：庙岭乡、港口镇、大椿乡、马坳镇、溪口镇、黄港镇、水源乡、黄坳乡、漫江乡、西港镇、四都镇、新湾乡、竹坪乡、东港乡、甲乡、余段乡、杭口镇、全丰镇、黄龙乡、大桥镇、宁州镇、征村乡、石坳乡、黄沙镇、上衫乡、渣津镇、太阳升镇、古市镇、义宁镇、何市镇、白岭镇、上杭乡、上奉镇、路口乡、复源乡和山口镇。

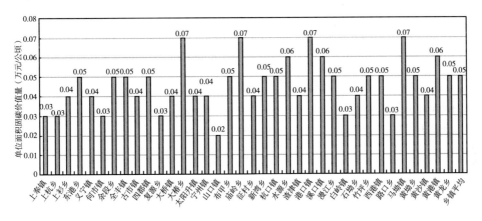

图7-10　2020年修水县各乡镇单位面积固碳价值量

7.3.7　释氧

经核算，2020年修水县生态系统的释氧功能量为81.80万吨/年，价值量为10.4496亿元/年，占全县生态产品总值的0.7244%。释氧能力在空间上呈现出西北部、南部高，其他区域低的分布特征。

在乡镇层面上，修水县各乡镇释氧能力在0.40万吨~9.00万吨，均值为2.27万吨，各乡镇释氧价值量在555.70万元/年~11503.50万元/年，均值为2902.68万元/年（见图7-11）。修水县各乡镇释氧的功能量和价值量从大到小依次为：马坳镇、黄港镇、溪口镇、大椿乡、港口镇、黄坳乡、四都镇、庙岭乡、黄沙镇、征村乡、新湾乡、宁州镇、东港乡、漫江乡、何市

镇、大桥镇、渣津镇、布甲乡、全丰镇、古市镇、太阳升镇、上奉镇、复源
乡、山口镇、上衫乡、杭口镇、竹坪乡、黄龙乡、白岭镇、西港镇、水源乡、
石坳乡、上杭乡、义宁镇、余段乡和路口乡。

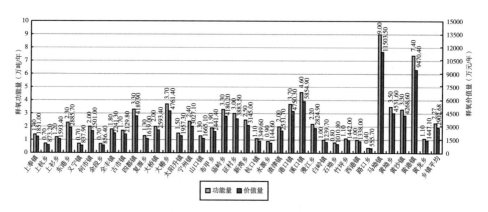

图 7 - 11　2020 年修水县各乡镇释氧功能量和价值量

修水县各乡镇单位面积的释氧价值量如图 7 - 12 所示，各乡镇单位面积
的释氧价值量在 0.09 万元/公顷 ~ 0.35 万元/公顷，均值为 0.22 万元/公顷，
从大到小排序依次为：庙岭乡、港口镇、大椿乡、马坳镇、溪口镇、黄港镇、
水源乡、黄坳乡、漫江乡、西港镇、四都镇、新湾乡、竹坪乡、东港乡、布
甲乡、余段乡、杭口镇、全丰镇、黄龙乡、大桥镇、宁州镇、征村乡、石坳
乡、黄沙镇、上衫乡、渣津镇、太阳升镇、古市镇、义宁镇、何市镇、白岭
镇、上杭乡、上奉镇、路口乡、复源乡和山口镇。

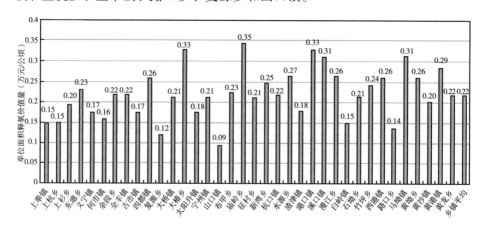

图 7 - 12　2020 年修水县各乡镇单位面积释氧价值量

7.3.8 气候调节

经核算，2020 年修水县生态系统的植被和水面的气候调节功能量分别为 399.70 亿千瓦时/年和 165.46 亿千瓦时/年，价值量分别为 359.7311 亿元/年、148.9159 亿元/年，合计 508.6470 亿元/年，占全县生态产品总值的 35.2060%。2020 年修水县生态系统气候调节能力在空间上呈现出西北部、南部高，其他区域低的分布特征。

在乡镇层面上，修水县各乡镇气候调节能力在 43194.9 万 ~ 625836.7 万千瓦时，均值为 156989.82 万千瓦时，各乡镇气候调节价值量在 38875.4 万元/年 ~ 563253.1 万元/年，均值为 141290.82 万元/年（见图 7 - 13）。修水县各乡镇气候调节的功能量和价值量从大到小依次为：马坳镇、黄港镇、征村乡、黄沙镇、四都镇、溪口镇、山口镇、黄坳乡、太阳升镇、渣津镇、何市镇、宁州镇、复源乡、大椿乡、大桥镇、新湾乡、港口镇、庙岭乡、东港乡、古市镇、上奉镇、布甲乡、漫江乡、全丰镇、上衫乡、白岭镇、杭口镇、西港镇、上杭乡、义宁镇、竹坪乡、黄龙乡、石坳乡、水源乡、余段乡和路口乡。

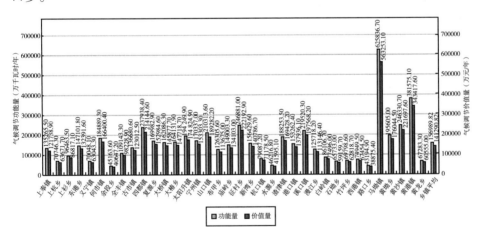

图 7 - 13 2020 年修水县各乡镇气候调节功能量和价值量

修水县各乡镇单位面积的气候调节价值量如图 7 - 14 所示，各乡镇单位面积的气候调节价值量在 9.17 万元/公顷 ~ 15.75 万元/公顷，均值为 11.09 万元/公顷，从大到小排序依次为：太阳升镇、马坳镇、四都镇、西港镇、义宁镇、石坳乡、征村乡、大桥镇、渣津镇、杭口镇、复源乡、庙岭乡、新湾

乡、上杭乡、山口镇、宁州镇、何市镇、上衫乡、余段乡、东港乡、竹坪乡、
布甲乡、漫江乡、黄沙镇、溪口镇、黄港镇、黄坳乡、大椿乡、古市镇、全
丰镇、水源乡、港口镇、上奉镇、路口乡、白岭镇和黄龙乡。

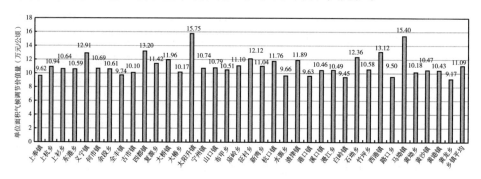

图 7-14　2020 年修水县各乡镇单位面积气候调节价值量

7.3.9　负氧离子

经核算，2020 年修水县生态系统的负氧离子功能量分别为 36.00×10^{24} 个/
年，价值量为 162.6779 亿元/年，占全县生态产品总值的 11.2778%。负氧离
子调节能力在空间上呈现出西南部与东南部高，其他区域低的分布特征。

在乡镇层面上，修水县各乡镇负氧离子供给能力在 $2200 \times 10^{20} \sim 38000 \times
10^{20}$ 个/年，均值为 10116.67×10^{20} 个/年，各乡镇气候调节价值量在 9645.50
万元/年～170360.80 万元/年，均值为 45188.30 万元/年（见图 7-15）。修
水县各乡镇气候调节的功能量和价值量从大到小依次为：黄港镇、马坳镇、
溪口镇、黄沙镇、复源乡、征村乡、黄坳乡、山口镇、东港乡、何市镇、四
都镇、新湾乡、大椿乡、庙岭乡、港口镇、宁州镇、渣津镇、漫江乡、布甲
乡、上奉镇、古市镇、大桥镇、全丰镇、上衫乡、太阳升镇、杭口镇、竹坪
乡、上杭乡、白岭镇、西港镇、黄龙乡、义宁镇、余段乡、石坳乡、路口乡
和水源乡。

修水县各乡镇单位面积的负氧离子价值量如图 7-16 所示，各乡镇单位
面积的负氧离子价值量在 2.16 万元/公顷～5.38 万元/公顷，均值为 3.35 万
元/公顷，从大到小排序依次为：复源乡、黄港镇、新湾乡、马坳镇、溪口
镇、东港乡、漫江乡、征村乡、庙岭乡、布甲乡、黄沙镇、黄坳乡、杭口镇、
港口镇、竹坪乡、四都镇、何市镇、余段乡、山口镇、宁州镇、大椿乡、上

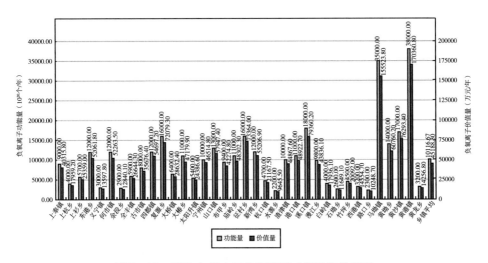

图 7 - 15　2020 年修水县负氧离子功能量和价值量

奉镇、渣津镇、上衫乡、上杭乡、古市镇、西港镇、义宁镇、全丰镇、路口乡、石坳乡、大桥镇、水源乡、太阳升镇、白岭镇和黄龙乡。

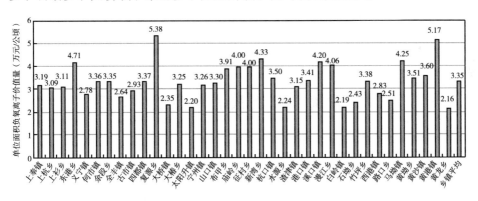

图 7 - 16　2020 年修水县各乡镇单位面积负氧离子价值量

7.3.10　物种保育

经核算，2020 年修水县生态系统的物种保育价值量为 69.6221 亿元/年，占全县生态产品总值的 4.8189%。物种保育价值量在空间上呈现出西南部、东南部及北部局部地区高，中部、西北部区域低的特征，西南部和东南部的森林能提供良好的物种多样性生境条件，是修水县物种保育的核心区域。

在乡镇层面上，修水县各乡镇的物种保育价值量在 5157.40 万元/年 ~

58525.20 万元/年，均值为 19339.46 万元/年（见图 7 – 17）。修水县各乡镇物种保育价值量从大到小依次为：马坳镇、黄港镇、黄沙镇、溪口镇、征村乡、山口镇、黄坳乡、港口镇、复源乡、大椿乡、四都镇、何市镇、新湾乡、宁州镇、东港乡、庙岭乡、布甲乡、渣津镇、上奉镇、漫江乡、古市镇、大桥镇、全丰镇、上衫乡、太阳升镇、白岭镇、竹坪乡、黄龙乡、上杭乡、杭口镇、余段乡、西港镇、水源乡、石坳乡、义宁镇和路口乡。

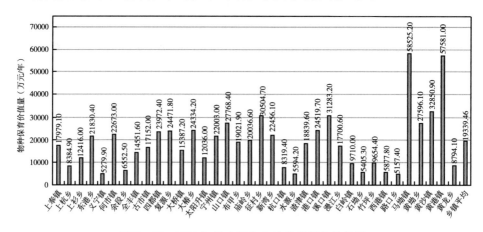

图 7 – 17　2020 年修水县各乡镇物种保育价值量

7.4　案例县文化服务产品价值核算

　　修水县是生态旅游资源大县，拥有国家 4A 级旅游景区 3 处，国家 3A 级旅游景区 6 处，国家乡村旅游模范村 2 个，省级风景名胜区 1 处，省级以上3A 级以上乡村旅游点 11 处。以修河为主线，围绕修河人文历史景区布局提升了双井黄庭坚故里、宁州古城、秋收起义红色景区、陈门五杰故里景区等项目，围绕修河山水生态布局引进宁州水乡、仙姑山黄龙宗文化园、宁红茶文化园、青峰寨、修河温泉小镇等文旅项目，产品供给持续丰富，形成了观光旅游、休闲度假、文化旅游、红色旅游、乡村旅游多元化的旅游产品结构体系。修水是"江西省旅游强县"，"十三五"期间连续五年入选"全国百佳深呼吸小城"并首次进入全国十佳，荣获"中国最美休闲度假旅游名县""最美中国榜""中国研学旅游最佳目的地"等称号。

　　文化服务产品指自然生态系统以及与其共生的历史文化遗存，对人类知识获取、休闲娱乐等方面带来的非物质惠益，包括旅游康养、休闲游憩、自然教育指标。通过核算，2020 年修水县文化服务产品价值量为 62.98 亿元，占整个生态系统价值量的 4.36%。

7.5 案例县生态产品总值核算

7.5.1 总量及结构

2020 年修水县生态产品总值为 1442.46 亿元，约为当年修水县地区生产总值的 5.61 倍。其中，物质产品价值为 53.76 亿元，占比 3.72%；调节服务价值为 1328.03 亿元，占比 91.92%；文化服务价值为 62.98 亿元，占比 4.36%（见图 7-18）。

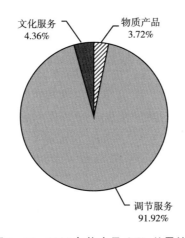

图 7-18 2020 年修水县 GEP 总量结构

生态系统物质产品方面，修水县 2020 年农业产品价值量为 20.23 亿元/年，林业产品价值量为 4.50 亿元/年，畜牧业产品价值量为 18.36 亿元/年，渔业产品价值量为 3.25 亿元/年，水资源产品价值量为 5.16 亿元/年，再生能源价值量为 2.26 亿元/年。

生态系统服务调节方面，2020 年修水县生态产品调节服务价值量为 1328.03 亿元/年，占整个生态产品总值 91.92%。其中，气候调节 508.65 亿元/年、水源涵养 410.76 亿元/年，两项占比最高。2020 年全县单位面积调节服务价值量为 29.49 万元/公顷。

生态系统文化服务方面，生态系统文化服务方面，修水县是生态旅游资源大县，双井黄庭坚故里景区、陈门五杰故里景区两家4A级旅游景区及一批3A级旅游景区。2020年，修水县接待游客468万人次，参加写生5万人次，实现文化服务价值量62.98亿元/年，成为修水县生态系统总值的重要组成部分。

7.5.2　空间分布

在生态产品总值核算中，物质产品和文化服务价值量是全县行政区的统计结果，无法在空间上做精确核算，故这里只对生态产品总值（GEP）核算结果中占比最大的调节服务价值量进行空间分析。

马坳镇和黄港镇的生态系统调节服务价值量排名前2位，分别为1422924.80万元/年和1011887.50万元/年。黄沙镇、溪口镇、征村乡、四都镇、山口镇和黄坳乡紧随其后，生态系统调节服务价值量在423998.81万元/年～595524.70万元/年。接下来是复原乡、何市镇、港口镇、大椿乡、宁州镇、新湾乡、渣津镇、东港乡、庙岭乡、太阳升镇、大桥镇、上奉镇、古市镇、布甲乡和漫江乡，其生态系统调节服务价值量在267809.91万元/年～423998.80万元/年。全丰镇、上衫乡和白岭镇的生态系统调节服务价值量不高，在176836.11万元/年～267809.90万元/年。杭口镇、竹坪乡、黄龙乡、上杭乡、西港镇、义宁镇、石坳乡、余塅乡、水源乡和路口乡排名靠后，其生态系统调节服务价值量在107633.40万元/年～176836.10万元/年。

7.6　案例县生态产品总值提升的对策建议

7.6.1　共抓保护修复，进一步增强生态产品供给能力

一是打响污染防治攻坚战，巩固生态优势。打好长江经济带"共抓大保护"、蓝天、碧水、净土保卫战等标志性战役，抓好中央和省环保督察问题整改。以"减污降碳协同效应"和"$PM_{2.5}$和O_3协同控制"为主线，加大对NO_x和VOC_s减排力度，协同推进温室气体排放控制，强化工业源、移动源、生活源等大气污染源整治。持续开展工业废气、汽修行业钣金喷漆、柴油货车和非道路移动机械尾气检测、工地扬尘污染、秸秆禁烧等专项整治行动和冬季污染防治攻坚集中执法等行动。继续以碳中和、碳达峰为统领，以源头

治理为根本策略，狠抓治气、抑尘、净烟，持续改善空气质量，坚决打赢蓝天保卫战。二是打响系统保护攻坚战，筑牢生态屏障。加快启动编制国土空间规划，统筹生产、生活、生态三大布局，构筑与资源环境承载力相匹配的生态安全格局、新型城镇化格局和农村发展格局。按照《关于做好封山育林工作的实施意见》，全力推进封山育林工作，鼓励各乡（镇）、各村、各组和联户等多种形式的封山，鼓励成立村民合作社等进行封山育林管理。同时大力推进植树造林，加强森林病虫害预测预报和监测，加强森林防火。按照《修水县打造最美岸线工作要求》，坚持河道疏浚、控源截污、生态修复相结合，加强流域综合治理。按照《修河自然水域（修水段）实行禁渔的通告》，在修河流域（修水段）实行禁渔。同时开展东津水库禁捕禁钓综合整治。加强废弃露天矿山生态修复。围绕打造绿色矿山，推进生态建设，全面落实废弃矿山修复任务。

7.6.2　打造全产业链，进一步增强生态产品增值能力

一是打造物质产品全产业链。重点是加快推进绿色食品产业链建设。围绕蚕桑、茶叶、油茶、优质水稻等主导产业不断提高种植面积，壮大产业规模。努力培育具有修水特色、在全省全市有影响力的绿色食品百亿级产业集群，着力打造国家级、省级绿色食品生产基地。围绕农业产业延链、壮链、补链，不断在一二三产融合上做文章，提高农产品的附加值。大力发展农村电子商务，鼓励支持农产品生产、流通和销售主体建立网络销售平台，不断拓宽农产品销售渠道。持续保障农产品流通质量，加快启动冷链物流骨干网赣湘鄂（修水）集配中心建设，着力打造农产品一站式仓储（如加工、交易）中心，实现农产品全链条无脱冷流通。通过政府引导、企业主导、产政学研深度合作模式，推进绿色食品产业链与其他重点产业链形成产业协作、产供销协同、要素共享等融链联链新业态新模式。二是打造文化服务产品全产业链。挖掘全县"红、绿、古、特"旅游资源，着力建设一批红色朝圣、森林康养、人文观光等独具特色的重大项目，以大项目大投入引领旅游大发展。强化项目招引，积极做好项目策划、包装和推介工作。加快项目推进，确保宁州水乡、宁州古城、红色上衫、马坳绿谷文艺公社等重大旅游项目建设完成；支持漫江乡宁红村、马坳镇黄溪村等一批村庄采取农旅融合的方式，打造乡村旅游示范点。加强品牌创建，积极整合十里修江秀水、双井黄庭坚故里、宁州古城等旅游资源，精心打造，串珠成链，力争成功创建国家 5A 级旅

游景区；确保红色上衫、金龙山、鹿鸣谷等景区成功创建国家 4A 级旅游景区。

7.6.3　发展绿色金融，进一步增强生态产品融资能力

金融被誉为现代产业的血液，绿色金融创新对生态产品价值实现具有重要的促进作用。为进一步提升生态产品融资能力提出如下建议：一是开发绿色信贷产品。探索"生态资产权益抵押＋项目贷"模式。支持银行机构按照市场化、法治化原则，创新金融产品和服务，加大对生态产品经营开发主体中长期贷款支持力度。创新绿色金融信贷产品，探索"古屋贷""洁养贷""湿地贷""碳汇贷"，丰富"生态信贷通"产品。二是推进生态产品资产证券化。支持从事优质生态农产品供给、生态旅游发展、生态文化创意产业等企业发行绿色债券，到"新三板"市场和区域性股权市场绿色板块挂牌融资。加快资产证券化产品落地，探索生态农林牧渔业、生态旅游、生态环境整治等行业周期较长、可形成稳定现金流的企业发行资产支持证券。三是支持绿色保险创新。创新生态环境责任类保险产品，在全县环境高风险领域依法实施环境污染强制责任保险。推进实行排污权、碳排放权、用能权、水权交易以及环境污染强制责任保险、企业环保信用评价、环境信息依法披露、绿色信贷等环境政策。以工业园区为重点，探索实行碳汇指标配额制度、林业碳汇定向采购制度和环境污染强制责任保险制度。四是推动投融资多元化。积极争取国家开发银行等政策性银行、国家绿色发展基金的支持，为生态产业快速发展提供优质的综合性金融服务，支持银行、证券、基金等金融机构在县（区）设立生态产品价值实现专项基金。尝试设立碳中和基金，引导更多社会资金支持碳中和行动。鼓励国有融资担保机构为符合条件的生态产品经营开发主体提供融资担保服务。

7.6.4　探索 GEP 考核，进一步增强高质量发展原动力

《中共中央办公厅、国务院办公厅印发〈关于建立健全生态产品价值实现机制的意见〉的通知》明确提出建立生态产品价值考核机制。探索将生态产品总值指标纳入各省（自治区、直辖市）党委和政府高质量发展综合绩效评价；适时对其他主体功能区实行经济发展和生态产品价值"双考核"；推动将生态产品价值核算结果作为领导干部自然资源资产离任审计的重要参考；对任期内造成生态产品总值严重下降的，依规依纪依法追究有关党政领导干

部责任。《中共江西省委、江西省人民政府印发〈关于建立健全生态产品价值实现机制的实施方案〉的通知》进一步明确实施生态产品价值考核制度：开展 GEP 核算年度目标考核，将 GEP 指标纳入高质量发展综合考核指标体系；适时将生态产品价值核算结果作为领导干部自然资源资产离任审计的重要参考，并将审计结果作为领导干部考核、任免、奖惩的重要依据；对任期内造成 GEP 严重下降的，依规依纪依法追究有关党政领导干部责任；将金融支持生态产品价值实现情况纳入绿色信贷考核评价体系。聚焦"作示范、勇争先"，修水县应该对标中央和省委政策，积极探索 GEP 考核，推动 GDP 和 GEP 双增长，进一步增强高质量发展内生动力。

第8章

乡镇级生态产品总值（GEP）核算实践

8.1 案例乡镇概况

8.1.1 基本信息

华林山镇，地处高安市西北角，东与伍桥镇相邻，南与村前镇接壤，西与宜丰县花桥乡毗邻，北与奉新县罗市镇和上富镇临界，距离高安市区50千米，距南昌市区110千米，行政区域面积137.7平方千米，总人口2.1万人。

华林山镇为低山丘陵山林盆地地区，平均海拔223米，年平均降雨量1760毫米，全年日照1980小时，适宜众多的动植物生长。华林山镇境内受亚热带季风气候影响，气候温和，雨量充足。华林山镇境内特色资源广泛："云门雪绿"茶叶、糖醋姜、脚板薯、黄连麻糍等。自然资源丰富，拥有天然氧吧、华林寨、丫口石、八百洞天等众多景点。

本章数据、图、表等资料均由江西财经大学生态文明研究院高安市GEP核算项目组编写，原始数据包括研究区的土地利用数据、气象数据、统计年鉴数据等。

8.1.2 生态资源

华林山镇生态系统类型主要有森林、灌丛、湿地、草地、农田和城镇等。其中，森林生态系统11166.71公顷，占全镇国土面积的68.08%；农田生态系统2346.12公顷，占比14.30%；湿地、城镇、灌丛、草地等生态系统占比较小（见表 8 - 1）。

表 8 - 1　　　　　　2020 年高安市华林山镇生态系统类型面积

生态系统类型	森林	农田	城镇	湿地	草地	灌丛	总计
面积（公顷）	11166.71	2346.12	628.09	1615.85	67.34	578.73	16403.16
比例（%）	68.08	14.30	3.83	9.85	0.41	3.53	100

8.2　案例乡镇物质产品价值核算

根据华林山镇相关部门提供数据，经核算，华林山镇 2020 年生态系统物质产品价值量为 83113.50 万元。

8.3　案例乡镇调节服务产品价值核算

华林山镇 2020 年生态系统调节服务的核算内容包括水源涵养、土壤保持、洪水调蓄、水质净化、空气净化、固碳、释氧、气候调节、负氧离子、物种保育 10 个科目。

经核算，2020 年华林山镇生态系统调节服务价值总量约为 79.22 亿元/年，占华林山镇整个生态产品总值的 88.00%。其中，水源涵养价值量为 9.81 亿元/年，土壤保持价值量约为 2.20 亿元/年，洪水调蓄价值量约为 6.05 亿元/年，气候调节价值量约为 28.39 亿元/年，固碳价值量约为 0.10 亿元/年，释氧价值量约为 0.48 亿元/年，水质净化价值量约为 0.02 亿元/年，空气净化价值量约为 0.03 亿元/年，负氧离子价值量约为 29.86 亿元/年，物种保育价值量约为 2.26 亿元/年（见表 8 - 2）。

表 8 - 2　　　　　　2020 年高安市华林山镇调节服务功能量与价值量

指标	功能量	单位	价值量（亿元/年）	占调节服务比例（%）
水源涵养	11371.7	万立方米/年	9.8138	12.39
土壤保持	1391.6	万吨/年	2.2039	2.78
洪水调蓄	7011.4	万立方米/年	6.0508	7.64
气候调节	315474.9	万千瓦时/年	28.3927	35.84

续表

指标	功能量	单位	价值量（亿元/年）	占调节服务比例（%）
固碳	5.2	万吨/年	0.1010	0.13
释氧	3.8	万吨/年	0.4816	0.61
水质净化	1483.4	吨/年	0.0211	0.03
空气净化	2942.3	吨/年	0.0330	0.04
负氧离子	3.70	10^{24}个/年	29.8610	37.69
物种保育			2.2606	2.85
调节服务			79.2196	

8.3.1 水源涵养

经核算，华林山镇 2020 年生态系统水源涵养 11371.7 万立方米/年，价值量 9.814 亿元/年，占华林山镇调节服务价值量比例为 12.39%。从空间分布上看，中部水源涵养能力较强，北部、南部水源涵养能力较弱。

从行政村层面看，上游水库工程管理水源涵养能力最高，涵养水源量达到 1855.4 万立方米/年，价值量达 16012.30 万元/年，富楼村和艮山村次之。村平均水源涵养功能量为 598.51 万立方米/年，价值量为 5165.14 万元/年。马塘分场最低，华林分场次之（见图 8-1）。

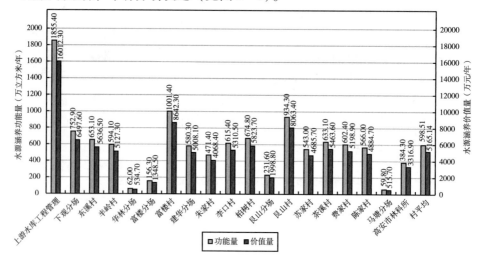

图 8-1 2020 年高安市华林山镇各村涵养水源物质量和价值量

8.3.2 土壤保持

经核算，华林山镇2020年生态系统土壤保持功能量为1391.6万吨/年，价值量2.204亿元/年，占华林山镇调节服务价值量比例为2.78%。从空间分布上看，北部土壤保持价值量较高，南部价值量较低。

从行政村层面看，富楼村土壤保持功能量和价值量最高，分别为160.10万吨/年和2534.70万元/年，艮山村次之。村平均土壤保持功能量为73.25万吨/年，价值量为1159.93万元/年。马塘分场最低，华林分场次之（见图8-2）。

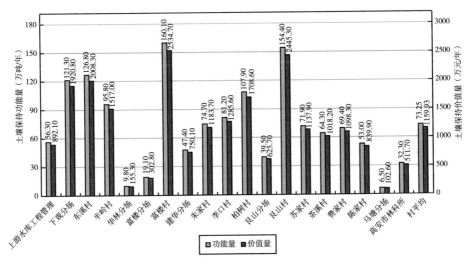

图8-2 2020年高安市华林山镇各村土壤保持功能量和价值量

8.3.3 洪水调蓄

经核算，华林山镇2020年生态系统洪水调蓄功能量为7011.4万立方米/年，价值量6.05亿元/年，占华林山镇调节服务价值量比例为7.64%。洪水调蓄价值量高值区分布在中部，东南部相对较低。

从行政村层面看，上游水库工程管理洪水调蓄功能量和价值量最高，分别为3083.50万立方米/年和26610.30万元/年，富楼村和艮山村次之。村平均洪水调蓄功能量为369.02万立方米/年，价值量为3184.62万元/年。马塘分场最低，华林分场次之（见图8-3）。

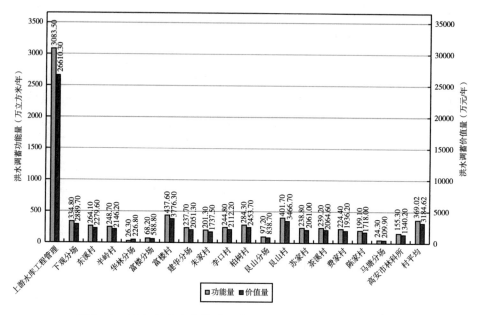

图8-3 2020年高安市华林山镇各村洪水调蓄功能量和价值量

8.3.4 气候调节

经核算，华林山镇2020年生态系统气候调节功能量为31.55亿千瓦时/年，价值量28.39亿元/年，占华林山镇调节服务价值量比例较大，为35.84%。从空间分布上看，气候调节价值量在西南部部分区域价值量较高，东南部价值量较低。

从行政村层面上看，上游水库工程管理的气候调节功能量和价值量最高，分别为15.20亿千瓦时/年和13.68亿元/年，富楼村和艮山村次之。村平均气候调节功能量为1.66亿千瓦时/年，价值量为1.49亿元/年。马塘分场最低，华林分场次之（见图8-4）。

8.3.5 固碳

经核算，华林山镇2020年生态系统固碳功能量为5.2万吨/年，价值量为1010.1万元/年，占华林山镇调节服务价值量比例为0.13%，占比较小。从空间分布上看，西南部部分区域固碳价值量较高，东南部最低。

从行政村层面看，富楼村固碳功能量和价值量最高，分别为0.50万吨/年和104.60万元/年，艮山村次之。村均固碳功能量为0.26万吨/年，价值

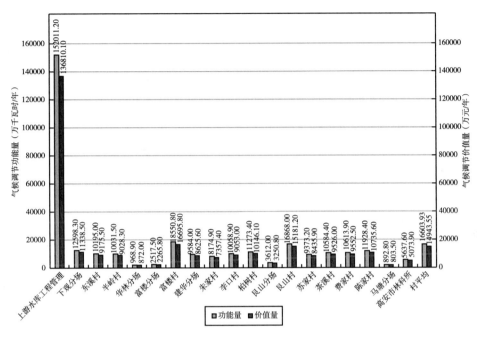

图8-4　2020年高安市华林山镇各村气候调节功能量和价值量

量为53.16万元/年。马塘分场最低，华林分场次之（见图8-5）。

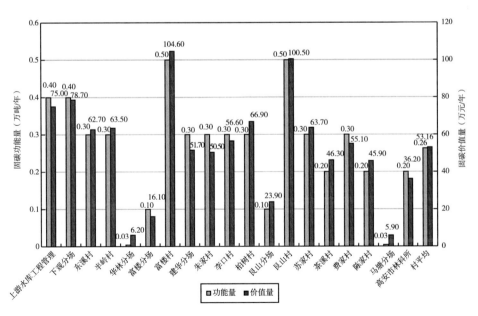

图8-5　2020年高安市华林山镇各村固碳功能量和价值量

8.3.6 释氧

经核算，华林山镇 2020 年生态系统释氧功能量为 3.8 万吨/年，价值量为 4816.3 万元/年，占华林山镇调节服务价值量比例为 0.61%。从空间分布上看，释氧价值量分布较均匀，南部与东部部分区域价值量较高。

从行政村层面看，富楼村释氧功能量和价值量最高，分别为 0.40 万吨/年和 499.00 万元/年，艮山村次之，马塘分场最低。村平均功能量为 0.19 万吨/年，价值量为 253.49 万元/年（见图 8-6）。

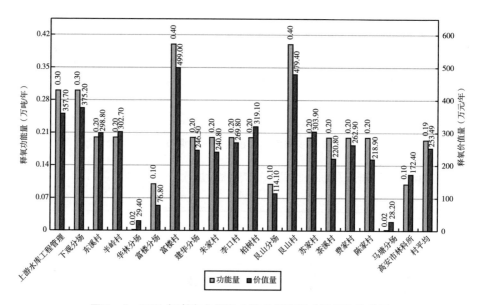

图 8-6　2020 年高安市华林山镇各村释氧功能量和价值量

8.3.7 水质净化

经核算，2020 年华林山镇生态系统水质净化 COD、氨氮两类工业污染净化功能量分别为 1377.7 吨/年、105.7 吨/年，价值量合计为 211.4 万元/年，价值量占比比较小。

从行政村层面看，上游水库工程管理水质净化功能量和价值量最高，分别为 1276.00 吨/年和 181.80 万元/年，陈家村次之，村平均功能量为 78.08 吨/年，价值量为 11.13 万元/年。马塘分场和华林分场最低（见图 8-7）。

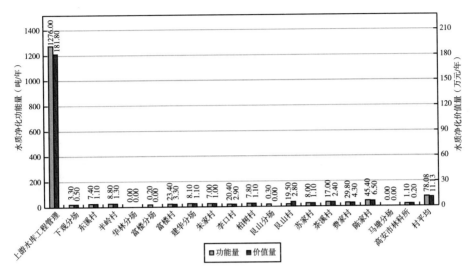

图8-7 2020年高安市华林山镇各村水质净化功能量和价值量

8.3.8 空气净化

经核算，2020年华林山镇生态系统的空气净化三类污染物二氧化硫、氮氧化物、工业粉尘的功能量分别为400.6吨/年、2106.3吨/年、435.4吨/年，价值量合计为329.7万元/年，占全市GEP总量比例非常小。

从行政村层面看，富楼村空气净化功能量和价值量最高，分别为305.80吨/年和34.30万元/年，艮山村次之，村平均功能量为154.86吨/年，价值量为17.36万元/年，马塘分场最低（见图8-8）。

8.3.9 负氧离子

经核算，2020年华林山镇生态系统的负氧离子功能量为3.70×10^{24}个/年，价值量为298610.3万元/年，占全市调节服务价值量的37.69%。从空间分布上看，华林山镇东部部分区域的负氧离子价值量较高，南部价值量较低。

从行政村层面看，富楼村的负氧离子功能量和价值量最高，分别为390.00×10^{21}个/年和31445.5万元/年。艮山村和下观分场次之。村平均负氧离子功能量为196.79×10^{21}个/年，价值量为15716.33万元/年。马塘分场负氧离子功能量和价值量最低，华林分场次之（见图8-9）。

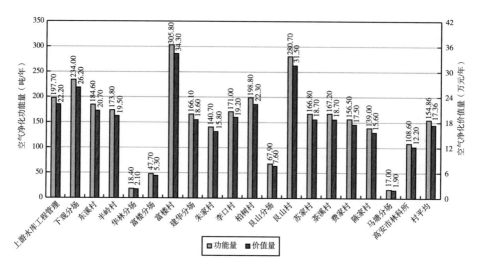

图 8-8　2020 年高安市华林山镇各村空气净化功能量和价值量

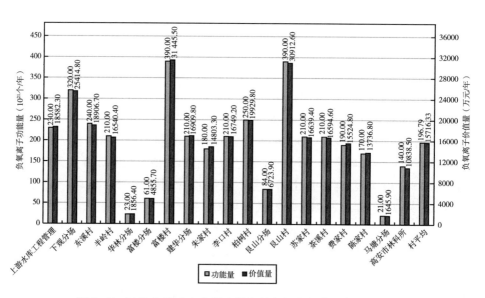

图 8-9　2020 年高安市华林山镇各村负氧离子功能量和价值量

8.3.10　物种保育

经核算，2020 年华林山镇生态系统的物种保育价值量为 22606.5 万元/年，占全市调节服务价值量的 2.85%。从空间分布上看，华林山镇中部的物种保育价值量较高，南部价值量较低。

从行政村层面看，富楼村的物种保育价值量最高，为2358.30万元/年，艮山村次之。村平均物种保育价值量为1189.82万元/年，马塘分场最低，华林分场次之（见图8-10）。

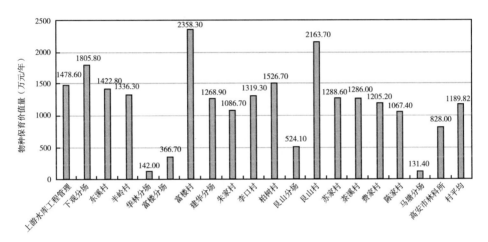

图8-10 2020年高安市华林山镇各村物种保育价值量

8.4 案例乡镇文化服务产品价值核算

根据面积比率法估算，得出华林山镇2020年文化服务产品价值量2.49亿元/年，占整个生态系统价值量的2.77%。

8.5 案例乡镇生态产品总值核算

经核算，2020年华林山镇GEP总值为90.02亿元（按当时价格计算）。其中，物质产品价值为8.31亿元，占比9.23%；调节服务价值为79.22亿元，占比88%；文化服务价值为2.49亿元，占比2.77%（见图8-11）。其中，构成调节服务价值的指标中，气候调节和负氧离子占据了73.53%的份额，分别为28.39亿元和29.86亿元。

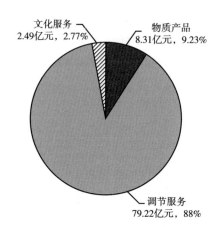

文化服务
2.49亿元，2.77%

物质产品
8.31亿元，9.23%

调节服务
79.22亿元，88%

图 8-11　2020 年高安市华林山镇 GEP 总量结构

从 GEP 总量结构上看，2020 年全镇单位面积 GEP 价值量为 54.88 万元/公顷。在行政村空间分布上，GEP 价值量在上游水库工程管理较高，富楼村和艮山村次之，马塘分场和华林分场较低。整体呈现出中部和南部部分区域较高、北部部分区域较低的空间分布特征。

8.6　案例乡镇生态产品总值提升的对策建议

依据生态产品总值价值量核算及空间分析结果，华林山镇应着力在以下方面完善自然资源和生态环境管理策略，持续提升华林山镇生态产品的供给能力。

（1）发挥乡镇的自然资源禀赋和生态优势。森林和湿地面积在生态系统生产总值核算中扮演重要角色，其中华林山镇森林覆盖率 68.08%，湿地占比 9.85%。华林山镇较好的自然生态本底，生态环境优良，该镇位于高安的西北部，离市区较远，被开发得还相当有限，并且该镇仍保存着成片原始次森林，空气清新，气候宜人。华林山镇应当在绿色方面发挥生态自身的优势，找准各自的定位。将旅游与康养产业相结合，促进华林山镇 GEP 的增长。

（2）发展乡镇特色经济，找准产业布局。根据华林山镇的定位，发展特色经济，通过产业发展带动地方就业。对当地的林产品进行开发和深加工，在保护当地生态环境的同时，提出对相关经济产业的发展，实现经济与生态的双赢。对于经济基础较好的乡镇，保护原有的生态环境，并适当地加强生态环境改造和绿色建设，并结合生态环境保护和治理，加大生态环境保护力度，推进共享发展。以科学发展观为指导，全局分析、综合决策，选择适合的发展模式，明确自身的功能定位，优化经济布局，合理调整产业结构，因地制宜，特色发展。

（3）发展绿色金融，增强生态产品融资。绿色金融创新对生态产品价值实现具有重要的促进作用。通过开发绿色信贷产品，探索"生态资产权益抵押＋项目贷"模式。加大对生态产品经营开发主体中长期贷款支持力度。开发绿色金融信贷产品，探索"湿地贷""碳汇贷"。推进实行碳排放权以及环境污染强制责任保险、企业环保信用评价、环境信息依法披露、绿色信贷等环境政策。探索实行碳汇指标配额制度、林业碳汇定向采购制度和环境污染强制责任保险制度。尝试设立碳中和基金，引导更多社会资金支持碳中和行动。鼓励国有融资担保机构为符合条件的生态产品经营开发主体提供融资担保服务。

第 9 章

村级生态产品总值（GEP）核算实践

9.1 案例村概况

本章数据、图、表等资料均由江西财经大学生态文明研究院莲花县 GEP 核算项目组编写，原始数据包括研究区的土地利用数据、气象数据、统计年鉴数据等。

9.1.1 基本信息

沿背村位于莲花县坊楼镇中东部，是莲花县有名的革命老区，是一片有着丰富的红色资源和优良革命传统的红土地，全村版图面积约 6 平方千米，6 个村民小组，10 个自然村，合计 558 户，人口 1968 人。耕地面积 1135 亩，其中水田 1045 亩，旱地 90 亩，人均耕地面积 0.58 亩，山林面积 4500 余亩。

沿背村毗邻国道 319，省道 317 线（路坊公路）、南溪河（赣江一级支流禾水上游）穿村而过，全村面积约 6 平方千米。目前周边交通基础条件一般，距泉南高速约 30 千米，距离萍乡高铁站约 60 千米，距离井冈山市 90 千米。

9.1.2 生态系统

沿背村生态系统类型主要有森林、农田、城镇、湿地、灌丛和草地等，其中森林生态系统 204.02 公顷，占全村国土面积的 45.40%；农田生态系统和城镇生态系统的面积次之，分别为 154.49 公顷和 58.90 公顷，占比分别为 34.37% 和 13.10%；灌丛生态系统的面积最小，为 5.18 公顷，占比为 1.15%（见表 9-1）。

表 9-1   莲花县坊楼镇沿背村主要生态系统类型比重

生态系统类型	森林	农田	城镇	湿地	灌丛	草地	总计
面积（公顷）	204.02	154.49	58.90	20.30	5.18	6.61	449.49
占比（%）	45.40	34.37	13.10	4.52	1.15	1.47	100

9.2   案例村物质产品价值核算

采用面积比例法估算，得出沿背村 2020 年生态系统物质产品价值量为 1103.70 万元/年。

9.3   案例村调节服务产品价值核算

经核算，2020 年沿背村生态系统调节服务价值总量为 9478.18 万元/年，占整个生态产品总值的 74.96%。其中，水源涵养为 2269.80 万元/年，土壤保持 1581.10 万元/年，洪水调蓄 844.30 万元/年，气候调节 4258.90 万元/年，固碳 19.80 万元/年，释氧 94.60 万元/年，负氧离子 6.80 万元/年，水体净化 0.01 万元/年，空气净化 0.27 万元/年，物种保育 402.60 万元/年（见表 9-2）。

表 9-2   **2020 年莲花县坊楼镇沿背村调节服务功能量和价值量**

指标	功能量	单位	价值量（万元/年）	占调节服务比例（%）
水源涵养	263.00	万立方米/年	2269.80	23.95
土壤保持	101.20	万吨/年	1581.10	16.68
洪水调蓄	97.80	万立方米/年	844.30	8.91
气候调节	4732.10	万千瓦时/年	4258.90	44.93
固碳	0.10	万吨/年	19.80	0.21
释氧	0.10	万吨/年	94.60	1.00
负氧离子	0.01	10^{24} 个/年	6.80	0.07
物种保育	204.02	公顷/年	402.60	4.25
水体净化	0.10	吨/年	0.01	0.00
空气净化	2.10	吨/年	0.27	0.00
调节服务			9478.18	100

9.3.1 水源涵养

经核算，2020 年沿背村生态系统的水源涵养 263 万立方米，价值量 2269.80 万元/年，占调节服务比例的 23.95%。从空间分布上看，水源涵养价值量较高的区域分布在沿背村的中西部和南部，中部和北部区域价值量较低。

9.3.2 土壤保持

经核算，2020 年沿背村生态系统的土壤保持物质量和价值量分别为 101.20 万吨/年和 1581.10 万元/年，占全村调节服务的 16.68%。从空间分布上看，沿背村南部的土壤保持价值最高，其他区域土壤保持价值较低。

9.3.3 洪水调蓄

经核算，沿背村 2020 年生态系统的洪水调蓄物质量和价值量分别为 97.80 万立方米/年和 844.30 万元/年，约占全村调节服务价值量的 8.91%。从空间分布上看，沿背村南部区域价值量最高，其他区域价值量较低。

9.3.4 气候调节

经核算，沿背村 2020 年生态系统的气候调节物质量和价值量分别为 4732.10 万千瓦时/年和 4258.90 万元/年，占全村调节服务价值量的 44.93%。从空间分布上看，沿背村南部区域价值量较高，其他部分区域价值量较低。

9.3.5 固碳

经核算，沿背村 2020 年生态系统的固碳物质量和价值量分别为 0.10 万吨/年和 19.80 万元/年，价值量占全村调节服务价值量的 0.21%。从空间分布上看，沿背村南部和西南侧区域价值量最高，其他区域价值量较低。

9.3.6 释氧

经核算，沿背村 2020 年释氧物质量和价值量分别为 0.10 万吨/年和

94.60万元/年，价值量占全村调节服务价值量的1%。从空间分布上看，沿背村南部和西南侧区域释氧价值量最高，其他区域偏低。

9.3.7　水体净化

经核算，2020年沿背村生态系统水体净化价值量合计为0.10万元/年，占全村GEP总量比例较小。从空间分布上看，沿河流两侧部分区域的水体净化价值量较高。

9.3.8　空气净化

经核算，2020年沿背村生态系统的空气净化价值量合计为2.10万元/年，占全村GEP总量比例较小。从空间分布上看，沿背村南部的释氧价值量较高，其他区域价值量较低。

9.3.9　负氧离子

经核算，2020年沿背村生态系统的负氧离子物质量和价值量分别为0.01×10^{24}个/年和6.80万元/年，占全村调节服务价值量0.07%。从空间分布上看，沿背村南部区域价值量较高，其他区域价值量偏低。

9.3.10　物种保育

经核算，2020年沿背村生态系统的物种保育功能量为204.02公顷/年，价值量为402.60万元/年，占全村调节服务价值量的4.25%。从空间分布上看，沿背村南部区域价值量较高，其他区域价值量偏低。

9.4　案例村文化服务产品价值核算

沿背村是甘祖昌将军故里和夫人龚全珍的家乡，拥有贺国庆陵园、快省陂、返修桥等红色文化资源，以及南溪河、秀美乡村、百亩连片的耕地等自然资源，资源组合度高，生态环境本底条件较好，红色传承文化与农耕文化较为凸显。采用面积比率法估算，得出沿背村 2020 年文化服务产品价值量为 2061.90 万元。

9.5 案例村生态产品总值核算

经核算，2020 年沿背村 GEP 总值为 12643.80 万元（按当时价格计算）。其中，物质产品价值为 1103.70 万元，占比 8.72%；调节服务价值为 9478.20 万元，占比 74.96%；文化服务价值为 2061.90 万元，占比 16.32%（见图 9－1）。其中，调节服务中，气候调节和水源涵养的价值量占比最高，分别为 4258.90 万元和 2269.80 万元，两者占据了调节服务价值量的 68.88%。

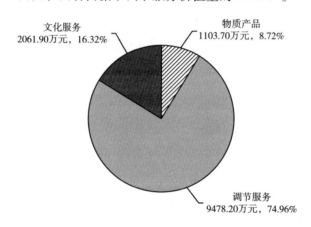

图 9－1 2020 年莲花县坊楼镇沿背村 GEP 总量结构

从 GEP 总量结构上看，2020 年全村单位面积 GEP 价值量为 28.13 万元/公顷。在空间分布上，GEP 价值量较高的区域集中在沿背村的南部，中东部和中西部区域价值量次之，其他区域 GEP 价值量偏低。

9.6 案例村生态产品总值提升的对策建议

依据生态产品总值价值量核算及空间分析结果，沿背村应着力在以下方面完善自然资源和生态环境管理策略，持续提升沿背村生态产品供给能力。

（1）加强关键性生态空间的保护。结合生态产品总值核算结果，依据生态空间提供生态产品能力的差异进行分级，综合考虑自然本底、受干扰程度、重要性级别制定分级管控策略。针对自然本底较好、生物多样性丰富区域，开展生态恢复示范。对保护空缺的典型生态系统加快划建保护区域加以恢复，尤其对北部和中部的集中连片生态板块要提升保护力度，审慎进行大型的开发建设项目，探索发展生态旅游产业。

（2）保护和改良农田生态系统。农田生态系统的绿色化水平越来越成为提升农产品价值的关键环节。要提高耕地质量和农田生态功能，稳定并提高粮食产量；推广保护性耕作、免（少）耕播种、深松及病虫草害综合控制技术；强化农田生态保育，推广种植绿肥、秸秆还田、增施有机肥等措施，培肥地力；加强退化农田改良修复和集雨保水保土，优化种植制度和方式；完善田间灌排工程，配套科学的农艺措施，开展酸化土壤改良培肥，治理和修复污染土地。

（3）提升生态系统调节服务产品的供给水平。中部和北部地区农田空间占比较大，调节服务生态产品供给能力相对较小，可结合现有的绿地和湿地拓展构建多功能兼顾的复合城市绿色空间，增强环境自净能力，有效发挥林草植被净化空气的作用，提升人居环境质量；科学规划、合理布局和建设绿地系统，提升绿地品质；加强原生生态系统保护，提升完善绿地功能，推行绿道网络建设；积极保护和治理水生态，加强河湖水体沿岸绿化建设，恢复水陆交界处的生物多样性。

第 10 章

项目级生态产品总值（GEP）核算实践

10.1 油茶生态产品总值核算

本章数据、图、表等资料均由江西财经大学生态文明研究院 GEP 核算项目组编写，原始数据包括研究区的土地利用数据、气象数据、统计年鉴数据等。

10.1.1 油茶种植分布

近年来，莲花县大力实施农业产业集群发展提升行动，力图推动关联产业、上下游配套企业和资源要素向产业集群市场化聚集，实现农业产业与环境保护、乡村振兴统筹推进。目前，全县油茶面积 13445 公顷。

空间分布上，莲花县的油茶主要分布在北部、东部和南部区域，呈现局部聚集分布。坊楼镇和高洲乡油茶覆盖较多，占全县油茶面积的 25% 以上。其他乡镇，如神泉乡、良坊镇和南岭乡也有大片油茶分布。

从各乡镇的油茶统计面积来看，坊楼镇的油茶面积达到了 1954.5 公顷，占全县油茶面积的 14.54%；神泉乡次之，面积也达到 1697.5 公顷，占全县油茶面积的 12.63%；六市乡的油茶面积最小，为 368.5 公顷，占全县油茶面积的 2.74%（见表 10 - 1）。

序号	区域名称	油茶面积（公顷）	占比（%）
1	坊楼镇	1954.5	14.54
2	神泉乡	1697.5	12.63
3	高洲乡	1590.2	11.83
4	良坊镇	1560.2	11.60
5	南岭乡	1055.8	7.85
6	湖上乡	1024.2	7.62
7	闪石乡	889.8	6.62
8	荷塘乡	832.4	6.19
9	升坊镇	813.1	6.05
10	琴亭镇	566	4.21
11	三板桥乡	556	4.14
12	路口镇	536.7	3.99
13	六市乡	368.5	2.74
14	合计	13444.9	100

表 10-1　　　　　　　2020 年莲花县各乡镇油茶种植面积统计

10.1.2　油茶调节服务功能与价值核算

油茶是森林生态系统的重要组成部分，莲花油茶分布广泛，是调节服务功能的重要一环。2020 年莲花油茶产生调节服务价值量 340824.5 万元/年，占莲花生态系统调节服务总价值量的 12.36%。其中，水源涵养价值量为80084.8 万元/年，土壤保持价值量为 62282.1 万元/年，洪水调蓄价值量为42617.9 万元/年，气候调节价值量为 128635.2 万元/年，固碳价值量为1012.9 万元/年，释氧价值量为 4827.8 万元/年，空气净化价值量为 13.6 万元/年，负氧离子价值量为 616.6 万元/年，物种保育价值量为 20733.5 万元/年。具体内容见表 10-2。

表 10-2　　　　　　　2020 年莲花县油茶调节服务各指标功能量和价值量

指标	功能量	单位	价值量（万元/年）	占调节服务比例（%）
水源涵养	9279.8	万立方米/年	80084.8	23.50
土壤保持	3986.5	万吨/年	62282.1	18.27
洪水调蓄	4938.3	万立方米/年	42617.9	12.50
气候调节	142928	万千瓦时/年	128635.2	37.74
固碳	5.2	万吨/年	1012.9	0.30
释氧	3.8	万吨/年	4827.8	1.42
负氧离子	6.9	10^{23} 个/年	616.6	0.18

续表

指标	功能量	单位	价值量（万元/年）	占调节服务比例（%）
物种保育	14534.3	公顷/年	20733.5	6.08
空气净化	107.6	吨/年	13.6	0
水质净化	0.4	吨/年	0.1	0
调节服务			340824.5	100

10.1.2.1　水源涵养

经核算，2020年莲花县油茶水源涵养功能量和价值量分别为9279.8万立方米/年和80084.8万元/年，价值量占油茶调节服务价值量的23.50%。从空间分布上看，莲花县北部、西北部和东南部的油茶水源涵养价值量较高，其他区域油茶的水源涵养价值量较低。

10.1.2.2　土壤保持

经核算，2020年莲花县油茶土壤保持功能量和价值量分别为3986.5万吨/年和62282.1万元/年，价值量占油茶调节服务价值量的18.27%。从空间分布上看，莲花县北部和东南部的油茶土壤保持价值量最高，其他区域的价值量较低。

10.1.2.3　洪水调蓄

经核算，2020年莲花县油茶的洪水调蓄功能量和价值量分别为4938.3万立方米/年和42617.9万元/年，价值量占油茶调节服务价值量的12.50%。从空间分布上看，东南部油茶的洪水调蓄价值量分布较高，其中中部和北部区域的价值量相对较低。

10.1.2.4　气候调节

经核算，2020年莲花县油茶的气候调节功能量和价值量分别为142928万千瓦时/年和128635.2万元/年，价值量占油茶调节服务价值量的37.74%。从空间分布上看，全县的北部和东南部油茶的气候调节价值量分布较高，其余区域价值量均较低。

10.1.2.5　固碳

经核算，2020年莲花县油茶的固碳功能量和价值量分别为5.2万吨/年和 1012. 9 万元/年，价值量占油茶调节服务价值量的 0. 30%。从空间分布上看，莲花县北部和东南部油茶的固碳价值量较高，中部、西南部区域价值量较低。

10.1.2.6　释氧

经核算，2020 年莲花县油茶的释氧功能量和价值量分别为 3. 8 万吨/年和 4827. 8 万元/年，价值量占油茶调节服务价值量的 1. 42%。从空间分布上看，莲花县油茶的释氧价值量北部和东南部较高，其余区域价值量普遍较低。

10.1.2.7　空气净化

经核算，2020 年莲花县油茶空气净化价值量合计为 13. 6 万元/年，占全县 GEP 总量比例非常小。

10.1.2.8　氧离子

经核算，2020 年莲花县油茶的负氧离子功能量和价值量分别为 6.9×10^{23} 个/年和 616. 6 万元/年，价值量占油茶调节服务价值量的 0. 18%。从空间分布上看，莲花县油茶的负氧离子价值量北部和东南部较高，其他区域的价值量均较低。

10.1.2.9　物种保育

经核算，2020 年莲花县油茶的物种保育价值量为 20733. 5 万元/年，占油茶调节服务价值量的 6. 08%。从空间分布上看，北部、中部和东南部区域的油茶物种保育价值量较高，其他区域的价值量较低。

10.2　毛竹生态产品总值核算

10.2.1　毛竹种植分布

近年来，全南县大力实施竹产业集群发展提升行动，力图推动关联产业、上下游配套企业和资源要素向产业集群市场化聚集，实现竹产业与环境保护、乡村振兴统筹推进。目前，全县毛竹面积 12978. 18 公顷，毛竹总蓄积量达 3000 余万根，是"中国特色竹乡"之一，在竹品加工、竹编创意、文化旅游、竹林康养等方面进行有益的探索，已形成全南竹产业链和集群优势。

空间分布上，全南县的毛竹主要分布在西部、中部和北部区域，呈现从西北部到东北部的长条带状分布。龙源坝镇、陂头镇、龙下乡和社迳乡毛竹覆盖较多，占据了镇域面积的 30% 以上。其他乡镇如南迳镇、大吉山镇和金龙镇也有零星分布。

从各乡镇的毛竹统计面积来看，陂头镇的毛竹面积达到了 3677.67 公顷，占全县毛竹面积的 28.34%；龙源坝镇次之，面积也达到 3374.93 公顷，占全县毛竹面积的 26.01%；大吉山镇的毛竹面积最小，为 269.92 公顷，占全县毛竹面积的 2.08%（见表 10-3）。

表 10-3　　　　　　　2020 年全南县各乡镇毛竹种植面积统计

序号	区域名称	毛竹面积（公顷）	占比（%）
1	陂头镇	3677.67	28.34
2	龙源坝镇	3374.93	26.01
3	龙下乡	2060.56	15.88
4	南迳镇	926.27	7.14
5	社迳乡	862.04	6.64
6	金龙镇	733.79	5.65
7	中寨乡	610.52	4.70
8	城厢镇	460.48	3.55
9	大吉山镇	269.92	2.08
合计		12976.18	

10.2.2　毛竹调节服务功能与价值核算

毛竹是森林生态系统的重要组成部分，全南毛竹分布广泛，是调节服务功能的重要一环。2020 年全南毛竹产生调节服务价值量 299756.2 万元/年，占全南生态系统调节服务总价值量的 9.17%。其中，水源涵养价值量为 100398.1 万元/年，土壤保持价值量为 48844.8 万元/年，气候调节价值量为 87957.2 万元/年，固碳价值量为 1915.7 万元/年，释氧价值量为 9134.5 万元/年，空气净化价值量为 9.2 万元/年，负氧离子价值量为 2917.9 万元/年，物种保育价值量为 17652.1 万元/年。具体内容见表 10-4。

表 10 - 4 　　　　　2020 年全南县毛竹调节服务各指标功能量和价值量

指标	功能量	单位	价值量（万元/年）	占调节服务比例（%）
水源涵养	11633.6	万立方米/年	100398.1	33.49
土壤保持	3084.3	万吨/年	48844.8	16.29
洪水调蓄	3583.7	万立方米/年	30926.9	10.32
气候调节	146595	万千瓦时/年	87957.2	29.34
固碳	9.8	万吨/年	1915.7	0.64
释氧	7.1	万吨/年	9134.5	3.05
负氧离子	3.2	10^{24} 个/年	2917.9	0.97
物种保育			17652.1	5.89
空气净化	172	吨/年	9.2	0
调节服务			299756.2	

10.2.2.1　水源涵养

经核算，2020 年全南县毛竹水源涵养功能量和价值量分别为 11633 万立方米/年和 100398.1 万元/年，价值量占毛竹调节服务价值量的 33.49%。从空间分布上看，全南县西北部和东南部的毛竹水源涵养价值量较高，其他区域毛竹的水源涵养价值量较低。

10.2.2.2　土壤保持

经核算，2020 年全南县毛竹土壤保持功能量和价值量分别为 3084.3 万吨/年和 48844.8 万元/年，价值量占毛竹调节服务价值量的 16.29%。从空间分布上看，全南县东南部的毛竹土壤保持价值量较高，西北部局部区域次之，南部的价值量较低。

10.2.2.3　洪水调蓄

经核算，2020 年全南县毛竹的洪水调蓄功能量和价值量分别为 3583.7 万立方米/年和 30926.9 万元/年，价值量占毛竹调节服务价值量的 10.32%。从空间分布上看，毛竹的洪水调蓄价值量分布较为均匀，其中东南部和西北部部分区域的价值量相对较高。

10.2.2.4　气候调节

经核算，2020 年全南县毛竹的气候调节功能量和价值量分别为 146595

万千瓦时/年和87957.2万元/年，价值量占毛竹调节服务价值量的29.34%。从空间分布上看，全县的气候调节价值量分布较均匀，除东南部和西北部部分区域相对较高外，其余区域价值量均较低。

10.2.2.5 固碳

经核算，2020年全南县毛竹的固碳功能量和价值量分别为9.8万吨/年和1915.7万元/年，价值量占毛竹调节服务价值量的0.64%。从空间分布上看，全南县毛竹的固碳价值量分布较均匀。东南部、西北部部分区域价值量较高，其他区域价值量均较低。

10.2.2.6 释氧

经核算，2020年全南县毛竹的释氧功能量和价值量分别为7.1万吨/年和9134.5万元/年，价值量占毛竹调节服务价值量的3.05%。从空间分布上看，全南县毛竹的释氧价值量东南部和西北部较高，其余区域价值量普遍较低。

10.2.2.7 空气净化

经核算，2020年全南县毛竹空气净化价值量合计为9.2万元/年，占全县生态产品总值比例非常小。

10.2.2.8 负氧离子

经核算，2020年全南县毛竹的负氧离子功能量和价值量分别为3.2×10^{24}个/年和2917.9万元/年，价值量占毛竹调节服务价值量的0.97%。从空间分布上看，全南县毛竹的负氧离子价值量东南部和西北部较高，其他区域的价值量均较低。

10.2.2.9 物种保育

经核算，2020年全南县毛竹的物种保育价值量为17652.1万元/年，占毛竹调节服务价值量的5.89%。从空间分布上看，西北部和东南部区域的毛竹物种保育价值量较高，其他区域的价值量较低。

第 11 章

生态产品总值（GEP）核算数字化平台

11.1 概　　述

人类正处于数字时代，并且随着数字化进程的推进，各行各业正在不断拓宽数字技术的应用范围，新一波数字化浪潮已经到来。2022 年 4 月 19 日，中央全面深化改革委员会第二十五次会议审议通过了《关于加强数字政府建设的指导意见》，会议强调，要全面贯彻网络强国战略，把数字技术广泛应用于政府管理服务，推动政府数字化、智能化运行，为推进国家治理体系和治理能力现代化提供有力支撑。"十四五"规划纲要明确提出，加快建设数字经济、数字社会、数字政府，以数字化转型整体驱动生产方式、生活方式和治理方式变革。

大数据、云计算、物联网、区块链、人工智能、5G 通信等新兴技术，正推动生态产品总值核算方式和应用方式深刻变革。一是降低了 GEP 核算成本。通过传统工作方式，用于 GEP 核算的基础数据采集主要依靠人力，由于数据量巨大且涉及的部门繁多，而导致数据采集工作异常烦琐，并且易由人为失误而导致数据出错，致使 GEP 计算结果有误从而导致成本升高；后期 GEP 核算报告的撰写涉及大量结果的汇总及专题图绘制，将耗费大量的人力物力，致使成本升高。二是发挥了 GEP 核算成果的整体效益。GEP 核算与应用是一个庞大的系统工程，其管理的模块包括生态图斑智能生产子系统、GEP 核算基础数据采集子系统、生态产品数据库、GEP 核算数据多维展示与分析系统等。如果系统分别建设、数据分开管理，将致使每个子系统处于"信息孤岛"状态，势必给各种操作带来不利影响。依靠信息技术支持，通过信息系统将各类信息有机地组织在一起，实现信息共享，实现多部门之间的协同效应，既可以节约资源，又可以充分发挥 GEP 核算与应用平台的整体效益。三是为探索"两山"转化路径提供技术支撑。通过 GEP 核算与应用平台优良的可视化表达及多元的展示分析服务，可以提升人们对生态产品价值的认识，助力生态产品交易，是践行"绿水青山就是金山银山"理念、推进生态文明建设的有益探索。

11.2　平台设计

11.2.1　设计原则

（1）技术先进性原则。坚持采用先进的遥感、地理信息系统、云计算、大数据挖掘、人工智能深度学习等技术，确保设计领先，功能完善；在满足系统功能要求的基础上，在尽可能节约资金投入的同时，保持项目成果的先进性。相关平台的开发应在总结国内外等多个类似系统成功经验和教训的基础上，采用当前最先进的但又较为成熟的技术，保证平台的高技术性能水平。

（2）整合共享原则。项目的建设需实现与原有数据库和各类管理服务系统的科学对接，注重整合生态环境相关信息资源，利用网络集成、数据集成、软件集成、应用集成等技术实现不同网络、不同系统、不同区域之间的集成，打破信息"孤岛"，实现信息的互联互通和数据的交换共享，确保系统的开放性、操作性和可扩展性。

（3）实用性原则。平台应建成功能实用、结构合理，实现生态资源价值信息的有效监测，提供地理信息浏览查询等综合服务，为推动生态信息资源共享服务开拓新模式，规范资源共享行为，有效避免重复投资，提高资源的利用率，为产业规划和行政决策提供科学依据。

（4）统一规划原则。坚持规划先行，统一项目建设的基本内容、技术标准、数据规范和功能作用，同时，综合运用多样化的信息技术手段，开发公共性或个性化的功能模块，满足多样化应用需求，分层次逐步开发，整体推进。

（5）统一标准原则。标准化是本项目建设的基础之一，也是生态价值核算数据、平台与其他系统兼容的和进一步扩充的根本保证。因此，系统设计、数据的规范性和标准化工作是极其重要的，这是各模块正常运行的保证，是满足系统开放性和数据共享的需要。

（6）可扩充性、开放性原则。信息平台的开放性是系统生命力的表现，只有开放的系统才能够兼容和不断发展，才能保证前期投资持续有效，保证系统可分期逐步发展和整个系统的日益完善。平台在运行环境的软、硬件平台选择上要符合行业标准，具有良好的兼容性和可扩充性，要能够较容易地实现系统的升级和扩充，从而达到保护初期阶段投资的目的。

（7）规范化原则。平台的模块内容、数据分类与编码、数据精度、作业规程等应采用有关国家标准、行业标准和地方标准；制定临时规定，补充国家标准、行业标准和地方标准中没有但需规范化的内容。

（8）安全性原则。项目建设过程中（数据生产、数据传输、平台搭建、接口共享等）应充分考虑网络系统级、操作系统级、数据库系统级和应用程序的安全性，保证系统安全运行。要求建设平台的运行符合国家及省级主管部门的相关保密规定。系统要支持多用户任务实时操作，并能够对用户权限进行严格的设定，确保网络安全可靠地运行。

11.2.2　设计依据

《中共中央办公厅、国务院办公厅印发〈关于建立健全生态产品价值实现机制的意见〉的通知》（中办发〔2021〕24 号）

《中共江西省委、江西省人民政府印发〈关于建立健全生态产品价值实现机制的实施方案〉的通知》（赣发〔2021〕16 号）

《生态系统生产总值核算技术规范》（DB36/T 1402 – 2021）

《全国生态状况调查评估技术规范——生态系统遥感解译与野外核查》（HJ1166—2021）

《环境空气质量标准》（GB 3095）

《地表水环境质量标准》（GB 3838）

《森林生态系统服务功能评估规范》（GB/T 38582）

《生态保护红线监管技术规范生态功能评价（试行）》（HJ 1142）

《生态保护红线监管技术规范数据质量控制（试行）》（HJ 1145）

《森林生态系统服务功能评估规范》（LY/T 1721）

《森林资源资产评估技术规范》（LY/T 2407）

《森林生态系统碳储量计量指南》（LY/T 2988）

《国务院关于印发政务信息资源共享管理暂行办法的通知》（国发〔2016〕51 号）

《国务院办公厅关于印发政务信息系统整合共享实施方案的通知》（国办发〔2017〕39 号）

《中共中央办公厅、国务院办公厅印发〈关于推进公共信息资源开放的若干意见〉的通知》（厅字〔2017〕15 号）

《国家政务信息化项目建设管理办法》（国办发〔2019〕57 号）

《国家电子政务总体框架》

《电子政务标准化指南》

《江西省政务信息化项目建设管理办法》（赣府厅字〔2020〕68 号）

《江西省政务信息资源共享和开放管理办法》（赣数据共享办〔2020〕1 号）

《计算机软件需求说明编制指南》（GB/T 9385 – 2008）

《计算机软件测试文件编制规范》（GB/T 9386 – 2008）

《计算机系统安全保护等级划分准则》（GB 17859 – 1999）

《信息安全技术网络安全等级保护基本要求》（GB/T 22239 – 2019）

《信息系统安全等级保护定级指南》（GB/T22240）

《信息系统安全等级保护实施指南》（GB/T25058 – 2010）

《信息系统安全等级保护测评要求》（GB/T28448 – 2012）

《信息系统等级保护安全设计技术要求》（GB/T25070 – 2010）

《"互联网 + 政务服务"技术体系建设指南》（国办函〔2016〕108 号）

《信息安全技术网络安全等级保护基本要求》（GB/T 22239 – 2019）

《信息安全技术网络安全等级保护安全设计技术要求》（GB/T 25070 – 2019）

《信息系统安全等级保护定级指南》（GB/T 22240 – 2008）

《信息系统安全管理要求》（GB/T 20269 – 2006）

《信息技术软件工程术语》（GB/T 11457 – 2006）

《信息技术软件生存周期过程》（GB/T 8566 – 2007）

《公开地图内容表示要求》（GB/T 35764 – 2017）

《基础地理信息数据库建设规范》（GB/T 33453 – 2016）

11.2.3　主要技术指标

11.2.3.1　系统功能指标

GEP 在线智能核算系统，实现各核算地域的基础生态图斑智能化生产、基础数据在线采集、核算指标体系针对性设置、图斑级 GEP 智能核算等功能，并根据实际需求实现核算快速更新，系统功能应包括：

（1）生态图斑智能生产子系统；

（2）GEP 核算基础数据在线采集子系统；

（3）GEP 核算指标体系构建子系统；

（4）GEP 智能核算子系统。

GEP 数字化服务平台，实现生态产品数据库构建、GEP 核算相关多源数据规范化管理、核算指标多维度分析、可视化展示、生态产品价值实现应用扩展等功能，能够为案例区因地制宜探索建立生态产品价值实现路径提供重要抓手，平台功能包括：

（1）生态产品数据库；

（2）GEP 核算数据多维展示与分析模块；

（3）兴趣区生态价值实时核算模块；

（4）GEP 核算数据管理与更新模块；

（5）GEP 核算报告模块；

（6）"GEP＋"应用扩展接口模块。

基于 GEP 数字化服务平台，实现生态产品价值实现应用扩展，结合地方特点组合定制生态产品价值实现的丰富应用子系统，发挥 GEP 核算数据价值，助力生态产品价值精准化实现，形成以下应用子系统：

（1）两山转化应用子系统；

（2）生态补偿应用子系统；

（3）生态规划应用子系统；

（4）项目生态效益评估子系统；

（5）GEP 考核子系统。

11.2.3.2　系统性能指标

生态产品总值（GEP）核算数字化平台系统性能指标如下：

（1）系统平台满足 10000 注册用户数、1000 同时在线用户数和 100 并发用户数的使用需求；

（2）系统满足地图加载的响应时间≤10 秒；

（3）查询业务数据的响应时间≤3 秒；

（4）简单报表的响应时间≤3 秒；

（5）复杂报表的响应时间≤20 秒；

（6）系统生态资源信息提取与 GEP 核算的最小粒度达到生态图斑尺度；

（7）生态图斑提取与更新效率较人工解译快 20 倍以上，满足每年更新 1 次；

（8）GEP 核算数据的信息查看、统计分析、应用扩展等均达到生态图斑尺度，支持基于图斑的交互式操作。

11.2.3.3 系统安全性指标

系统安全是生态产品总值核算数字化平台必须重视解决的大问题，生态产品总值核算数字化平台重点考虑了以下几方面的安全问题：

（1）网络通信过程之中如被第三者截取数据，根据现在的技术手段，无法解密；

（2）防止通信双方发生抵赖、篡改、重发等现象；

（3）系统要求 7×24 小时的工作时间，并要求核心平台数据库，即数据库服务器的运行及数据的保证；

（4）确保系统的安全管理具有高可靠性，并具有可审计、可监控性；

（5）实现安全系统管理的多层次、最小权限以及访问控制机制；

（6）数据交换具有信息非对称加密传输；

（7）应用系统的设计不能为病毒提供后门；

（8）防止黑客对门户等应用的恶意攻击；

（9）实现数据的备份与恢复。

11.3 平台框架

一般而言，生态产品总值核算数字化平台是一个集核算、更新、展示、应用为一体的平台（见图 11-1），核心要素包括 GEP 智能核算系统、GEP

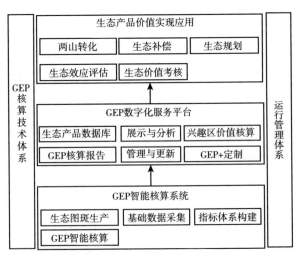

图 11-1 GEP 数字化平台框架

数字化服务平台和生态产品价值实现应用。生态产品总值核算数字化平台还需 GEP 核算技术规范体系、运行管理体系、工程管理体系和安全保障体系等支持。GEP 数字化平台具体内容及功能见表 11 – 1。

表 11 – 1　　　　　　　　GEP 数字化平台具体内容及功能

内容		功能
GEP 智能核算系统模块	生态图斑智能生产子系统	分区控制模块
		生态图斑提取模块
		图斑更新
	GEP 核算基础数据在线采集子系统	GEP 核算基础数据采集表
		GEP 核算基础数据在线填报页面
		填报数据在线质检功能
		GEP 核算基础数据统计报表
	GEP 核算指标体系构建子系统	生态产品时空价值的指标模型体系
		GEP 核算指标体系模块页面
		GEP 核算指标体系增删改查功能
		GEP 核算指标输入输出数据、模型关联功能
	GEP 智能核算子系统	GEP 智能核算模块页面
		GEP 智能核算技术流程
		生态图斑矢量数据集成实现
		图斑级 GEP 指标核算功能
	系统管理模块	系统权限管理功能
		系统用户管理功能
		系统角色管理功能
GEP 数字化服务平台模块	生态产品数据库	多源遥感影像数据库
		基础地理信息数据库（行政区划、地名、注记、道路等）
		其他基础信息库（高程数据、气象数据、土壤数据等）
		生态系统图斑数据库（海量精细矢量数据）
		生态产品价值核算数据库（物质产品、调节服务产品、文化服务产品）
		数据库接口与数据共享
	GEP 核算数据多维展示与分析模块	GEP 核算数据与地理信息相融合的可视化设计实现，在统一的地理时空框架下，实现生态价值综合数据的矢量化、空间化、精细化、多维度、可交互表达和展示

续表

内容		功能
GEP 数字化服务平台模块	GEP 核算数据多维展示与分析模块	GIS 图、仪表盘、数据表、柱状图等多种可视化展示功能
		GEP 总体展示功能
		调节服务价值模块，集成水源涵养、土壤保持、气候调节、洪水调蓄、固碳、释氧、负氧离子、生物多样性维持等二级指标子模块
		物质产品价值模块，集成年度农、林、牧、渔、水资源、再生能源等物质供给产品信息
		文化服务产品价值模块，集成度文化服务价值及自然教育价值、景观游憩价值等指标内容，并将旅游景区以矢量的形式在地图上直观呈现
		指标分区域统计分析功能，分区域（乡镇/街道等）进行生态系统调节服务指标生态价值统计分析与可视化展示
		支持点击查看单个生态图斑的调节服务价值、物质产品价值等内容
	兴趣区生态价值实时核算模块	支持在线绘制兴趣区域，进行兴趣区内生态图斑的生态服务价值、各空间化核算指标价值的在线计算
		支持用户上传兴趣区范围（项目空间范围），进行兴趣区范围内的生态指标价值实时计算与结果查看
	GEP 核算数据管理与更新模块	数据管理页面
		实现 GEP 核算数据、生态资源数据、基础地理信息数据、遥感影像数据等的管理（增删改查等）与动态更新
		支持 GEP 核算相关数据的按需更新，增强数据时效性
	GEP 核算报告模块	GEP 核算报告模块，增强报告的可阅读性
		支持 GEP 核算报告上传、浏览、下载、分享等功能
	"GEP+"应用扩展接口模块	以"GEP+"助力生态产品价值实现为核心设计理念设计平台应用扩展接口，具备极强的可扩展性和共享性
	系统管理模块	系统权限管理功能
		系统用户管理功能
		系统角色管理功能
生态产品价值实现应用模块	两山转化应用子系统	两山转化模块页面
		生态项目价值核算功能
	生态补偿应用子系统	生态补偿模块页面
		生态补偿价值核算功能设计实现

续表

内容	功能	
生态产品价值实现应用模块	生态规划应用子系统	生态规划页面
		生态空间格局规划一张图展示功能
		生态产业发展规划一张图展示功能
		生态产品项目包集成功能
	项目生态效益评估子系统	项目生态效益评估子系统页面
		生态效益在线评估功能
	GEP 考核子系统	GEP 考核子系统页面
		GEP 考核功能开发实现

11.4　案例区平台介绍

案例区 GEP 数字化平台包括生态资源、GEP 核算和价值实现三个模块[①]。在生态资源模块中，左边采用柱状图展示不同生态系统类型的面积，采用饼状图展示不同生态系统类型面积占比；右边采用 GIS 空间分析技术对地块尺度的生态资源矢量数据进行可视化展示（见图 11 – 2）。

图 11 – 2　案例区 GEP 数字化平台生态资源模块示意

---

① 本节平台示例信息来自作者开发的全南县 GEP 核算数字化平台（2020）。

在 GEP 核算模块中，既包括案例区 GEP 及其物质产品、调节服务和文化服务的可视化展示，又包括对感兴趣区域的 GEP 及其物质产品、调节服务和文化服务进行核算和结果的可视化展示。具体而言，以 GIS 图、仪表盘、数据表、柱状图等多种可视化形式，实现 GEP 核算数据的矢量化、空间化、精细化、多维度、可交互表达和展示；设置调节服务、物质产品等模块，实现相关核算指标数据的地块尺度可视化展示与交互，进行分区域统计分析；支持用户在线绘制兴趣区域/上传兴趣区范围，进行兴趣区内生态图斑的生态服务价值、各空间化核算指标价值的在线计算等内容（如图 11 –3 和图 11 –4 所示）。

图 11 –3　案例区 GEP 数字化平台 GEP 核算模块乡镇和结构示意

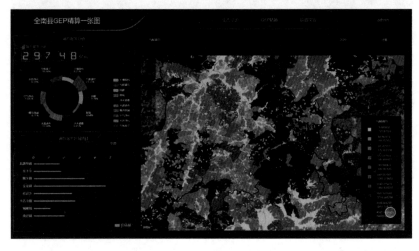

图 11 –4　案例区 GEP 数字化平台 GEP 核算模块地块层面示意

在价值实现模块，结合案例区特点组合定制生态产品价值实现的丰富应用子系统，发挥 GEP 核算数据价值，正在建设两山转化应用子系统、生态补偿应用子系统、生态规划应用子系统、项目生态效益评估子系统、GEP 考核子系统等。如图 11 – 5 展示的是对项目开展前后的生态效益进行评估。

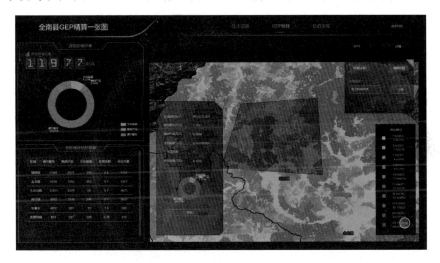

图 11 – 5　案例区 GEP 数字化平台 GEP 价值实现模块示意

第 12 章

生态产品总值（GEP）
核算成果的应用

12.1 GEP 进考核

GEP 可弥补单一 GDP 指标考核方式带来的结构性缺陷，科学反映真实发展水平。新发展阶段，应充分发挥好科学考核这一"指挥棒"，尽快调整考核目标、优化考核结构，逐步建立 GEP 与 GDP 双考核制度，将生态效益纳入经济社会评价体系，引导构建绿色发展新格局。

12.1.1 GDP 与 GEP 双考核是一个发展方向

单一的 GDP 考核方式不符合新时代绿色发展要求。当前我国区域经济发展与生态价值不平衡、不协调问题显著，不同地区 GEP 差异较大，GDP 较低的经济欠发达区域往往生态资产富足，GEP 价值较高。现行考核体系仍以经济指标为主，生态价值考虑不足，GDP 考核结果无法科学、全面体现区域真实发展情况。

GDP 被誉为 20 世纪最伟大的发明，自创立以来，被多数国家拿来用作衡量经济增长的指标。但它也具有内在的缺陷，即不能衡量社会成本，不能衡量增长的代价和方式，不能衡量效益、质量和实际国民财富，不能衡量资源配置的效率，也不能衡量分配，更不能衡量社会公正、快乐和幸福等价值判断。这使得 GDP 作为统计指标备受争议。在未有更好的经济指标代替 GDP 之前，虽然我们不得不继续使用它来进行统计、分析与比较，但必须淡化其作用，特别是不能把它用作经济工作的指挥棒，否则，GDP 的内在缺陷就会被放大，引起经济和社会的失调，以及经济的内在紧张。

GDP 作为衡量经济增长的指标，不仅具有内在缺陷，而且在实际中也产生了许多实实在在的后果，如资源被浪费、环境受污染和破坏等。自然环境是我们生存的家园，资源是我们改善生活品质的依靠。资源和环境被污染、浪费，一方面影响生活质量；另一方面也导致未来发展的根基受到威胁。在我们解决温饱问题后，尤其是向中等收入国家迈进时，如果再把经济增长建立在环境和资源透支的基础上，可以说是自毁长城。中国目前的资源和环境现状决定了我们不能再追求所谓的高速度，否则，经济转型就不可能成功。

《中共中央办公厅、国务院办公厅印发〈关于建立健全生态产品价值实现机制的意见〉的通知》明确提出建立生态产品价值考核机制。探索将生态产品总值指标纳入各省（自治区、直辖市）党委和政府高质量发展综合绩效评价；适时对其他主体功能区实行经济发展和生态产品价值"双考核"；推动将生态产品价值核算结果作为领导干部自然资源资产离任审计的重要参考；对任期内造成生态产品总值严重下降的，依规依纪依法追究有关党政领导干部责任。《中共江西省委、江西省人民政府印发〈关于建立健全生态产品价值实现机制的实施方案〉的通知》进一步明确实施生态产品价值考核制度：开展 GEP 核算年度目标考核，将 GEP 指标纳入高质量发展综合考核指标体系；适时将生态产品价值核算结果作为领导干部自然资源资产离任审计的重要参考，并将审计结果作为领导干部考核、任免、奖惩的重要依据；对任期内造成 GEP 严重下降的，依规依纪依法追究有关党政领导干部责任；将金融支持生态产品价值实现情况纳入绿色信贷考核评价体系。

GEP 核算与应用试点工作已积累了丰富的实践经验、奠定了良好的工作基础。2020 年，浙江省发布首部省级《生态系统生产总值核算技术规范　陆域生态系统》，加快推进生态经济化、经济生态化。2021 年，贵州省在都匀市、赤水市等 5 个试点市（县）GEP 核算试点工作的基础上，发布了贵州省生态系统生产总值核算技术规范。青海、贵州、海南、浙江、内蒙古等省（自治区、市），深圳、丽水、抚州、甘孜、普洱、兴安盟等 23 个市（州、盟）以及阿尔山、开化、赤水等 100 多个县（市、区）已展开了 GEP 核算试点示范工作。生态环境部目前已出台《生态系统评估　生态系统生产总值核算技术规范》等 GEP 核算标准，为推行 GEP 考核奠定了工作基础。

12.1.2　将 GEP 核算成果纳入考核的建议

（1）实施统一规范的 GEP 评价管理。加快完善 GEP 评价技术指南等相关政策，明确 GEP 核算范围，制定生态产品分类清单，规范生态产品价值量核算方法，确定衡量生态系统生产价值的指标体系，将 GEP 纳入国民经济统计核算体系。指导同类地区、同类生态系统建立统一规范的核算评价标准，为 GEP 纳入地方领导干部绩效考核提供基础。

（2）从点到面逐步推进建立 GEP 与 GDP 双考核制度。尽快研究出台《GEP 考核应用管理办法》等，国家统计局联合相关部门对地方定期开展年度 GEP 评价考核，推进建立区域 GEP 与 GDP 双考核制度，优化考核结构，以适应我国经济结构调整新形势。可率先在广东、浙江、青海、内蒙古等基础条件较好地区开展示范工作，争取在"十四五"期间全面推开，发挥 GEP 与 GDP 双考核制度在构建新发展格局"指挥棒"的作用。

（3）建立 GEP 与 GDP 双考核结果定期发布制度。明确 GEP 与 GDP 双考核的流程和结果发布程序，每年以《地区生产总值和生态系统生产价值统计年鉴》的形式发布核算结果，完善 GEP 与 GDP 双考核制度相关数据信息的公开机制，公布区域生态资源基本概况、生态系统存量价值、生态系统生产价值、生态保护投入等数据信息。

（4）强化 GEP 核算的支撑能力建设。建立健全生态监测统计数据的质量控制机制，加大财政资金对生态监测体系建设的保障。完善生态监测网络，加强生态监测数据质量控制、卫星和无人机遥感监测等能力建设，实现生态状况监测数据有效集成、互联共享，为 GEP 核算提供数据支撑。

案例： 广东省惠州市实施 GDP 与 GEP 双核算 绿色政绩检验生态文明建设成效

惠州市不断探索推行 GDP 与 GEP "双核算"制度的步伐，并在 2018 年《惠州市自然资源资产清单管理及生态资产核算制度》正式出台实施。根据制度设计，惠州将 GEP 评价结果作为重要指标纳入县（区）党政领导干部绩效管理，从而构建 GDP 与 GEP "双核算、双运行"的制度体系。

GEP 核算主要包括总耕地资源、森林资源、湿地资源、矿产资源和海洋资源 5 个方面资产价值，生态资产实行年度核算。上述核算工作由市环保局会同市国土资源局、水务局、农业局、林业局、海洋与渔业局、统计局负责。其中，生态资产具体核算工作可委托第三方机构实施。自然资源资产清单指标统计期和生态资产核算期为每年 1 月 1 日至 12 月 31 日。每年公布 GEP 核算的结果，将城市 GEP 纳入单位绩效考核和干部实绩考核。

资料来源：黄晓娜，广东惠州实施 GDP 与 GEP 双核算 绿色政绩检验生态文明建设成效 [EB/OL]．[2018－02－23]．http：//www.ce.cn/cysc/newmain/yc/jscw/201802/23/t20180223_28227585.shtml.

12.2　GEP 进补偿

当前，生态补偿中仍存在补偿主体单一、补偿范围有限、补偿标准较低等问题，尚未形成受益者付费、保护者得到合理补偿的生态保护补偿机制。GEP 核算有利于保护者和受益者更为直观地掌握生态环境保护所产生的效益，将 GEP 核算结果纳入生态补偿绩效考核有利于进一步完善生态保护补偿制度（靳东山等，2019）。比如，通过科学核算上下游间的水源涵养、土壤保持等调节服务产品价值，遵循"谁保护、谁受益"的原则，以 GEP 的增量作为生态补偿的依据和标准，可以使生态付费有价可询，还可以推动生态补偿由"中央政府付费"向"受益者付费"转变，提高生态补偿资金的使用效率，体现生态公平性。

12.2.1　GEP 核算成果应用于生态补偿的优势

（1）基于 GEP 的直接绩效考核效率更高。GEP 是生态系统为人类提供的产品与服务价值的总和，通过建立国家或区域 GEP 的核算制度，可以评估其森林、草原、荒漠、湿地和海洋等生态系统以及农田、牧场、水产养殖场和城市绿地等人工生态系统的生产总值，衡量和展示生态系统的状况及其变化（孔德帅，2017）。基于 GEP 进行的生态补偿绩效考核是一种基于生态系统服务产出的直接考核。基于生态系统服务产出的生态补偿绩效考核可以给予受偿主体更为直接的激励，有效解决因为补偿主体与受偿主体之间信息不对称所导致的补偿无效率。此外，基于 GEP 的生态补偿能够激发受偿主体在生态系统服务供给方面的创新潜力，有利于充分运用受偿主体在生态系统管理方面的知识经验，提升补偿资金的使用效率。通过生态产品总值的核算还可以认识和了解生态系统的状况以及变化。GEP 能够较为直观地反映生态系统的运行状况，便于受偿主体更为直观地了解生态环境保护所产生的效益。相较于各类生态环境监测指标所反映出的专业化信息，GEP 所反映出的生态系统服务价值量显然更容易被地方政府及社区民众所接受。

（2）GEP 对生态系统服务指标的扭曲程度较低。基于生态系统服务产出的生态补偿绩效考核中，选择能够全面真实反映生态系统服务状况的指标是关键问题。现有的生态环境质量考核指标体系在指标的选取、权重设定等方面不可避免地存在一定的扭曲。相对而言，生态系统服务功能反映的是生态系统与生态过程所形成及所维持的人类赖以生存的自然环境条件与效用。关于生态系统服务功能评估的探索由来已久，生态系统服务功能的评价模型经历了从静态估算向动态评估转变，研究内容由单项生态系统服务功能价值评估转变为时空动态变化评估的阶段。目前生态系统服务功能评估已经形成了较完整的理论和评估方法框架，这为 GEP 核算奠定了良好的理论基础（魏同洋，2015）。生态系统服务的种类划分是 GEP 核算的重要参考，虽然两者所研究的生态系统服务种类有所区别，但总体上的划分方式是一致的。生态系统服务价值的评估技术也是现阶段 GEP 核算的主要方法，以 GEP 作为生态绩效考核的核心指标可以更加真实地反映生态系统服务的实际状况，在一定程度上减少指标扭曲对于生态补偿效率的影响。

（3）基于 GEP 核算的绩效考核成本较低。相对于基于活动类型的监督管理，以 GEP 为核心指标进行生态补偿的绩效考核是基于生态系统服务产出的直接考核。这种生态补偿绩效考核机制可以有效避免信息不对称导致的效率损失。基于 GEP 核算的绩效考核可以在一定程度上减少对受偿主体具体活动类型变化的直接监管，从而能够减少绩效考核的直接成本。即使在某些必须依据活动类型进行监管的领域，以 GEP 为基础的生态补偿绩效考核直接面向区域层面，在重点生态功能区县等较小的区域尺度上，具体的活动类型监管权力将被下放至乡镇、社区，有利于提升监管效率。此外，从 GEP 指标本身的核算角度来看，借助于 GIS、RS、GPS 等现代化技术，GEP 核算的基础数据获取更为便捷、准确，实施监测的成本更低。

12.2.2　将 GEP 核算成果纳入生态补偿的建议

（1）建立生态综合补偿机制。目前我国政府许多部门都在进行生态补偿探索，并且取得了较大进展。但长期以来各部门的补偿政策欠缺有效的协调，不同部门各行其是的状况导致了我国生态补偿政策的效率仍存在较大提升空间。首先，我国的生态补偿资金存在严重的条块分割，各部门的补偿资金欠缺统筹协调，不同部门的补偿政策可能存在重复补偿或者无法全面覆盖潜在受偿地区的问题，甚至存在补偿政策的相互冲突。其次，由于不同部门的补偿政策欠缺协调，不同补偿政策的补偿标准可能存在较大差异。例如在生态状况相似的区域，由于土地可能归属不同部门管辖，因而进入不同政策的补偿范围，享有不同的补偿标准，可能产生土地承包权所有者对补偿政策的不满。再次，目前各部门的生态补偿主要是基于该部门职责范围，更多地关注相应的生态系统保护状况，很少把生态补偿与兴农助农联系起来。许多政策的补偿标准是按照土地面积设定的，资源禀赋较好的土地经营者很可能获得更多补偿；许多项目扶持式的生态补偿政策则要求农户拥有投资项目的初始资本，导致许多低收入农户被限制在政策门槛之外，难以从生态补偿政策中获益，造成了生态补偿扶贫的困境。最后，目前我国的生态补偿政策普遍存在"重项目、轻绩效"的问题，重视项目的设定和实施，但对于项目具体产生的绩效考核不够充分，或者不同部门各自在考核本部门政策的绩效，由于生态环境改善受到多重因素影响，很难准确衡量各项政策的单独效果。

　　建立基于 GEP 的生态补偿绩效考核机制，各项生态补偿政策的协调整合将是首要的配套政策。一方面来看，GEP 所评价的是区域内生态系统服务的总体状况，如果各项生态补偿政策作用效果相互叠加或者相互冲突，则无法准确识别各项政策对于生态系统服务产出的作用，进而导致无法实施有针对性的激励机制提升生态补偿资金激励效果。另一方面，基于生态系统服务产出的生态补偿绩效考核机制的重要优势在于可以充分发挥受偿主体在生态系统管理方面的经验，激发生态产品供给的创新动力。生态补偿资金的统筹使用显然是保证受偿主体创新空间的基本前提，现有的资金条块分割现状将削减直接激励所产生的创新空间，因此生态综合补偿机制的建立对于强化基于GEP 的生态补偿绩效考核具有重要意义。

　　（2）建立相对绩效考核机制。上下级地方政府在生态环境保护中存在"委托—代理"形式，相较于单一代理人的"委托—代理"情形，多代理人情形更有可能签订接近最优的激励合同，主要原因在于多个代理人在相似环境中承担相同工作任务，在评价他们的绩效时可以通过对产出的横向降低因环境不确定性造成的信息不对称的程度（Holmstrom，1982）。这也为上级政府与多个重点生态功能区县之间的考核激励机制改进提供了一种可能的思路。基于相对绩效的考核激励机制在代理人足够多的情形下可以将其系统风险完全剔除，进而实现激励合同的帕累托改进，降低信息不对称造成的代理成本。而在建立基于 GEP 的区域性生态补偿考核激励机制时，实施相对绩效考核激励的关键在于结合各重点生态功能县的地理位置、生态关联等因素，识别出存在相同系统风险的、具有可比性的区域。虽然这并不能完全剔除某个重点生态功能县所面临的全部系统风险，但仍可以减少激励机制的效率损失。

　　（3）将 GEP 与现有绩效考核体系有机结合。将 GEP 纳入生态补偿绩效考核体系并不是对现有绩效考核体系的简单替代，需要与现有绩效考核体系进行有机结合。对于现有的基于生态系统服务产出的绩效考核，可以进行适当的借鉴与调整。例如县域生态环境质量考核中除了自然生态指标之外，还在环境状况指标中设置了主要污染物排放强度、污染源排放达标率、城镇生活污水处理率等指标。这些指标与 GEP 相比在一定程度上反映了区域环境的不同侧面，在实践中应该进一步探讨如何进行协调应用。此外，县域生态环境质量考核在相关基础数据的监测、报送、审核等方面已经形成了一套相对成熟的体系，为 GEP 考核提供了较为成熟的实践经验。以 GEP 为基础指标构建基于生态系统服务产出的生态补偿绩效评价体系并不是要完全摒弃现有的基于活动类型的绩效评价体系。在针对社区、农户等微观层面的生态补偿绩效评价中，开展生态系统服务评估相对困难，基于土地利用变化等活动类型的监管仍然不可或缺。把生态补偿考虑到生态产品总值核算框架中，结合生态环境质量考核的指标体系，提出 GEP 的核算方法。

案例：湖北省鄂州市将 GEP 结果纳入生态补偿

鄂州市与华中科技大学合作开展 GEP 核算。选择 4 种具有流动性的生态系统服务（气体调节、气候调节、净化环境、水文调节）进行生态补偿测算。按照生态服务高强度地区向低强度地区溢出生态服务的原则（价值多少代表强度高低），按照各个区 4 类服务的价值量，分别核算各区应支付的生态补偿金额。

鄂州市制定了《关于建立健全生态保护补偿机制的实施意见》等制度，按照政府主导、各方参与、循序渐进的原则，在实际测算的生态服务价值基础上，先期按照 20% 权重进行三区之间的横向生态补偿，逐年增大权重比例，直至体现全部生态服务价值。对需要补偿的生态价值部分，试行阶段先由鄂州市财政给予 70% 的补贴，剩余 30% 由接受生态服务的区向供给区支付，再逐年降低市级补贴比例，直至完全退出。2017～2019 年，梁子湖区分别获得生态补偿 5031 万元、8286 万元和 10531 万元，由鄂州市财政、鄂城区和华容区共同支付。

从 2016 年至今，因溢出生态服务价值，梁子湖区共获得鄂州市及其他区的生态补偿资金 2.4 亿元，主要用于农村污水处理、环湖水源涵养林带建设、水生植被修复、沿湖岸线整治等生态保护修复，不断夯实生态基础。

资料来源：鄂州探索生态价值实现路径：呵护绿水青山构建生态补偿机制. 人民日报. [EB/OL]. [2018－11－02]. http：//www. hubei. gov. cn/zhuanti/2018zt/hbdchtk/201811/t20181102_1364360. shtml.

12.3　GEP 进交易

绿水青山的价值是能够让一些地区获益的，而且也应该获益。当前市场化交易主要是物质产品和文化服务产品，调节服务产品的交易尚缺乏一个综合性的能够量化的指标、标准和统一的交易市场。

12.3.1　GEP 核算成果市场化交易是乡村生态振兴的重要内容

当前我国有许多生态资源富集的低收入地区，对这些地区而言，将生态资源优势转化为经济优势，是实现乡村振兴的重要途径。资源富集生态功能区一般都处于工业发展水平弱，开发程度较低的山区、湖泊、湿地。在乡村振兴的大背景下，如何通过资源富集生态功能区的生态价值兴农助农，是政府部门与学界共同关注的重要课题。

绿水青山的价值是能够让一些地区获益的，而且也应该获益。市场化交易方面，以区域公共品牌认证为代表的生态物质产品价值实现和以生态旅游开发为代表的生态文化产品价值实现，仍然是目前市场化生态产品价值实现的主要路径，调节服务产品的交易尚缺乏一个综合性的能够量化的指标、标准和统一的交易市场。可以采用 GEP 的核算结果，将生态产品尤其是调节服务产品打包，为政府采购、企业购买生态产品等"生态＋市场"的生态产业化路径提供数据支撑。还可以根据 GEP 核算结果，开发生态贷款、"两山"基金、绿色证券等绿色金融产品，搭建交易市场，打通"生态＋金融"的生态产品价值实现路径，吸引更多资金、科技力量参与生态保护和绿色发展。

12.3.2　推动 GEP 核算成果市场化交易的建议

针对有市场价值的生态物质产品目前存在的问题，在制度上，一是要加快对其认证标准、流程、标志的规范与统一，使认证通过的产品在市场上形成一定的辨识度。二是要明确认证通过产品的责任主体。若认证产品出现质量等问题，不仅对相关企业进行严厉惩治，认证单位也应被问责并受到相应的惩罚。三是制定以优质优价为原则的生态产品定价区间制度，使得产品的生态价值正确地反映在其载体上。只有生态产品在制度上得到完善，市场上流通的生态产品的质量才可以得到更好的保障，人们也会更加愿意为生态产品带来福利改善而支付相应的对价，从而使得"绿色价值"带来的效益有所提升。

相关企业应主动探索如何实现自身生态产品品牌化，地方政府也应积极推动当地生态产品产业化，结合地方优势发展地方特色，实现生态产品的价值增值。以成功实现生态农产品品牌化"丽水山耕"为例，在政府主导、协会注册、国资公司运营的模式下，"丽水山耕"通过整合当地各区域优质主导产业，走差异化、特色化、个性化的生态精品农业发展道路，做大做强了当地的生态农产品。

针对无市场价值的生态产品与服务目前存在的问题，在生态补偿方面，一是要完善生态补偿模式，明确补偿标准，通过缩短补偿周期，标准化补偿，使得地方政府可以实现对资金的优化利用。二是要根据市场价格设置合理的补偿金额并根据市场价格的变动及时调整补偿水平，调动起地方政府和当地群众对环境治理和保护的积极性。此外，中央也应在不同区域规定出横向治理目标，使得不同地区的政府能够更好地通力合作。在税收方面，除了扩大环境税的征收范围并在其他税收中体现出环境友好型产品与环境污染性产品的税率差别外，可以将环保税这一财政收入和生态补偿机制所涉及的财政支出挂钩，通过参考补偿支出来调整税率，减轻地方政府的财政压力。

值得注意的是，无市场价值的生态产品与服务的价值实现几乎是通过政府被动"输血"这一单一的方式完成的。而只有通过将其价值赋到载体上，通过市场交易的方式，才能实现真正的价值经济转化。因此，政府要加快建立市场化、多元化生态补偿机制。一方面，政府要完善投融资制度，合理地使用金融经济杠杆，丰富生态补偿市场化机制的体系；另一方面，政府要培育市场交易平台，设计明确交易规则，提升交易平台的成交效率，从而吸引更多的市场主体参与到生态环境建设中。

案例： 丽水市基于 GEP 核算的生态产品市场化交易

2020 年 5 月 19 日，由国家电投集团投资 1.7 亿元的缙云县大洋镇 40MW 光伏发电"农光互补"项目正式签约落地。该项目协议首次出现"企业购买生态产品"条款，即企业通过向当地生态强村公司支付 279.28 万元，用于购买项目所在区域的调节服务类 GEP。

形成"1+2"生态产品市场化交易新模式。"1"即以土地权属为载体，通过集体土地统一流转，实现土地生态产品价值的全新使用和增值；"2"即企业购买生态产品价值主要包括区域生态系统产品价值（GEP）和项目生态溢价价值两部分。GEP 部分，主要为企业使用辖区内的生态产品，从而获得效益，企业对使用部分生态产品进行购买；生态溢价部分，主要是受益于大洋镇优良的生态环境，光伏发电板的使用寿命延长，发电效率增长超 10%，产生比外地更高的经济效益。基于中科院生态环境研究中心 GEP 核算方法，丽水（两山）学院及相关科研团队对此项目进行估价，建议企业按照项目所在区域 GEP 的 5% 和项目生态溢价价值的 12% 进行购买，共核算出 279.28 万元的购买总价，分 25 年付清，企业每年需支付大洋镇生态强村公司 11.17 万元。

丽水市将通过创新探索生态产品市场化交易，有效推动重大项目和重点企业主动参与丽水市生态产品价值实现机制的试点建设，形成绿水青山和金山银山的相互支撑和转化。

资料来源：丽水市发改委. 丽水首例基于 GEP 核算的生态产品市场化交易达到 [EB/OL]. [2020 - 05 - 28]. http://fgw. lishui. gov. cn/art/2020/5/28/art 1229278588_56600369. html.

12.4　GEP 进规划

一是将 GEP 总量目标与 GDP 总量目标一同作为预期性指标纳入国民经济和社会发展五年规划纲要，以及国民经济和社会发展计划，确保实现 GDP 和 GEP 规模总量协同较快增长，GDP 和 GEP 之间转化效率实现较快增长。

二是开展国土空间规划支撑"绿水青山就是金山银山"转化试点，结合各县（市、区）主体功能定位，科学评估、合理设定各区域生态保护和经济发展目标，实现自然资源管控的系统化、精细化、差异化，为各类开发保护建设活动提供基本依据。

三是将 GEP 成果落实在国土空间规划和生态修复专项规划中，实现生态产品开发利用与生态保护红线、永久基本农田、城镇开发边界三条控制线和生态修复等工作有机衔接。在新编和调整国土空间规划时，预留一定的空间规模、建设用地指标用于生态产业发展。对于集中连片开展生态修复达到一定规模和预期目标的市场主体，在依法依规的前提下，允许在修复区域内利用不超过 3% 的治理面积作为新增建设用地，优先保障生态管护设施建设，开展旅游、康养、体育、农产品初加工及储存等产业开发。

12.5　GEP 进决策

一是将 GEP 变化指标纳入重大事项决策、重要干部任免、重要项目安排、大额资金的使用等"三重一大"决策综合评价体系，作为决策的重要指引和硬约束。全面构建以改善生态环境质量、提升绿色发展水平为核心目标责任体系和责任追究体系，科学评估"三重一大"决策对 GEP 可持续供给能力的影响，对"三重一大"决策造成生态环境质量恶化、生态功能退化的，将依法依规追究责任。

二是 GEP 核算成果推进产业发展，通过 GEP 核算，全面推进"产业生态化、生态产业化"，积极发展生态旅游、生态农业、生态制造业、生态服务业和生态高新技术产业，促进"绿水青山"生态系统服务"盈余"和"增量"转化为经济财富和社会福利，从而实现"绿水青山"向"金山银山"的转化。在保护生态环境的同时满足人民群众对优美环境和美好生活的需要，实现 GEP 与 GDP 的协调增长。

12.6　GEP 进监测

一是推进"天眼守望"卫星遥感数字化服务平台建设，利用卫星遥感等数字化技术，开展森林、湿地等典型自然资源要素的生态产品产出能力调查，全面掌握生态产品数量、质量、权属、结构、空间分布、经济价值、生态价值及其变化等基本信息，建立典型生态产品产出能力的分类体系。依据生态产品产出能力，研究构建典型生态产品分等定级体系及定级标准，形成分类分等定级表，为生态产品基准定价、有偿使用和市场交易等提供技术支持。

二是开发 GEP 核算数据报送、自动核算功能，建设生态产品价值业务化核算软件平台，形成部门填报、数据审核、年鉴形成、决策支撑的全过程业务化系统，建立可复制、可比较、可应用的县级行政区域生态产品价值业务化核算技术体系，实现对 GEP 构成因子的全方位监测，市、县、乡三级行政区域和任意地块 GEP 核算及其变化的动态展示，有效保障和提升生态产品可持续供给能力。

第 13 章

生态产品总值（GEP）与区域经济系统耦合协调分析

保持良好的生态系统质量和确保生态资产的安全，不仅是经济和社会发展的内在要求，也是促进经济社会可持续发展的根本保障（白杨等，2017）。在经济和社会飞速发展的背景下，过度开发自然资源、改变土地利用类型和其他人类活动导致生态系统功能受损，人地矛盾渐趋突出，影响生态系统所能提供的服务（荔童等，2023）。保护生态系统，维护其功能完整性和生态资产安全，具有重要的经济、社会和环境意义。2022 年 10 月 26 日，习近平总书记在党的二十大报告中强调，中国式现代化是人与自然和谐共生的现代化，"必须牢固树立和践行绿水青山就是金山银山的理念，站在人与自然和谐共生的高度谋划发展"（黄润秋，2023）。作为江西省乃至中部地区经济发展的重要组成部分，赣南地区的生态系统服务价值和经济价值具有重要意义。其中，各种生态系统中的"绿水青山"被视为"金山银山"。实现"两山"转化的本质是将生态资源转化为生态资产，即通过自然资源的市场化和价值化来实现（谢花林等，2022）。在此背景下，对"绿水青山"的价值进行量化成为必然趋势，这有助于将无形的生态环境转化为有形的经济价值，并为生态保护和绿色发展提供可评价、可考核的基础。因此，价值量化是实现"两山"共存、生态和经济双赢的重要前提，也是推动区域可持续发展的重要手段。

13.1　生态产品总值与区域经济耦合协调机制

生态与经济系统通过物质流、能量流和信息流等交互耦合作用形成既相互促进又相互制约的动态变化系统，它们之间是一个非平衡的、开放的、具有自组织能力以及非线性相互作用的关系（李义龙，2019）。区域经济与生态产品总值之间存在相互影响和相互制约的耦合协调关系（见图 13 − 1）。

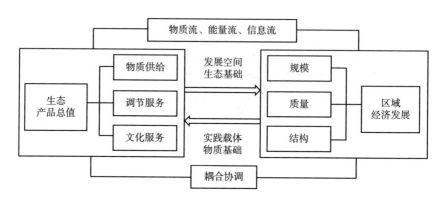

图 13 − 1　生态产品总值与区域经济的耦合协调机制

　　第一，生态产品总值为区域经济发展提供了发展空间和生态基础。区域经济发展依赖生态系统所提供的生态价值，并受生态产品总值自身属性的影响。生态系统是人类发展、生产和生活的基础，人类对生态系统的不合理开发利用，会使区域经济发展付出环境破坏的代价。不同的生态系统类型在区域内对人类的生产活动产生影响，例如农田、湿地生态系统主要支撑第一产业经济，而城镇生态系统则以第二产业和第三产业为主。良好的生态系统是实现人口聚集和区域经济高质量发展的必要条件。只有在合理开发区域资源的前提下，以生态产品总值为保障，不断提升区域经济整体竞争力，才能够推动 GEP 与区域经济的可持续发展。

　　第二，区域经济发展是生态产品总值的实践载体和物质基础。经济的高质量发展有利于生态系统趋于协调，反之则会使生态系统失衡。区域经济系统通过为生态系统提供环境保护的人力物力等物质基础进而增强生态系统的耐受性和稳定性。此外，随着城市化进程的加快，城镇生态系统不断挤占其他 GEP 高的生态系统类型，第二产业的发展同样使区域生态系统类型结构发生改变。当经济发展到一定程度时，基于对生态产品总值的探索，才能达到 GEP 与区域经济的良性耦合协调发展。只有持续推进生态产品总值与区域经济系统的耦合协调发展，才能够充分发挥二者之间的积极作用和协同效应，从而推动整个生态经济系统实现协调有序发展。

13.2 生态产品总值与区域经济综合指数分析

13.2.1 区域经济指标体系构建

为了实现经济可持续发展的目标，不仅需要持续推进经济总量的增长，还需要关注经济质量的提高，以促进区域经济高质量、持续快速发展，有效提高人民生活水平，增强人民获得感和满足感。本书从区域经济发展规模、质量与结构三个层面出发，借鉴相关学者（薛明月，2022；韩增林等，2019；杨雅楠等，2017）的研究构建区域经济指标体系，以客观、科学的方式对赣南地区经济发展综合水平进行评估。其中，人均社会消费品零售总额和人均社会固定资产投资额是衡量区域经济质量的主要指标，人均GDP和人均地方财政收入是衡量区域经济规模的主要指标，第二产业比例和第三产业比例是衡量区域经济结构的主要指标。赣南地区2020年度各项经济指标数据如表13-1所示。

表 13-1　　　　2020 年赣南地区各经济指标数据

县区	人均 GDP（万元）	人均社会固定资产投资额（万元）	人均地方财政收入（万元）	人均社会消费品零售总额（万元）	第二产业比例	第三产业比例
章贡区	7.538	8.718	0.912	5.778	0.448	0.543
南康区	4.322	2.992	0.424	1.771	0.419	0.508
赣县区	3.519	4.262	0.456	1.445	0.308	0.574
信丰县	3.638	3.568	0.333	0.680	0.361	0.468
大余县	4.168	5.467	0.502	1.734	0.412	0.460
上犹县	3.450	2.967	0.407	1.354	0.367	0.468
崇义县	4.998	3.781	0.765	1.648	0.393	0.482
安远县	2.662	1.443	0.299	1.221	0.248	0.517
龙南市	5.391	6.734	0.735	1.438	0.509	0.400
定南县	4.181	4.477	0.592	1.433	0.331	0.523
全南县	5.115	3.571	0.616	2.411	0.387	0.431

续表

县区	人均GDP（万元）	人均社会固定资产投资额（万元）	人均地方财政收入（万元）	人均社会消费品零售总额（万元）	第二产业比例	第三产业比例
宁都县	3.101	1.679	0.191	1.227	0.269	0.523
于都县	3.096	2.899	0.249	1.116	0.382	0.503
兴国县	2.811	2.473	0.298	1.193	0.305	0.521
会昌县	2.978	1.777	0.330	1.138	0.351	0.457
寻乌县	3.660	2.300	0.357	1.091	0.300	0.461
石城县	2.984	1.634	0.369	1.181	0.282	0.504
瑞金市	2.845	1.916	0.409	1.470	0.360	0.483

区域经济发展规模。人均GDP是衡量经济发展变化和人民创造财富能力的重要指标，它体现了每个人平均创造财富的多少。该指标是通过赣南地区生产总值和人口数量的比值得出的，能够公正地反映地区的社会发展水平。人均地方财政收入也是衡量区域经济发展规模的指标之一，同时也是不同区域间进行比较的指标。促进区域协调发展，对于增加地方财政收入具有积极促进作用，更是不同地区产业结构优化和升级的重要动力。同时，财政收入还是区域经济增长潜力与韧性的重要体现。

区域经济发展质量。人均社会固定资产投资是衡量区域经济活力和人民生活水平的重要指标之一，其与供需关系密切相关，对于优化供给结构和实现经济稳定增长具有重要意义。在推动区域经济增长方面，投资是最主要的因素之一，其能够为生产和经营活动注入更多资本，刺激市场活力，促进区域经济健康快速发展，是推动区域经济高质量发展的关键因素之一。从微观角度而言，人均社会消费品零售总额是衡量民生的重要指标；而在宏观层面上，消费是刺激区域经济增长的主要推动力量。因此，人均社会固定资产投资额和人均社会消费品零售总额都是反映区域经济发展质量的重要指标。

区域经济发展结构。区域经济发展的良性运转离不开合理的产业结构比例，只有实现经济结构的合理化，才能激发其经济活力并推动经济发展持续向好。通过不断升级和优化产业结构，可以源源不断地形成新的竞争优势和增长动力，提高经济发展的质量。产业结构升级是实现区域经济高质量发展的重要支撑，同时，区域经济的发展对于产业结构升级也具有重要的意义，是实现经济高质量发展的重要一步。因此，在本书中选用第二、第三产业比重来刻画赣南地区经济发展结构。

13.2.2　熵权 TOPSIS 法

要分析 GEP 和经济发展水平的耦合协调发展关系，先要对二者进行综合评价。在经济数据处理中，采用熵权法基于客观原始数据确定经济发展体系指标的权重，全面客观地反映经济基础指标的实际情况。该方法可有效解决指标相关性问题（张振等，2023），提供科学合理的综合指数，为协调发展分析提供支持。熵值法是关于对数与熵的思想，再以指标原本特征评判其效用价值，避免因某些主观因素对判断产生影响而造成分析偏差（甘浪雄等，2021）。通常采用 TOPSIS 法进行组内综合评估，能够充分挖掘原始数据信息，研究结果能够准确反映出各种评价方案间存在的差异。其基本流程是根据归一化原始数据矩阵，利用余弦法，在有限方案内寻找最优方案与最劣方案，然后，分别计算出每个评价对象到最优方案，最劣方案的距离，得出了每个评价对象相对于最优方案的贴近度，并在此基础上，对其优劣进行了评价。

其具体计算过程如下：

（1）构建原始数据矩阵。假设有 M 个评价对象，每个 M 对应 N 个评价指标，建立出原始数据矩阵 $A = (a_{ij})_{m \times n}$，$a_{ij}$ 表示第 i 个评价对象下第 j 个指标的值；

（2）将原始矩阵数据标准化。针对不同指标要进行对应类型的数据标准化处理，得到规范后的矩阵 $B = (b_{ij})_{m \times n}$，其中：

对于正向性指标（效益型指标）：

$$b_{ij} = \frac{a_{ij} - a_j^{\min}}{a_j^{\max} - a_j^{\min}}$$

对于负向性指标（成本型指标）：

$$b_{ij} = \frac{a_j^{\max} - a_{ij}}{a_j^{\max} - a_j^{\min}}$$

（3）熵权法下计算第 j 个指标下，第 i 个区县的贡献度。

$$p_{ij} = \frac{b_{ij}}{\sum_{i=1}^{n} b_{ij}}$$

（4）熵权法下计算第 j 项指标的熵值。

$$e_j = -\frac{1}{\ln n} \sum_{i=1}^{n} p_{ij} \ln p_{ij}$$

（5）熵权法下计算差异性系数。

$$g_j = 1 - e_j$$

（6）熵权法下确定评价指标的权重 w_j。

$$w_j = \frac{g_j}{\sum_{j=1}^{m} g_j}$$

（7）对标准化矩阵中的指标进行加权，形成加权矩阵。

$$c_{ij} = b_{ij} * w_j$$

（8）确定正理想解 C^+ 和负理想解 C^-。

$$C^+ = [C_1^+, C_2^+, \cdots, C_n^+]$$
$$C^- = [C_1^-, C_2^-, \cdots, C_n^-]$$

正理想解：

$$c_j^+ = \begin{cases} \max c_{ij}, j \text{ 为极大型属性,} \\ \min c_{ij}, j \text{ 为极小型属性,} \end{cases} j = 1, 2, \cdots, n$$

负理想解：

$$c_j^- = \begin{cases} \min c_{ij}, j \text{ 为极大型属性,} \\ \max c_{ij}, j \text{ 为极小型属性,} \end{cases} j = 1, 2, \cdots, n$$

（9）计算每个待评价对象到正理想解和负理想解的距离（采用欧式距离计算公式）。

评价对象 a_i 到正理想解的距离：

$$d_i^* = \sqrt{\sum_{j=1}^{n} (c_{ij} - c_j^+)^2}, i = 1, 2, \cdots, m$$

评价对象 a_i 到负理想解的距离：

$$d_i^0 = \sqrt{\sum_{j=1}^{n} (c_{ij} - c_j^-)^2}, i = 1, 2, \cdots, m$$

（10）计算每个待评价对象的相对贴近度（评价参考值）。

666

$$f_i = \frac{d_i^0}{d_i^0 + d_i^*}, \ i = 1, \cdots, m$$

再将 f_i 从小到大排列，得到各评价对象的优先序。

13.3　赣南地区生态产品总值综合指数计算及分析

按照 TOPSIS 模型计算可得赣南地区 GEP 综合指数。如表 13-2 所示，宁都县和章贡区分别为三个核算年份中各区县 GEP 综合指数最高和最低的县区，宁都县在物质产品供给价值、调节服务价值和文化服务价值均价值最高，GEP 综合指数也最高，章贡区则相反，受限于市辖区城市生态系统面积占比最高，生态效益最低。2010~2020 年 GEP 综合指数第二高的均是兴国县。2010~2020 年 GEP 综合指数减少的有章贡区、石城县和瑞金市。2010~2020 年 GEP 综合指数增长率最高的是上犹县，GEP 综合指数从 0.161 增长到 0.211。

表 13-2　　　赣南地区 2010~2020 年 GEP 综合指数测算结果

县区	2010 年	2015 年	2020 年
章贡区	0.001	0	0
南康区	0.284	0.261	0.307
赣县区	0.507	0.499	0.57
信丰县	0.548	0.484	0.575
大余县	0.144	0.14	0.181
上犹县	0.161	0.178	0.211
崇义县	0.27	0.281	0.353
安远县	0.358	0.323	0.367
龙南市	0.207	0.204	0.222
定南县	0.126	0.129	0.131
全南县	0.17	0.169	0.186
宁都县	1	1	1
于都县	0.547	0.533	0.612
兴国县	0.632	0.634	0.683
会昌县	0.447	0.403	0.474

续表

县区	2010 年	2015 年	2020 年
寻乌县	0.345	0.316	0.354
石城县	0.243	0.278	0.225
瑞金市	0.437	0.409	0.429

依据构建的赣南地区经济发展指标体系，对赣南地区 18 个县区 2010 年、2015 年和 2020 年的经济发展水平进行熵权 TOPSIS 法测算出经济发展综合指数，结果见表 13 - 2。为了更好地进行分析和总结综合发展水平，参考相关研究（韩增林等，2020），将赣南地区各县区的经济发展综合指数划分为五类：即 $0 < U \leqslant 0.2$ 为经济发展水平低，$0.2 < U \leqslant 0.4$ 经济发展水平较低，$0.4 < U \leqslant 0.6$ 为经济发展水平一般，$0.6 < U \leqslant 0.8$ 为经济发展水平较高，$0.8 < U \leqslant 1$ 为经济发展水平高。

从表 13 - 3 可得，章贡区在三个年份中都属于经济发展高水平，是整个赣南地区经济发展的高地，集中了赣南地区大部分高产值的产业。2010 年有 14 个县区经济发展属于低水平类型，1 个较低水平类型和 2 个一般水平；2015 年有 14 个县区经济发展属于低水平类型和 3 个较低水平；2020 年有 9 个县区经济发展属于低水平类型，有 7 个较低水平类型和 2 个一般水平。2010～2020 年，赣南地区经济发展水平整体有所提高，南康区、赣县区、信丰区、崇义县和全南县由经济发展低水平提高到经济发展较低水平。2010～2020 年经济发展综合指数增幅最大的为石城县，增幅达 20.67 倍，经济综合指数由 2010 年的 0.003 增长到 2020 年的 0.065。2010 年、2015 年和 2020 年经济发展综合指数前三的均是章贡区、龙南市和大余县，这三个县区在经济发展的规模、质量和结构都表现优秀。结合变异系数来看，2010 年和 2015 年变异系数较大，2020 年变异系数下降到 0.873，说明赣南地区各区县的经济发展水平在 2010 年和 2015 年差异较大，在 2015～2020 年各县区经济发展水平差异才开始缩小。结合赣南地区经济发展水平空间分布特征来看，2010 年赣南地区大部分处于经济发展低水平状态，到了 2020 年，西南部各县区经济发展提高，而东北部经济发展水平相对较低，且呈现出围绕着市中心向外发展的特征，形成了以章贡区为核心的向外辐射带动的经济发展圈层结构。而大余县、定南县和龙南市靠近经济发达的广东省，受到广东省经济发展的辐射作用，经济发展势头较好。而东北部各县区受制于产业结构、交通不便等因素经济发展水平较低，需要对其进行产业帮扶，改善交通、政策倾斜等，以期赣南地区协同发展。

表13-3　　　2010～2020年赣南地区经济发展综合指数测算结果

县区	2010年	2015年	2020年	增幅（%）
章贡区	0.994	0.997	0.999	0.50
南康区	0.125	0.106	0.218	74.40
赣县区	0.198	0.155	0.305	54.04
信丰县	0.183	0.124	0.215	17.49
大余县	0.406	0.234	0.425	4.68
上犹县	0.102	0.076	0.182	78.43
崇义县	0.129	0.139	0.284	120.16
安远县	0.027	0.013	0.064	137.04
龙南市	0.461	0.35	0.505	9.54
定南县	0.238	0.226	0.327	37.39
全南县	0.143	0.138	0.318	122.38
宁都县	0.026	0.019	0.071	173.08
于都县	0.101	0.063	0.162	60.40
兴国县	0.063	0.048	0.125	98.41
会昌县	0.027	0.028	0.067	148.15
寻乌县	0.05	0.051	0.109	118.00
石城县	0.003	0.006	0.065	2066.67
瑞金市	0.037	0.037	0.107	189.19
变异系数	1.260	1.424	0.873	

13.4　生态产品总值与区域经济耦合协调时空分析

13.4.1　耦合协调发展模型

13.4.1.1　耦合度

生态系统与经济发展之间具有相互协同和相互拮抗的关系，因此基于一般性的耦合度模型，构建了赣南地区GEP与经济发展的耦合度函数，公式如下：

$$C = 2\sqrt{(U_1 \cdot U_2)/(U_1 + U_2)^2}$$

其中，C 是耦合度，$C \in [0, 1]$，C 越大表明 GEP 与经济发展共振耦合状态越好，C 越小表明 GEP 与经济发展耦合状态越差，将趋于无序发展。U_1、U_2 分别代表 GEP 和经济发展的综合指数。借鉴薛明月（2022）、董文静（2020）等学者的研究，结合赣南地区耦合度的计算结果，将 GEP 与经济发展耦合度分为四个类型（见表 13 – 4）。

表 13 – 4   **GEP 与经济发展耦合类型**

耦合度	耦合类型	特征
$C \in [0, 0.3]$	低耦合	GEP 和经济发展之间开始博弈，处于低水平耦合时期，生态和经济系统之间关联性较弱且系统无序发展
$C \in (0.3, 0.5]$	拮抗	GEP 和经济发展之间相互作用逐渐增强，耦合状态有所提升
$C \in (0.5, 0.8]$	磨合	GEP 和经济发展之间开始相互制衡、配合，呈现出良性耦合的发展趋势
$C \in (0.8, 1]$	协调耦合	GEP 和经济发展之间良性耦合增强并向有序方向发展，处于协调耦合时期，当 C = 1 时，两系统呈现良性耦合并向新的有序结构发展

13.4.1.2 耦合协调度模型

耦合协调度模型已被广泛应用于多系统耦合协调关系的研究，如生态环境与经济发展（薛明月，2022）、环境质量与城市化（孙金欣等，2023）、生态文明与绿色金融（张玉泽等，2023）等系统间耦合协调关系的探讨。在研究中尽管耦合度能表示 GEP 与经济发展耦合作用的强弱，却很难体现两者间的协同效应，因此有必要通过建立 GEP 与经济发展耦合协调模型对两者间耦合协调性进行刻画。计算公式如下：

$$D = \sqrt{C \times T}$$
$$T = a \cdot U_1 + b$$

式中，D 是耦合协调度，$D \in [0, 1]$，D 越大表明两系统发展水平越协调，D 越小表明两系统之间协同程度越低；C 是耦合度；T 是 GEP 与经济发展综合协调指数；U_1 和 U_2 分别是 GEP 与经济发展的综合指数；a 和 b 都是待定系数，由于保护生态系统和发展经济并重，因此选取 $a = b = 0.5$。根据耦

合协调度 D 值划分为 10 种耦合协调程度（见表 13 – 5）（董文静等，2020）。

表 13 – 5　　　　　GEP 与经济发展耦合协调度程度划分

耦合协调度 D 值区间	协调等级	耦合协调程度
(0.0 ~ 0.1)	1	极度失调
[0.1 ~ 0.2)	2	严重失调
[0.2 ~ 0.3)	3	中度失调
[0.3 ~ 0.4)	4	轻度失调
[0.4 ~ 0.5)	5	濒临失调
[0.5 ~ 0.6)	6	勉强协调
[0.6 ~ 0.7)	7	初级协调
[0.7 ~ 0.8)	8	中级协调
[0.8 ~ 0.9)	9	良好协调
[0.9 ~ 1.0)	10	优质协调

13.4.1.3　相对发展度模型

耦合协调模型能较好地体现 GEP 与经济发展内在关联强度，但是没有体现二者之间存在的差距，通过引入相对发展度模型以衡量 GEP 相对经济发展是否超前或滞后。

$$E = U_1 / U_2$$

式中，E 是相对发展度；U_1 和 U_2 分别是 GEP 和经济发展的综合指数。参考相关研究（孙剑锋等，2019；韩增林等，2020），得到 GEP 与经济发展的相对发展度类型（见表 13 – 6）。

表 13 – 6　　　　　相对发展度划分类型

相对发展度	划分类型
$0 \leqslant E \leqslant 2$	生态滞后
$2 < E \leqslant 4$	相对平衡
E 大于 4	经济滞后

13.4.2　赣南地区生态产品总值与区域经济耦合协调时空分析

根据耦合协调模型和相对发展度模型，对赣南地区各县区 2010 年、2015

年和 2020 年的 GEP 和经济发展综合指数进行计算。计算结果见表 13 - 7，本节分析了二者的协调发展情况和变化趋势。同时，从时空角度对 GEP 与区域经济系统的耦合协调度和相对发展度进行了分析。

表 13 - 7　2010 年、2015 年和 2020 年赣南地区 GEP 与经济发展综合指数
及耦合协调与相对发展度测算结果

县区	年份	GEP 综合指数	经济发展综合指数	耦合度	耦合协调度	相对发展度	协调等级	耦合协调程度	发展度
章贡区	2010	0.001	0.994	0.063	0.178	0.001	2	严重失调	生态滞后
	2015	0	0.997	0	0	0	1	极度失调	生态滞后
	2020	0	0.999	0	0	0	1	极度失调	生态滞后
南康区	2010	0.284	0.125	0.921	0.434	2.272	5	濒临失调	相对平衡
	2015	0.261	0.106	0.906	0.408	2.462	5	濒临失调	相对平衡
	2020	0.307	0.218	0.986	0.509	1.408	6	勉强协调	生态滞后
赣县区	2010	0.507	0.198	0.899	0.563	2.561	6	勉强协调	相对平衡
	2015	0.499	0.155	0.85	0.527	3.219	6	勉强协调	相对平衡
	2020	0.57	0.305	0.953	0.646	1.869	7	初级协调	生态滞后
信丰县	2010	0.548	0.183	0.866	0.563	2.995	6	勉强协调	相对平衡
	2015	0.484	0.124	0.806	0.495	3.903	5	濒临失调	相对平衡
	2020	0.575	0.215	0.89	0.593	2.674	6	勉强协调	相对平衡
大余县	2010	0.144	0.406	0.879	0.492	0.355	5	濒临失调	生态滞后
	2015	0.14	0.234	0.968	0.425	0.598	5	濒临失调	生态滞后
	2020	0.181	0.425	0.915	0.527	0.426	6	勉强协调	生态滞后
上犹县	2010	0.161	0.102	0.975	0.358	1.578	4	轻度失调	生态滞后
	2015	0.178	0.076	0.916	0.341	2.342	4	轻度失调	相对平衡
	2020	0.211	0.182	0.997	0.443	1.159	5	濒临失调	生态滞后
崇义县	2010	0.27	0.129	0.935	0.432	2.093	5	濒临失调	相对平衡
	2015	0.281	0.139	0.941	0.445	2.022	5	濒临失调	相对平衡
	2020	0.353	0.284	0.994	0.563	1.243	6	勉强协调	生态滞后
安远县	2010	0.358	0.027	0.511	0.314	13.259	4	轻度失调	经济滞后
	2015	0.323	0.013	0.386	0.255	24.846	3	中度失调	经济滞后
	2020	0.367	0.064	0.711	0.391	5.734	4	轻度失调	经济滞后

续表

县区	年份	GEP综合指数	经济发展综合指数	耦合度	耦合协调度	相对发展度	协调等级	耦合协调程度	发展度
龙南市	2010	0.207	0.461	0.925	0.556	0.449	6	勉强协调	生态滞后
	2015	0.204	0.35	0.965	0.517	0.583	6	勉强协调	生态滞后
	2020	0.222	0.505	0.921	0.579	0.440	6	勉强协调	生态滞后
定南县	2010	0.126	0.238	0.951	0.416	0.529	5	濒临失调	生态滞后
	2015	0.129	0.226	0.962	0.413	0.571	5	濒临失调	生态滞后
	2020	0.131	0.327	0.904	0.455	0.401	5	濒临失调	生态滞后
全南县	2010	0.17	0.143	0.996	0.395	1.189	4	轻度失调	生态滞后
	2015	0.169	0.138	0.995	0.391	1.225	4	轻度失调	生态滞后
	2020	0.186	0.318	0.965	0.493	0.585	5	濒临失调	生态滞后
宁都县	2010	1	0.026	0.314	0.402	38.462	5	濒临失调	经济滞后
	2015	1	0.019	0.271	0.371	52.632	4	轻度失调	经济滞后
	2020	1	0.071	0.498	0.516	14.085	6	勉强协调	经济滞后
于都县	2010	0.547	0.101	0.725	0.485	5.416	5	濒临失调	经济滞后
	2015	0.533	0.063	0.615	0.428	8.460	5	濒临失调	经济滞后
	2020	0.612	0.162	0.814	0.561	3.778	6	勉强协调	相对平衡
兴国县	2010	0.632	0.063	0.574	0.447	10.032	5	濒临失调	经济滞后
	2015	0.634	0.048	0.512	0.418	13.208	5	濒临失调	经济滞后
	2020	0.683	0.125	0.723	0.541	5.464	6	勉强协调	经济滞后
会昌县	2010	0.447	0.027	0.464	0.331	16.556	4	轻度失调	经济滞后
	2015	0.403	0.028	0.493	0.326	14.393	4	轻度失调	经济滞后
	2020	0.474	0.067	0.659	0.422	7.075	5	濒临失调	经济滞后
寻乌县	2010	0.345	0.05	0.665	0.362	6.900	4	轻度失调	经济滞后
	2015	0.316	0.051	0.692	0.356	6.196	4	轻度失调	经济滞后
	2020	0.354	0.109	0.849	0.443	3.248	5	濒临失调	相对平衡
石城县	2010	0.243	0.003	0.22	0.164	81.000	2	严重失调	经济滞后
	2015	0.278	0.006	0.288	0.202	46.333	3	中度失调	经济滞后
	2020	0.225	0.065	0.834	0.348	3.462	4	轻度失调	相对平衡
瑞金市	2010	0.437	0.037	0.537	0.357	11.811	4	轻度失调	经济滞后
	2015	0.409	0.037	0.552	0.351	11.054	4	轻度失调	经济滞后
	2020	0.429	0.107	0.799	0.463	4.009	5	濒临失调	经济滞后

从耦合度来看，2010 年赣南地区耦合类型为协调耦合的有 9 个县区（南

康区、赣县区、信丰县、大余县、上犹县、崇义县、龙南市、定南县和全南县），表明这9个县区的生态和经济系统共振耦合状态较好，其中耦合度最高的是全南县，耦合度值为0.996，耦合类型为低耦合的有石城县和章贡区，石城县在2010年的经济发展状况在赣南地区最差，而生态环境较好，章贡区则为经济发展状态最好，而生态环境较差，这导致了这两个县区耦合度低，在2010年还有5个县区处于磨合耦合类型和2个县区处于拮抗耦合类型。而到了2020年，赣南地区耦合类型为协调耦合的增加到了12个，比2010年增加了3个（于都县、寻乌县和石城县）。耦合度均值也从2010年的0.690增长到2020年的0.801，除了章贡区、龙南市、定南县和全南县的耦合度略微下降外，其他14个县区的耦合度都有不同程度的上升。这表明在这十年中，GEP和区域经济系统之间的联系日益加强，且呈现出有序发展的趋势。

利用耦合协调度模型和相对发展度模型进行计算，得到了GEP和区域经济系统协调发展的结果和变化情况。从耦合协调度来看，2010年赣南地区耦合协调度最高的是赣县区、信丰县和龙南市，均为勉强协调，耦合协调度最差的是章贡区和石城县，为严重失调，其他13个县区中，有6个县区处于轻度失调，7个县区处于濒临失调，轻度失调和濒临失调为2010年主要的耦合协调类型。2020年赣南地区耦合协调度最高的是赣县区，为初级协调，耦合协调度最差的是章贡区，为极度失调，其他16个县区中，有2个处于轻度失调、6个处于濒临失调、8个处于勉强协调，濒临失调和勉强协调为2020年主要的耦合协调类型。总体来看，2010~2020年赣南地区GEP与经济发展之间整体耦合协调度呈逐步上升趋势，其平均水平由2010年的0.403增长到2020年的0.472，主要的耦合协调类型由轻度失调和濒临失调趋向濒临失调和勉强协调，这表明GEP和区域经济两个系统正在逐步形成良性的互动关系。

综合考虑相对发展度，2010年有8个县区处于经济滞后、6个县区处于生态滞后和4个县区处于相对平衡；2020年有9个县区处于生态滞后、5个县区处于经济滞后和4个县区处于相对平衡。2010~2020年赣南地区有3个县区由相对平衡发展到生态滞后，分别为南康区、赣县区和崇义县；有3个县区由经济滞后发展到相对平衡，分别为于都县、寻乌县和石城县。2010~2020年赣南地区相对发展度整体呈现下降趋势，平均相对发展度由2010年的10.970下降到2015年的10.780再下降到2020年的3.170，主要相对发展度类型由经济滞后发展到生态滞后，这表明虽然赣南地区耦合协调度在上升，但近年来生态价值增长率低于经济价值增长率，GEP与区域经济系统并未同步发展。

第 14 章

基于调节服务价值核算的
生态补偿标准测算

党的十九大提出"建立市场化、多元化生态补偿机制",党的二十大进一步明确要"完善生态保护补偿制度"。近年来国家不断出台多项关于生态补偿的政策。生态补偿制度是推进生态文明建设的重要手段,也是解决地区生态保护与经济发展矛盾的有效措施。针对我国生态补偿实践中尚存在补偿标准过低等问题,通过合理的方法确定生态补偿标准至关重要。

以鄱阳湖地区为例,在核算生态系统调节服务价值的基础上,借鉴王女杰(2010)的研究理论,通过生态补偿优先级指数(ECPS)确定区域生态补偿的优先顺序,再引入生态补偿需求强度系数修正生态补偿标准额度,进而确定各县区生态补偿标准,为完善生态保护补偿机制提供一定的参考依据。

14.1 研究方法

14.1.1 生态补偿优先指数计算方法

生态补偿优先级指数(ECPS)(王女杰等,2010)是基于生态补偿效益视角的一种空间选择方法,考虑了区域生态系统服务价值和经济发展水平,能够较好地表现区域对于生态补偿需求的迫切程度,在多项研究中证明较为适应我国生态补偿实际。具体计算公式如下:

$$ECPS = \frac{VALUE_x}{GDP_x}$$

式中，*ECPS* 表示地区生态补偿空间选择的优先级，*VALUE_x* 表示第 *x* 个县（市、区）单位面积生态系统调节服务价值，*GDP_x* 表示第 *x* 个县（市、区）单位面积 GDP。*ECPS* 值越大，表示优先级越高，对生态补偿需求越迫切，地区受偿后获得的单位价值生态效益越大，而 *ECPS* 值越小，表示优先级越低，区域自身经济水平相对生态效益可提供相应的经济支撑，对生态补偿的需求相对较小。

14.1.2 生态补偿标准估算方法

在核算区域生态补偿优先级指数的基础上，避免大量生态补偿资金集中在少数地区，通过反正切函数归一化处理来引入需求强度系数，计算如下：

$$\alpha = \frac{2\arctan \dfrac{VALUE_x}{GDP_x}}{\pi}$$

$$EG = \gamma E_{VALUEx} \times \alpha$$

式中，α 为需求强度系数；*VALUE_x* 表示第 *x* 个县（市、区）单位面积生态系统调节服务价值；*GDP_x* 表示第 x 个县（市、区）单位面积 GDP；π 为圆周率；*EG* 为生态补偿理论额度；γ 为生态系统调节服务价值进行生态补偿的折算系数，参考现有研究，对本书结果偏高的 15% 进行测算；E_{VALUEx} 为生态补偿范围内的生态系统调节服务价值。

14.2 2010～2020 年鄱阳湖地区生态系统变化与转换特性

自然过程和人类活动对区域生态系统的影响，可通过土地利用变化直观反映出来。社会经济的高速发展，土地利用/覆被发生了变化，影响资源、环境、生态等系统的格局与过程。参考江西省 GEP 陆域核算标准中的土地利用类型与生态系统类型转换体系，构建 2010 年、2020 年鄱阳湖地区生态系统空间分布数据，进而分析生态系统格局的时空演变及其特征，为后续生态系统调节服务价值核算和生态补偿空间选择研究提供科学支撑（见表 14–1）。

表 14 – 1　　　　　　　　　　　生态系统转换体系

土地利用分类体系	生态系统分类体系
水域	湿地生态系统
耕地	农田生态系统
林地	森林生态系统
灌丛	灌丛生态系统
草地	草地生态系统
建设用地	城镇生态系统
裸地	其他生态系统

14.2.1　鄱阳湖地区生态系统结构与变化分析

鄱阳湖地区生态系统类型包括农田、森林、湿地、城镇、灌丛、草地生态系统和裸地，以农田、森林、湿地、城镇生态系统为主。其中，农田生态系统在 2010 年和 2020 年占比均超过一半。另外，灌丛、草地和其他（裸地）生态系统占比非常少，2010 年这三者生态系统类型面积之和 32.61 平方千米，占鄱阳湖地区总面积的比例不足 0.2%。2010～2020 年，该地区生态系统结构保持相对稳定。不同生态系统类型的面积占比排序都为：农田 > 森林 > 湿地 > 城镇的结构特征（见图 14 – 1）。

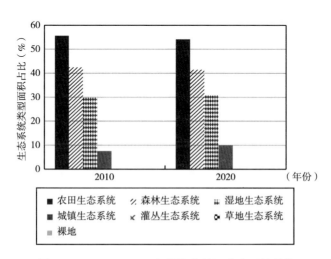

图 14 – 1　2010～2020 年鄱阳湖地区生态系统结构

具体来看，2010 年农田和森林生态系统总和占比接近 80%，其次是湿地生态系统，占比为 16.4%，城镇生态系统，占比为 4.47%。2020 年各生态系统结构趋于稳定，部分生态系统产生大幅度变化，表现为：农田、森林生态系统面积减少，分别下降 2.86%、2.84%；湿地生态系统面积增加，上升 4.82%，城镇生态系统面积大幅增加，上升 34.63%。整体来看，10 年间农田、森林生态系统面积减少，湿地、城镇生态系统面积出现上升（见图 14 − 2）。

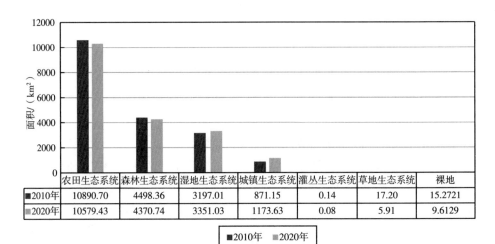

	农田生态系统	森林生态系统	湿地生态系统	城镇生态系统	灌丛生态系统	草地生态系统	裸地
■2010年	10890.70	4498.36	3197.01	871.15	0.14	17.20	15.2721
■2020年	10579.43	4370.74	3351.03	1173.63	0.08	5.91	9.6129

■2010年　■2020年

图 14 − 2　2010 ～ 2020 年鄱阳湖地区各生态系统类型面积变化

14.2.2　鄱阳湖地区生态系统转换特征

为了进一步探讨鄱阳湖地区生态系统类型转换特征，在两期生态系统类型分布图的基础上，分析 10 年间各类生态系统转换模式与特征。

2010 ～ 2020 年，鄱阳湖地区生态系统类型转换主要表现在森林生态系统、城镇生态系统、湿地生态系统和农田生态系统之间。其中，森林生态系统转出面积为 492.45 平方千米，转入面积为 364.83 平方千米，总面积减少。转换模式主要是与农田之间存在相互转换，其中，转出比例为 92.99%，转入比例为 99.75%。农田生态系统的面积减少，主要转出为森林、湿地和城镇生态系统，转出比例分别为 35.98%、37.26% 和 26.70%。城镇生态系统转出面积为 17.82 平方千米，转入面积为 319.70 平方千米，转入面积是转出面积的 17.94 倍，呈指数型扩张，主要是占用农田生态系统，转入比例高达

84.48%。湿地生态系统的转入面积主要来源于农田生态系统、转入比例为 89.98%（见表 14-2）。

表 14-2　　　　　　2010~2020 年生态系统类型转移面积和转移比例

2010 年		2020 年							
		农田	森林	灌丛	草地	湿地	城镇	裸地	转出面积
农田	A		363.93	0	0.64	376.87	270.08	0.06	1011.58
	B		35.98	0	0.06	37.26	26.70	0.01	
	C		99.75	20.00	21.44	89.98	84.48	2.83	
森林	A	457.93		0.01	0.04	19.46	15.02	0	492.45
	B	92.99		0	0.01	3.95	3.05	0	
	C	65.39		73.33	1.30	4.65	4.70	0	
灌丛	A	0.01	0.06		0.02	0	0	0	0.08
	B	7.61	67.39		25.00	0	0	0	
	C	0	0.02		0.69	0	0	0	
草地	A	4.93	0.27	0		2.79	5.43	0.85	14.27
	B	34.53	1.87	0.01		19.58	38.03	5.98	
	C	0.70	0.07	6.67		0.67	1.70	38.33	
湿地	A	235.37	0.58		0.45		27.18	1.21	264.79
	B	88.89	0.22	0	0.17		10.26	0.46	
	C	33.61	0.16	0	15.16		8.50	54.51	
城镇	A	1.01	0	0	0.01	16.71		0.10	17.82
	B	5.67	0.01		0.06	93.72		0.54	
	C	0.14	0		0.36	3.99		4.33	
裸地	A	1.08	0		1.82	2.99	2.00		7.88
	B	13.66	0		23.08	37.91	25.35	13.66	
	C	0.15	0		61.05	0.71	0.63	0.15	
转入面积		700.32	364.83	0.01	2.98	418.82	319.70	2.23	

注：A 表示 2010 年生态系统类型转移到 2020 年生态系统类型的面积，单位：平方千米；B 表示 2010 年生态系统类型转出的占比（%）；C 表示 2010 年生态系统类型转入的占比（%）。

2010~2020 年鄱阳湖地区生态系统类型转换特征分析表明：农田、森林生态系统以转出为主，城镇、湿地生态系统以转入为主。其中，农田主要转化为森林、湿地、城镇生态系统，农田与森林、农田和湿地之间存在相互转换，城镇生态系统在 10 年间大面积的扩张主要来源于农田，同时，与农田总面积的减少相吻合。灌丛、草地和裸地基数小，以转出为主。

14.3 鄱阳湖地区生态补偿优先级与生态补偿标准测算

14.3.1 鄱阳湖地区生态补偿优先级分析

通过计算 2010 年和 2020 年鄱阳湖地区单位面积生态系统调节服务价值和单位面积 GDP 的比值，得到生态补偿优先指数（见表 14 - 3）。

表 14 - 3　　2010 年和 2020 年鄱阳湖地区各县生态补偿优先指数

县区	2010 年		2020 年	
	ECPS	排序	*ECPS*	排序
余干县	10.85	3	3.26	3
鄱阳县	13.35	2	4.18	2
新建区	3.00	9	1.38	6
濂溪区	0.90	12	0.50	10
庐山市	5.33	5	1.32	7
南昌县	1.59	10	0.45	11
进贤县	3.88	6	2.02	5
浔阳区	0.06	13	0.04	13
永修县	8.55	4	2.54	4
德安县	3.01	8	0.84	9
都昌县	18.75	1	4.25	1
湖口县	3.16	7	0.88	8
共青城市	1.06	11	0.41	12

鄱阳湖地区优先指数高值区主要集中在山地区域，具体包括鄱阳县、都昌县和余干县。低值区主要是以城镇生态系统为主的区域，具体包括南昌县、浔阳区、共青城市、濂溪区。优先等级时空分布有所变化的是次高值区，包

括湖口县和德安县。主要原因是经济发展速度相对生态价值增长较快，生态
环境保护对经济发展的限制较少，对生态补偿需求的迫切程度较低。各县的
调节服务价值和经济水平差异较大，使得生态补偿优先指数差距较大。具体
来看，2010 年和 2020 年都昌县 ECPS 值都是最高，分别为 18.75 和 4.25，意
味着该地区生态本底优越，能够提供较大价值，但经济发展较弱，使得生态
补偿的迫切程度很强。但随着经济的发展，生态补偿需求的迫切程度出现减
弱，各县 ECPS 值的差距也是减小。2010 年和 2020 年浔阳区 ECPS 值都是最
低，主要原因是经济发展水平一直在较高的位置，生态补偿需求的迫切程度
很弱。

14.3.2 鄱阳湖地区生态补偿标准测算

利用反正切函数对 ECPS 进行归一化处理，得到鄱阳湖地区各县的生态
补偿需求强度系数（见表 14-4）。

表 14-4　　　　鄱阳湖地区各县生态补偿需求强度系数及变化率

县区	2010 年	2020 年	变化率（%）
余干县	0.94	0.81	-13.88
鄱阳县	0.95	0.85	-10.70
新建区	0.80	0.60	-24.37
濂溪区	0.47	0.30	-36.39
庐山市	0.88	0.59	-33.35
南昌县	0.64	0.27	-58.13
进贤县	0.84	0.71	-15.77
浔阳区	0.04	0.03	-27.01
永修县	0.93	0.76	-17.80
德安县	0.80	0.45	-43.98
都昌县	0.97	0.85	-11.72
湖口县	0.80	0.46	-42.73
共青城市	0.52	0.25	-52.60

由表 14-4 可知，南昌县、浔阳区、濂溪区和共青城市的 GDP 水平处于
较高水平，其中，2010 年和 2020 年南昌县生产总值水平均超千亿，接近同

年都昌县的 5 倍、因此，南昌县、浔阳区、濂溪区和共青城市的区域范围内经济自我满足能力较强，主要为生态系统的消费侧，可考虑开展生态支付。而鄱阳县、都昌县、余干县和永修县的经济发展水平较弱，生态价值较高，即生态环境限制了经济的发展，应优先受偿。随着各县经济发展水平的提高，对生态补偿的需求强度都有所下降。其中，鄱阳县、余干县、进贤县和都昌县的生态补偿需求强度处于较高水平，变化率低于 20%；生态补偿需求强度系数变动最大的是南昌县和共青城市，分别下降 58.13% 和 52.60%。

通过生态补偿需求强度系数对生态补偿标准额度进行修正，得到鄱阳湖地区各县的生态标准额度（见表 14-5）。整体来看，随着时间的推移，生态补偿标准额度有所下降，主要原因是经济发展水平不断提高，使得对生态补偿的需求强度不断减弱，符合实际发展规律。

表 14-5　　　　　　　　鄱阳湖地区各县生态补偿标准

县区	2010 年		2020 年	
	生态补偿标准（亿元）	占比（%）	生态补偿标准（亿元）	占比（%）
余干县	100.62	14.02	82.67	13.88
鄱阳县	153.14	21.34	136.41	22.91
新建区	62.72	8.74	55.81	9.37
濂溪区	9.31	1.30	6.59	1.11
庐山市	23.60	3.29	16.91	2.84
南昌县	46.73	6.51	18.98	3.19
进贤县	80.83	11.27	62.14	10.43
浔阳区	0.08	0.01	0.06	0.01
永修县	75.15	10.47	72.63	12.20
德安县	13.41	1.87	8.43	1.42
都昌县	122.28	17.04	117.32	19.70
湖口县	24.52	3.42	15.00	2.52
共青城市	5.09	0.71	2.58	0.43

为了更直观地对比分析，按研究区内的地形地势分为两组，其中中部和东、西部为第一组，主要包括余干县、鄱阳县、新建区、进贤县、永修县和都昌县；南、北部为第二小组，包括南昌县、湖口县、浔阳区、濂溪区、共青城市、庐山市和德安县。

从两组整体变化趋势来看，鄱阳湖地区各县 2020 年生态补偿标准较

2010 年都有所下降，第一组的生态补偿标准较高，2020 年最高值为鄱阳县的
136.41×10⁸ 元，其次为都昌县、余干县、永修县，最低的是新建区的 55.81×
10⁸元，但还是远高于第二组的生态补偿标准，主要原因是区域内森林、湿地
生态系统占比较大，而经济发展水平较生态价值较低，即生态环境保护在一
定程度上限制了经济发展，使得对生态补偿需求的迫切程度较强。因此，第
一组的生态补偿标准远高于第二组各县的生态补偿标准。从生态补偿标准占
比来看，鄱阳县、新建区、永修县和都昌县 2020 年生态补偿标准占比与
2010 年相比有所上升，一定程度说明这些区域对生态补偿的需求强度较强
（见图 14-3）。

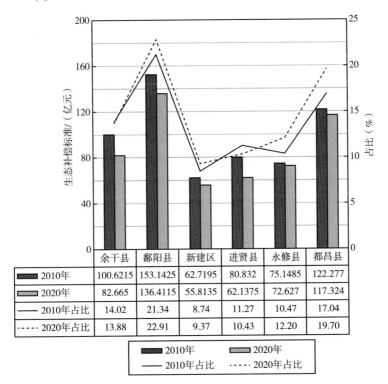

	余干县	鄱阳县	新建区	进贤县	永修县	都昌县
2010年	100.6215	153.1425	62.7195	80.832	75.1485	122.277
2020年	82.665	136.4115	55.8135	62.1375	72.627	117.324
2010年占比	14.02	21.34	8.74	11.27	10.47	17.04
2020年占比	13.88	22.91	9.37	10.43	12.20	19.70

图 14-3 鄱阳湖地区生态补偿标准（第一组）

相较而言，第二组各县生态补偿标准远低于第一组，主要原因是区域大
多以农田、城镇生态系统为主，生态价值较低，而经济发展水平较高，使得
生态补偿的迫切程度较弱。其中，生态补偿标准最高的是南昌县，2020 年为
18.978 亿元，其次为庐山市、湖口县和德安县，生态补偿标准最低的是浔阳
区，2020 年仅为 0.057 亿元。从生态补偿标准占比来看，近 10 年来各县都有

一定程度下降，其中南昌县生态补偿标准占比下降最多，主要是区域为经济发展核心区，GDP 较生态价值的增长速度更快（见图 14 – 4）。

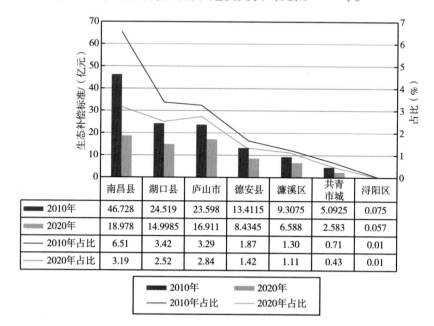

	南昌县	湖口县	庐山市	德安县	濂溪区	共青市城	浔阳区
2010年	46.728	24.519	23.598	13.4115	9.3075	5.0925	0.075
2020年	18.978	14.9985	16.911	8.4345	6.588	2.583	0.057
2010年占比	6.51	3.42	3.29	1.87	1.30	0.71	0.01
2020年占比	3.19	2.52	2.84	1.42	1.11	0.43	0.01

图 14 – 4　鄱阳湖地区生态补偿标准（第二组）

第 15 章

生态产品价值实现的全过程
协同路径与模式

党的二十大报告指出，必须牢固树立和践行绿水青山就是金山银山理念，站在人与自然和谐共生的高度谋发展。绿水青山既是自然财富，又是经济财富。生态产品价值实现是指在保护好生态环境的前提下，通过开发利用生态产品，实现生态产品价值的显现化，促进生态价值转化为经济价值。现阶段，全国各地陆续开展了生态产品价值核算，生态产品确权、抵押等工作机制逐渐完善。但如何打通"资源、资产、资本、资金、股金"间的梗阻，推进生态产品价值实现，亟须进一步创新相关体制机制。

15.1　生态产品价值实现的目标

生态产品价值实现的目标是把自然财富转化为经济财富，并将经济财富转化为更多的自然财富自然资本（如植树造林），如此循环往复追求未来更大的整体价值，转化过程实际上就是投资的过程。因此，探究生态产品价值实现的目标，需要溯源到自然资本理论。"自然资本"是把经济学的"资本"概念引入生态学和环境学界的产物，是一种特殊的资本形态。目前较为广泛接受的"自然资本"是"能够在现在或未来提供有用的产品流或服务流的自然资源及环境资产的存量"（Daly，1996）。随后，生态系统吸纳废弃物的能力，生命支持系统以及环境资源的美学价值等，都被纳入自然资本的范畴中（MacDonald et al.，1999）。尽管"自然资本"概念随着研究的深入得到扩展，但其依然延续了传统资本的基本特征。

首先，自然资本具有增值性，这也是资本的根本属性，表现为通过自身的不断运动和持续循环实现资本价值的提升。对于生态资源形成的自然资本，在保持生态系统结构和功能不断改善和更新的条件下，自然资本通过自身繁衍就可以实现资本增值；另外，自然资本通过与其他生产要素或资本形式结合可以实现价值的提升。自然资本增值不仅体现在经济价值的提升，也包括文化价值、精神价值、社会价值、生态价值等多维价值的提升，生态产品价值实现的目标之一就是把增值的多维价值转化为经济价值。

其次，自然资本具有折旧性。生态学派持有的强可持续性观点认为（Ekins 等，2003），自然资本的供给存在一个物理上的绝对上限，这意味着自然资本不再被认为是无限丰富的。随着经济子系统的增长和自然资源消耗，资本自身增值无法满足维持资本存量的需要。虽然新古典经济学认为，其他资本对重要自然资本和大量存在的自然资本具有替代性，但人造资本对自然资本的替代存在物理上的限制，尤其是对福利或生存至关重要的，以及对维持人口或资源的存量与生态系统的稳定性和弹性相协调具有限制作用的关键自然资本是不可替代的（Pearce 等，1993）。基于此，稳态经济学强调减少对自然生态环境资源的需求，强化对自然资本的保护。

最后，自然资本具有发展性。与关键自然资本不可替代的观点不同，发展性强调通过与其他资本形式之间的广义替代，实现经济系统的自然资本提升。一是价格较低的自然资本对价格较高的自然资本的直接替代，如天然气作为燃料对石油的替代；二是价格上涨引致的节约效应和其他资本对自然资本的间接替代，如绿色农产品的消费可以看成是资本对绿色生态产品的间接替代，生态观光可以认为是资本对新鲜空气、优美环境的间接替代（刘平养，2008）。

从自然资本的特征可以引申出生态产品价值实现的三重目标：基于自然资本的折旧性，生态产品价值实现的目标之一是"保值"，核心是保护生态资源；基于自然资本的发展性，目标之二是"转化"，核心是打通绿水青山向金山银山的转化通道；基于自然资本的增值性，目标之三是"增值"，核心为通过生态产品溢价或整体配置（例如农文旅融合、整体出让等），实现生态产品价值的提升，达到"1 + 1 > 2"的效果（见图 15 - 1）。

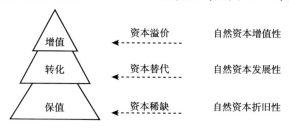

图 15 - 1　生态产品价值实现的目标

15.2　生态产品价值实现的全过程协同路径

15.2.1　资源资产化，推进实物形态向价值形态转变

生态资源资产化是指在不损害生态资源所有者权益的情况下，通过对生态资源进行有效的管理与保护，将其转化为生态资产的过程。产权制度改革是生态资源资产化实现的关键。当明确生态资源的权属、权责等关系时，生态资源就可以按照一般商品市场规律进行市场化管理，构建基于产权制约的生态资源管理体制，将实物形态的生态资源转变为价值形态的生态资产。

15.2.1.1　完善生态资源资产产权制度

科学清晰的生态资源资产产权制度能激发市场活力，是生态资源市场化交易的基础。在生态资源归全民所有不变的基本前提下，应开展生态资源的确权登记，摸清生态资源家底（生态资源规模、质量等级、空间分布格局、开发和利用情况等），进一步明确和界定生态资源资产产权主体。同时，多方位创新生态资源资产产权实现机制，多路径探索推动生态资源资产所有权与使用权分离机制，适度扩大生态资源资产使用权的出让、出租、抵押等权能（沈世山，2021）。

15.2.1.2　健全生态资源资产管理制度

一是明晰政府管理范围。在产权清晰界定的前提下，明确各级政府对国家森林公园、自然保护区等生态功能区和水资源、土地资源等生态资源管理权限，完善生态资源资产"共治共管共享"机制，推进生态资源资产高效集约利用。二是健全生态补偿机制。建立生态源头区保护补偿、生态污染付费等制度，加快开展不同区域间的生态补偿行动。三是创新生态修复激励机制。明确激励政策，推动生态修复，提高生态效益和经济效益，重建生态系统。

15.2.1.3　构建生态资源资产产权交易市场

一是明确生态资源的供求关系。生态资源的经营主体作为供给方，提供

生态产品，出售生态服务；个人、企业等社会主体作为生态资源需求方，与生态资源经营主体进行市场交易，购买生态资源相关权利。

二是合理确定生态资源资产的公允价值。"估值"方法具有较强的主观性。为了减少主观意识造成生态资产价值出现较大偏差，需要具备生态学、环境学等相关专业知识的资产评估人员或评估机构提出专业的评估意见，并采用不同的评估方法对生态资源进行市场定价。

三是确保交易市场有效运行。从市场的内在角度分析，生态市场的稳定发展需要有完善的生态资产交易规则，有公开、公平、公正的生态市场交易秩序；需要有健全的信息公开体系，能保证交易双方掌握的生态资产信息基本相同，避免因信息不一致而造成生态资源资产不能实现最优配置；需要建立生态市场风险管理部门，有效防范市场交易风险，保证生态资产供求双方的合法权益。从市场的外在角度分析，由于生态资产具有外部性，生态市场很可能因为社会成本和个人成本的偏差而失灵，这就要求政府采取环境税、资源税等措施减少两者偏差。

15.2.1.4 建立次级产权收益分配制度

生态产品不仅包含物质供给，还包含调节服务和文化服务，其中物质供给可以通过物理产权进行市场交易，而调节服务和文化服务需要以类似"知识产权"的形式进行市场交易。为了让生态产品的生产者和经营者能获得公平的收益，应构建收益分配机制，从而实现生态产品的资源价值化。

15.2.2 资产资本化，推进沉睡状态向活跃状态转变

生态资产资本化是政府、企业、个人在生态资产产权清晰的前提下，通过构建资本化运作方案，进行适宜的资本化运营，实现生态资本价值及其增值的过程。

15.2.2.1 构建生态资产资本化运作模式

一是通过生态产品深度开发，实现生产增值。利用生态资产产出能力，与其他生产要素结合，生产新型生态产品，将生态产品的使用价值通过开发利用的方式转为交换价值，使其进入生态交易市场，实现生产增值。

二是通过生态资产优化配置，实现共生增值。生态资产具有共生关系，通过挖掘生态资产共生功能潜力和科学优化生态资产配置，提升生态资产增

值能力和服务能力，开发利用生态资产的收益再投资于生态建设，进而提升生态区的经济社会价值。

三是通过生态资产权属交易，实现盘活增值。权属清晰、权责明确是生态资源权属交易的前提条件，生态资产的使用价值通过使用权交易可以转化交换价值，盘活生态资产。

四是通过生态服务交易，实现服务增值。生态服务价值实现需要政府和市场共同作用，利用生态补偿、生态服务付费交易等方式获取经济价值，通过开发和资本运作生态服务，实现生态服务市场交易。

五是通过生态产业化，实现创收增值。生态产品可以通过生态旅游、生态农业等产业化运营方式实现经济效益。如生态环境优美地区，通过保护该区域的生物多样性，并利用该地区的生态环境与经济利益相结合，实现生态旅游产业化运营，实现生态效益和经济效益最大化（高吉喜等，2016）。

15.2.2.2　健全生态资产资本化、市场化运营机制

一是科学界定运营主体间的权利、责任和利益关系。我国自然资源全民所有，在开发利用和保护生态资产的过程中，存在着名义产权和实际产权不一致的现象，经常引发政府、企业、社会公众间的所有权、使用权、收益权等权属利益纠纷案件。这就需要在摸清生态资产家底的情况下，加快推进生态资产确权登记法治化进程，划分可经营性生态资产和非可经营性生态资产边界，明确企业和社会公众的合法权益、责任和义务，确定经营性生态资产的开发利用方式、范围、程度和原则以及管理制度。

二是提高运营技术支撑水平。首先，中央政府和地方政府需要建立健全生态资产资本化制度和政策保障体系，为实现生态资产资本化运营提供有力支持。其次，由于我国幅员辽阔，资源种类繁多，生态资产各具特色，市场呈现出多样化、复杂化的需求趋势，所以需要提供更加多样化、专业化和精细化的技术支撑。

三是完善中央政府和地方政府对生态资产资本化、市场化运营的制度保障机制。市场经济手段是生态资产资本化运营的基本路径，提升生态环境治理和保护能力、促进经济社会高质量发展是实现生态资源资产化的政策目标。因此，需要中央政府和地方政府将生态环境治理和保护的部分权益转移给社会公众，并采取适当的激励机制，充分调动社会公众持续开发利用生态资产的积极性、创造性。同时，也需要采取有效的监督和约束，使生态资产能在相关法律和规范下合法运营，避免出现生态资产损耗现象。

15.2.2.3　建立规范化、法治化生态资产资本化运营监督制度

一是建立规范化、法治化运营权属交易制度。推动生态资产的所有权、使用权分离，明确权属关系（占有、使用、收益等），适度扩大使用权权能（出让、出租、抵押、存储等），鼓励财政资金、社会资金、公益资金和个人资金投入环保市场。同时，制定激励性的政策法规提高地方政府、企业、公益组织和个人的积极性和创造性。此外，还要搭建技术、信息、运输等服务平台，为生态资本化运营提供良好的基础条件，降低交易过程的税收成本，多维度共同促进生态资产资本化。

二是拓展运营、监管渠道。随着我国生态文明建设制度出台，全国迅速开展了大量的生态资产资本化运营项目。目前，为提高社会公众的主动性和创造性，亟须从法律层面对社会公众在运营、管理和监督行为等方面进行赋权，推动运营信息公开化，创新多样化的讨论和听证模式，拓展社会公众参与途径，逐步制衡"权力寻租""环境外部性"等行为。

15.2.3　资本资金化，推进内在属性向货币属性转变

生态资本资金化是指生态资本通过市场交易转化为资金，这是生态产品价值实现过程中最重要的一步。生态资产资本化仅是针对生态资产开发再利用的过程，而生态资本资金化则是将生态产品进行变现的过程。基于排他性和竞争性，生态资本有不同的内在属性，通常可将其分为私人属性、准公共属性、公共属性和"俱乐部"属性。

15.2.3.1　建立生态产品市场交易机制

一是建立生态产品运营机制。结合耕地面积、森林覆盖率等生态资源指标，在生态产品产权主体明确的前提条件下，生态产品运营机构可以利用市场化交易将分散的生态产品集中化，再利用专业的运营模式实现规模经济效益。

二是制定生态产品价值评估技术规范标准。现阶段，生态产品价值评估方法主要为静态评估方法，即功能价值法和当量因子法，因此需要建立生态产品动态价值评估机制，健全生态产品评估方法和指标体系。

三是完善生态产品价值实现机制。生态产品能否通过市场交易实现其价值，主要取决于生态产品的内在属性。农林牧渔等私人生态产品，可以利用

生态产品具有的健康、安全、绿色等特性，构建绿色有机认证体系，创建绿色有机品牌，直接进入市场交易，实现私人生态产品溢价；碳排放权、排污权等准公共生态产品，需利用其产权进行市场交易和流转；清新空气、宜人气候等公共生态产品，由于产权不明晰，难以进行市场交易，需通过纵向生态补偿和横向生态补偿实现公共生态产品价值；国家公园等"俱乐部"式生态产品，由于良好的生态环境具有生态溢价功能，可利用收取门票等方式间接实现其价值。

15.2.3.2　创新生态资本价值实现机制

一是建立市场化的生态修复机制。积极探索利用市场化途径推进生态修复工作模式，按照"谁修复，谁受益"原则，为修复主体提供生态资本优先使用权。同时，完善政企生态资本合作机制，吸引社会资本参与生态修复。此外，还可探索"生态修复 +"模式，实现变废为宝。

二是建立生态产品目标交易机制。各地区农业、林业等主管部门可依据当地实际情况，设置生态产品供给目标和生态环境质量指标。其中，目标和指标超额完成的地区，可向未完成地区出售超额部分，获取经济收益。同时，未达到生态产品供给目标或未完成生态环境质量指标的地区，可以通过购买相应的生态产品和生态质量指标，弥补本地的生态产品供给不足和生态环境质量不达标等问题。

三是建立生态资本考核奖惩制度。采取随机和定期检查相结合的方式，考核生态资本持有主体的持有情况。对于造成生态资本损耗的持有主体，依据生态资本损耗情况收取生态资本损耗费；而对于使得生态资本增值的持有主体，可以给予适当的物质奖励和荣誉奖励，鼓励更多的持有主体实现生态资本增值。

四是完善综合性生态补偿机制。现阶段，生态补偿方式主要是以中央政府的纵向生态补偿为主，需要完善区域间横向补偿方案，减轻中央政府的财政压力，通过横向生态补偿方案，实现生态资本保护者得利，受益者付费，实现生态资本资金化。

15.2.4　资金股金化，推进分散模式向聚集模式转变

资金股金化是把各类分散资金量化为投资主体的股金，通过集中投入到经营项目中，使得投资主体享有股份权利。资金股金化的主要流程有：确定

入股资金、选择投资项目、明确股权比例、制订投资方案、签订合作协议、做好利益分配等程序。

15.2.4.1　完善生态项目建设资金整合机制

生态项目建设资金主要来源于政府财政、社会团体、公益组织和个人，需要完善生态建设项目资金使用办法，将各项资金整合投入到生态建设项目中，并量化为各投资主体的股金，按照投资比例进行分红（谢花林等，2021）。

一是政府财政资金。将各级财政资金投入到生态资源生产发展类、生态设施建设类、生态修复和治理类等生态项目，通过签订合同或协议，量化为政府或集体持有的股金，享有生态项目股权，变"输血"为"造血"，变资金为股金。

二是社会资金。社会资金包括私营部门的自持资金和来自国内外资本市场的社会资本。引导社会资本参与注资生态产品项目，需要根据企业自身发展状况以及对生态环境的需求度和依赖度，分批次选择试点行业以及试点企业参股生态产品项目。

三是公益资金。生态公益资金主要来源于非政府组织和非营利组织，用于支持生态环境保护、生态建设、生态环境学术研究等生态活动。基于定位和目标服务人群，此类组织更了解公众对不同种类生态产品的需求，进而更容易实现生态产品供给的多样性和均等性。

四是个体众筹资金。互联网金融为个人投资参与生态产品价值实现提供了良好的途径。现阶段，我国互联网金融行业发展越来越规范化、精细化和法治化，互联网金融产品不仅能满足不同人群的投资需求，更能保障个体投资人的资金安全。互联网金融的"长尾效应"能聚集大量资金，降低金融投资门槛，覆盖传统金融产品未涉及的盲区。政府部门可引导众筹、P2P（点对点网络借款）、P2B（互联网融资服务平台）等参与具有公益属性的生态建设项目，这能提高全社会生态建设、生态产品供给的积极性和主动性，同时鼓励金融机构创新相关金融产品，以满足不同人群对生态产品多样化需求。

15.2.4.2　建立生态建设项目股份合作机制

创新形式多样的股份合作模式，探索推行政府、社会团体、公益组织、个人"四位一体"发展，建立"利益共沾、风险共摊"的利益联结机制。

一是通过聘请专业评估公司对生态资源和基础设施资源进行评估，完成生态资产核查，做好生态建设项目股份合作制改革的基础工作。

二是按照"尊重历史，立足现实"的原则以及生态建设项目相关的规章制度，综合考虑投资主体基本状况、生态资源产权、对生态项目建设的贡献等因素，确定生态项目组织成员。

三是鼓励投资主体将生态资产的使用权和经营权转为生态建设项目的股权，按照适宜的方法科学评估生态资产价值，确定生态建设项目的占股比例。同时，鼓励以技术入股的方式参与生态建设项目，创新生态建设项目入股方式，发展多种形式的股份制合作。

四是确定各投资主体收益比例，完善生态建设项目收益分配机制，保障生态建设项目投资主体资金安全，防止投资主体权益受到侵害。

15.2.4.3　健全资金股金化监督管理机制

资金股金化要坚持政府宏观引导和市场微观运作，坚持采取风险管控和利益共享，坚持按照法律法规进行规范化操作。资金股金化应提倡以保底收益加分红的方式，保障投资主体获取稳定收益；应强化民主监督管理力度，明确投资主体的知情权、监督权等，保障投资主体资金安全；应鼓励农业、林业等项目主管部门引导社会资金进入优质产业项目，支持和指导投资资金转变为生态项目股金；应研发针对生态项目的专项保险产品，制定融资担保政策，减少承接主体的经营风险；应建立健全投资主体入股资格审查制度、生态项目审核机制和法律顾问机制。

15.3　生态产品价值实现的典型模式

15.3.1　生态产品价值"保值"模式：政府调节

对于不可替代或替代成本很高的关键生态产品，其价值实现方式以保护为主，从而实现生态产品存量不减少、功能不衰退、价值不降低的"保值"目标。根据英国保护署（English Nature）的标准，对人类健康或对生命支持系统的有效运转至关重要，或对于任何实际应用无法替代的价值很高的自然资本可视为关键自然资本。例如，南岭国家森林公园、阴山北麓农牧交错区、大别山国家森林公园、三江源国家公园承担着生物多样性维护、防风固沙、水土保持、水源涵养等重要的生态功能，关系着全国较大范围区域的生态安全，此类关键自然资本生态脆弱而又价值独特，人造资本无法进行替代或进行替代将付出难以估量的人造资本代价，因此限制或禁止开发、加强保护以提高其生态产品供给能力是主要的生态产品价值实现模式。

生态产品的外部性会带来生态产品实际使用者和提供者之间不对称的成本收益关系，这在关键自然资本的保护中尤为突出。加强关键自然资本保护意味着限制或禁止开发，生态产品提供者必然会损失一部分经济利益，而实际使用者和提供者之间不对称的成本收益容易导致市场失灵，因此关键生态资本的保护需要发挥政府引导的作用，借助政府权力的政治性、强制性、权威性，以政府（作为代理人）运用税收或补贴等手段对不对称的成本收益做出权威性再分配，目前主要包括损害赔偿制度，转移支付制度，上级政府对下级政府进行支付的纵向生态补偿模式，以及流域上下游之间的横向生态补偿模式（见图15-2）。以生态补偿为例，20多年来，生态补偿已逐步由生态系统要素补偿扩展到区域补偿，基本覆盖水源、耕地等重点领域和禁止开发领域、重点生态功能区等重要区域（靳乐山，2020）。目前，政府调节模式已成为保护关键生态资本、保护生态产品价值的主要模式。

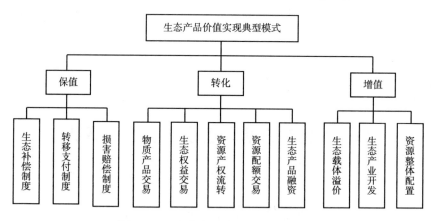

图 15-2　生态产品价值实现典型模式

15.3.2　生态产品价值"转化"模式：市场化运作

生态产品价值实现的"转化"模式是基于自然资本与人造资本等其他资本要素的替代性，将生态产品所具有的生态价值、经济价值和社会价值以货币化的形式显现出来，通过市场化运作充分实现其经济价值，达到"谁供给谁收益，谁消费谁付费"的效果，适用于产权明确、受益主体清晰的生态产品。生态产品价值"转化模式"将价格、供求和竞争等市场机制引入生态产品生产、分配、交换和消费的过程，与政府调节模式相比，其制定的支付标准更接近于生态产品的效用价值，具有更高的市场效率。生态产品价值实现"转化"模式可应用于供给服务类、调节服务类、文化服务类等多种生态产品，市场化运作主要包括物质产品交易、生态权益交易、资源产权流转、资源配额交易、生态产品融资等模式。

物质产品交易是目前市场化程度最高、最普遍的生态产品价值"转化"模式。生态权益交易主要包括生态服务付费、污染排放权益、资源开发权益，目前已经覆盖碳排放权、碳汇权益、排污权、用能权、水权等领域。资源产权流转则是在生态产品权能分离的基础上，将分离的生态产品权益进行市场化配置，一方面，可以通过物权制度设计对生态产品开发利用进行权利配置，在不改变自然资源所有权主体的前提下，设置自然资源用益物权，实现从自然资源国家所有到开发利用的衔接；另一方面，还可以通过合同自由对自然资源进行权利分配与安排（施志源等，2020），从而增加生态产品的流动性。例如，江西抚州金溪县以托管方式为明清古村落古建筑设置用益物权，颁发古村古建经营权证书和古村整村经营权证书，明确界定古村古建的托管范围、托管内容、经营期限等内容，拓宽了古村古建的经营权流转和价值变现渠道。又如，抚州宜黄县进行河道所有权、管理权和经营权"三权分离"改革并颁发"河道经营权证"，通过经营权流转建立了"以河养河"的长效管护机制。资源配额交易是针对生态资源存量开展的指标交易，是生态资源开发占用者购买生态资源异地恢复指标的交易模式（张林波等，2019）。上饶万年的湿地生态银行就是湿地指标交易的典型案例，在对村集体闲置的低洼地和各类沟、塘、渠、堰进行生态修复后，变更地类并进行湿地占补平衡指标登记，不仅将湿地被动修复转变为主动修复，还获得了指标转让收入，实现了生态效益和经济效益的双提升。生态产品融资是发挥金融资本杠杆作用，基于生态资产融资授信，通过生态产品抵质押融资等金融方式盘活生态产品获得社会资金的一种模式，包括抵押贷款、保险、PPP、绿色债券等。例如，江西崇义县湿地运营中心发放的湿地经营权抵押贷款，青岛胶州湾以湿地减碳量的远期收益权为质押发放的湿地碳汇贷，江西广昌县砂石收益权质押贷款均是生态产品融资的典型案例。

15.3.3　生态产品价值实现"增值"模式：产品溢价与整体配置

自然资本通过与其他生产要素或资本形式的有机结合实现产品溢价，以及通过自然资源资产整体配置将原本碎片化的生态资源收储整合形成优质高效的资源资产包，可以使生态产品的价值产生乘数效应，实现生态产品增值。

自然资本与人造资本和人力资本有机结合的过程就是创造生态产品价值的过程，而三者的分离或错配将制约生态产品价值的实现（石敏俊。2020）。比较典型的有生态载体溢价和生态产业开发两种模式。其中生态载体溢价是将无法直接进行交易的生态产品的价值附加在工业、农业或服务业产品上，通过市场溢价销售实现价值的模式（张潇等，2021），如以生态山竹为载体的国家非物质文化遗产江西省瑞昌竹编，以山东省原山森林康养功能为载体的植被恢复"原山精神"，生态环境改善带动的区域房地产增值。生态产业开发模式基于自然资本维护，注重运营平台搭建、生产要素配置、产业链的打造、生态品牌创建、营销渠道拓展、管理制度集成，可以说，在自然资本质量相同的前提下，生态产品溢价程度取决于其与人造资本和人力资本的投入程度和适配程度。

生态产品整体配置模式按照"资源统一整合、资产统一营运、资本统一融通"的原则，综合考虑山水林田湖草湿和生态功能，推动单一自然资源资产配置向各类自然资源资产组合、复合配置转变，重点以整体收储区域为单元，形成以土地资源为主或以矿产资源为主或以水资源为主、整合其他配套资源为"资源包"等不同模式进行整体配置，实现生态产品整体增值（刘奇，2021）。生态产品整体配置是适应自然资源综合开发利用、自然资源管理体制改革的创新型生态产品价值实现模式，不仅可以避免多个单一生态产品配置中可能存在的出让程序重复、内容不衔接、交易程序烦琐、协商成本高等问题，还可以通过生态产品的整体配置打造优质高效的生态产品资源包形成规模效益，降本增效实现生态产品增值。虽然生态产品整体配置在我国仍然处于探索阶段，就现有实践案例而言，"点状供地""净矿出让""联合出让"等配置方式已初步体现出生态产品整体配置构想。例如，自然资源部2019年实施的海砂采矿权和海域使用权"两权合一"招标拍卖挂牌出让制度，降低了生态产品交易成本、提高了自然资源整体配置效率，提升了生态产品价值"增值"空间。

附录 A* 生态系统分类体系

Ⅰ级分类	Ⅱ级分类	Ⅲ级分类	指标说明
森林生态系统	阔叶林	常绿阔叶林	自然或半自然常绿阔叶乔木植被，H = 3 ~ 30m，C > 20%，常绿，阔叶
		落叶阔叶林	自然或半自然落叶阔叶乔木植被，H = 3 ~ 30m，C > 20%，落叶，阔叶
	针叶林	常绿针叶林	自然或半自然常绿针叶乔木植被，H = 3 ~ 30m，C > 20%，常绿，针叶
		落叶针叶林	自然或半自然落叶针叶乔木植被，H = 3 ~ 30m，C > 20%，落叶，针叶
	针阔混交林	针阔混交林	自然或半自然阔叶和针叶混交乔木植被，H = 3 ~ 30m，C > 20%，25% < F < 75%
	稀疏林	稀疏林	自然或半自然乔木植被，H = 3 ~ 30m，C = 4% ~ 20%
灌丛生态系统	阔叶灌丛	常绿阔叶灌木林	自然或半自然常绿阔叶灌木植被，H = 0.3 ~ 5m，C > 20%，常绿，阔叶
		落叶阔叶灌木林	自然或半自然落叶阔叶灌木植被，H = 0.3 ~ 5m，C > 20%，落叶，阔叶
	针叶灌丛	常绿针叶灌木林	自然或半自然针叶灌木植被，H = 0.3 ~ 5m，C > 20%，不落叶，针叶
	稀疏灌丛	稀疏灌木林	自然或半自然灌木植被，H = 0.3 ~ 5m，C = 4% ~ 20%
草原生态系统	草甸	温带草甸	分布在温带地区的自然或半自然草本植被，K > 1.5，土壤水饱和，H = 0.03 ~ 3m，C > 20%
		高寒草甸	分布在高寒地区（海拔 > 3000m）的自然或半自然草本植被，K > 1.5，土壤水饱和，H = 0.03 ~ 3m，C > 20%
	草原	温带草原	分布在温带地区的自然或半自然草本植被，K = 0.9 ~ 1.5，H = 0.03 ~ 3m，C > 20%
		高寒草原	分布在高寒地区（海拔 > 3000m）的自然或半自然草本植被，K = 0.9 ~ 1.5，H = 0.03 ~ 3m，C > 20%
	荒漠草原	温带荒漠草原	分布在温带地区的自然或半自然草本植被，H = 0.03 ~ 3m，C = 4% ~ 20%
		高寒荒漠草原	分布在高寒地区（海拔 > 3000m）的自然或半自然草本植被，H = 0.03 ~ 3m，C = 4% ~ 20%

---

* 资料来源：《生态产品总值核算规范》（国家发展和改革委员会，国家统计局，2022），《江西省生态产品总值核算规范（试行）》。

续表

Ⅰ级分类	Ⅱ级分类	Ⅲ级分类	指标说明
草原生态系统	草丛	温性草丛	分布在温带地区的自然或半自然草本植被，K > 1.5，H = 0.03 ~ 3m，C > 20%
		热性草丛	分布在热带与亚热带地区的自然或半自然草本植被，K > 1.5，H = 0.03 ~ 3m，C > 20%
湿地生态系统	沼泽	森林沼泽	自然或半自然乔木植被，W > 2 或湿土，H = 3 ~ 30m，C > 20%
		灌丛沼泽	自然或半自然灌木植被，W > 2 或湿土，H = 0.3 ~ 5m，C > 20%
		草本沼泽	自然或半自然草本植被，W > 2 或湿土，H = 0.03 ~ 3m，C > 20%
	湖泊	湖泊	自然水面，静止
		水库/坑塘	人工水面，静止
	河流	河流	自然水面，流动
		运河/水渠	人工水面，流动
农田生态系统	耕地	水田	人工植被，土地扰动，水生作物，收割过程
		旱地	人工植被，土地扰动，旱生作物，收割过程
	园地	乔木园地	人工植被，H = 3 ~ 30m，C > 20%
		灌木园地	人工植被，H = 0.3 ~ 5m，C > 20%
城市生态系统（建成区）	居住地	居住地	人工硬表面，居住建筑
	城市绿地	乔木绿地	人工植被，人工表面周围，H = 3 ~ 30m，C > 20%
		灌木绿地	人工植被，人工表面周围，H = 0.3 ~ 5m，C > 20%
		草本绿地	人工植被，人工表面周围，H = 0.03 ~ 3m，C > 20%
	城市水体	城市水体	自然或人工水面
	工矿交通	工业用地	人工硬表面，生产建筑
		交通用地	人工硬表面，线状特征
		采矿场	人工挖掘表面
荒漠生态系统	沙漠	沙漠	自然，松散表面，沙质
	沙地	沙地	分布在半干旱区及部分半湿润区的沙质土地
	盐碱地	盐碱地	自然，松散表面，高盐分

注：H 为植被平均高度；C 为植被覆盖度；F 为针阔比；K 为湿润指数；W 为一年中被水覆盖的时间（月）。

附录 B[*]　调节服务生态产品实物量核算参数参考值

本附录提供的参数仅作为数据缺乏时的参考，建议核算时根据本地生态环境实际调查监测数据确定。

1. 水源涵养实物量核算参数（见表B1）。

表 B1　　　　　　　　各类生态系统地表径流系数

生态系统类型			径流系数（%）
森林生态系统	阔叶林	常绿阔叶林	2.67
		落叶阔叶林	1.33
	针叶林	常绿针叶林	3.02
		落叶针叶林	0.88
	针阔混交林	针阔混交林	2.29
	稀疏林	稀疏林	19.20
灌丛生态系统	阔叶灌丛	常绿阔叶灌木林	4.26
		落叶阔叶灌木林	4.17
	针叶灌丛	常绿针叶灌木林	4.17
	稀疏灌丛	稀疏灌木林	19.20
草地生态系统	草甸	草甸	8.20
	草原	草原	4.78
	草丛	草丛	9.37
	稀疏草地	稀疏草地	18.27
农田生态系统	耕地	水田	34.70
		旱地	46.96
	园地	乔木园地	9.57
		灌木园地	7.90
城市生态系统	城市绿地	乔木绿地	19.20
		灌木绿地	19.20

---

* 资料来源：《生态产品总值核算规范》（国家发展和改革委员会，国家统计局，2022），《江西省生态产品总值核算规范（试行）》。

生态系统类型			径流系数（%）
城市生态系统	城市绿地	草本绿地	18.27
	城市水体	城市水体	0
湿地生态系统	沼泽	森林沼泽	0
		灌丛沼泽	0
		草本沼泽	0
	湖泊	湖泊	0
		水库/坑塘	0
	河流	河流	0
		运河/水渠	0

2. 土壤保持实物量核算参数。土壤容重是指一定体积的土壤（包括土粒及粒间的孔隙）烘干后质量与烘干前体积的比值（见表 B2）。

表 B2　　　　　各植被分区土壤容重参考值

植被分区	土壤容重（t/m^2）
南寒温带落叶针叶林带	1.2452
温带北部针阔混交林带	1.2181
温带南部针阔混交林带	1.2439
暖温带北部落叶栎林带（华北）	1.3163
暖温带南部落叶栎林带	1.3378
北亚热带落叶常绿阔叶混交林带	1.3355
东部中亚热带常绿落叶林带	1.2860
东部南亚热带常绿阔叶林带	1.2771
西部中亚热带常绿阔叶林带	1.2905
西部南亚热带常绿阔叶林带	1.2510
西部亚热带亚高山针叶林带	1.3028
东部北热带季节性雨林带	1.2822
西部北热带季节性雨林带	1.2662
温带北部草原带（东部）	1.2846
温带南部草原带	1.3190
温带北部草原带（西部）	1.2956
温带半灌木小乔木荒漠带	1.3348

续表

植被分区	土壤容重（t/m²）
温带半灌木灌木荒漠带	1.3495
暖温带灌木半灌木荒漠带	1.3777
高寒灌丛草甸带	1.3101
高寒草甸带	1.2808
高寒草原带	1.3222
温性草原带	1.3192
高寒荒漠带	1.3233
温性荒漠带	1.3215
暖温带北部落叶栎林带（东北）	1.3321

3. 洪水调蓄实物量核算参数（见表 B3～表 B8）。

表 B3 各省汛期前后沼泽土壤含水率差值

省份	汛期前后沼泽土壤含水率差值	省份	汛期前后沼泽土壤含水率差值
全国	0.273294	河南	0.25644
北京	0.258812	湖北	0.230517
天津	0.366517	湖南	0.251077
河北	0.370869	广东	0.254068
山西	0.258812	广西	0.392205
内蒙古	0.248565	海南	0.254068
辽宁	0.324188	重庆	0.284171
吉林	0.245936	四川	0.24476
黑龙江	0.232907	贵州	0.254068
上海	0.201131	云南	0.209935
江苏	0.294765	西藏	0.240368
浙江	0.254068	陕西	0.258812
安徽	0.19855	甘肃	0.327406
福建	0.283691	青海	0.272922
江西	0.286933	宁夏	0.258812
山东	0.400147	新疆	0.256604

注：洪水期沼泽土壤蓄水深度0.4m，洪水期沼泽地表滞水高度0.3m。

表 B4
日暴雨标准

等级	12 小时降雨量（mm）	24 小时降雨量（mm）
暴雨	30.0～69.9	≥50

注：暴雨等级可采用当地行业标准。

表 B5
生态系统暴雨径流回归方程

生态系统类型	暴雨径流
落叶阔叶林	$R = 1.4288 \times \ln(P) - 4.3682$
常绿阔叶林	$R = 7.7508 \times \ln(P) - 27.842$
落叶针叶林	$R = 7.2877 \times \ln(P) - 26.566$
常绿针叶林	$R = 13.36 \times \ln(P) - 49.257$
针阔混交林	$R = 2.264 \times \ln(P) - 6.7516$
灌丛	$R = 3.482 \times \ln(P) - 7.9413$
草原	$R = 5.4037 \times \ln(P) - 8.6156$
草甸	$R = 8.9121 \times \ln(P) - 23.462$
草丛	$R = 6.1564 \times \ln(P) - 13.351$

注：R 是暴雨径流量（mm/a），P 是暴雨降雨量（mm/a）。

表 B6
湖泊换水次数

湖泊区	湖泊水量调节量评价模型	换水次数（次/年）
东部平原区	$C_{lc} = e^{4.924} \times A^{1.128} \times 3.19 \times 10^4$	3.19
蒙新高原区	$C_{lc} = e^{5.653} \times A^{0.680} \times 10^4$	1
云贵高原区	$C_{lc} = e^{4.904} \times A^{0.927} \times 10^4$	1
青藏高原区	$C_{lc} = e^{6.636} \times A^{0.678} \times 10^4$	1
东北平原与山区	$C_{lc} = e^{5.808} \times A^{0.866} \times 10^4$	1

注：C_{lc} 是湖泊调节水量（m³/a），A 是湖泊面积（km²）。

表 B7
水库库容转换为防洪库容的系数

水库区	水库的实际洪水调蓄库容	库容转换为防洪库容的系数
东部平原区	$C_{rc} = 0.29 \times C_t$	0.29
蒙新高原区	$C_{rc} = 0.16 \times C_t$	0.16
云贵高原区	$C_{rc} = 0.20 \times C_t$	0.20
青藏高原区	$C_{rc} = 0.11 \times C_t$	0.11
东北平原与山区	$C_{rc} = 0.22 \times C_t$	0.22

注：C_{rc} 是水库防洪库容（m³/a），C_t 是水库总库容（m³）。

表 B8 各省所属的湖泊、水库分区

省份	分区	省份	分区	省份	分区
北京	东部平原区	安徽	东部平原区	重庆	云贵高原区
天津	东部平原区	福建	东部平原区	四川	云贵高原区
河北	东部平原区	江西	东部平原区	贵州	云贵高原区
山西	蒙新高原区	山东	东部平原区	云南	云贵高原区
内蒙古	蒙新高原区	河南	东部平原区	西藏	青藏高原区
辽宁	东北平原与山区	湖北	东部平原区	陕西	蒙新高原区
吉林	东北平原与山区	湖南	东部平原区	甘肃	蒙新高原区
黑龙江	东北平原与山区	广东	东部平原区	青海	青藏高原区
上海	东部平原区	广西	东部平原区	宁夏	蒙新高原区
江苏	东部平原区	海南	东部平原区	新疆	蒙新高原区
浙江	东部平原区				

4. 空气净化实物量核算参数（见表 B9 ~ 表 B10）。

表 B9 各类生态系统对各类大气污染物单位面积净化量

生态系统类型			SO_2净化量	NO_x净化量	粉尘净化量
一级	二级	三级	$t/(km^2 \cdot a)$	$t/(km^2 \cdot a)$	$t/(km^2 \cdot a)$
森林生态系统	阔叶林	常绿阔叶林	5.75	3.52	11.76
		落叶阔叶林	3.38	2.35	8.41
	针叶林	常绿针叶林	5.04	3.52	20.18
		落叶针叶林	3.38	2.35	10.08
	针阔混交林	针阔混交林	5.09	2.46	16.80
	稀疏林	稀疏林	3.60	2.26	10.76
灌丛生态系统	阔叶灌丛	常绿阔叶灌木林	4.03	2.64	11.76
		落叶阔叶灌木林	2.94	1.57	7.88
	针叶灌丛	常绿针叶灌木林	3.73	2.35	10.08
	稀疏灌丛	稀疏灌木林	2.81	1.75	7.93

续表

生态系统类型			SO_2净化量	NO_x净化量	粉尘净化量
一级	二级	三级	$t/(km^2 \cdot a)$	$t/(km^2 \cdot a)$	$t/(km^2 \cdot a)$
草地生态系统	草甸	草甸	3.60	2.56	10.60
	草原	草原	2.94	1.57	8.41
	草丛	草丛	2.94	1.57	8.41
	稀疏草地	稀疏草地	2.54	1.52	7.18
湿地生态系统	沼泽	森林沼泽	4.03	1.97	10.08
		灌丛沼泽	3.11	1.52	7.41
		草本沼泽	2.85	1.32	6.73
	湖泊	湖泊	7.06	0.00	10.08
		水库/坑塘	7.06	0.00	10.08
	河流	河流	7.06	0.00	10.08
		运河/水渠	7.06	0.00	10.08
农田生态系统	耕地	水田	4.03	2.75	8.87
		旱地	2.50	1.57	8.41
	园地	乔木园地	3.38	2.56	8.41
		灌木园地	3.16	2.17	6.17
城市生态系统	城市绿地	乔木绿地	3.60	2.26	10.76
		灌木绿地	2.81	1.75	7.93
		草本绿地	2.54	1.52	7.18

表 B10 环境空气污染物浓度值

污染物	平均时间	年平均浓度限制		单位
		一级	二级	
二氧化硫	年平均	20	60	$\mu g/m^3$
二氧化氮	年平均	40	40	
颗粒物 PM_{10}	年平均	40	70	
颗粒物 $PM_{2.5}$	年平均	15	35	

注：环境空气功能区分为两类，一类为自然保护区、风景名胜区和其他需要特殊保护的区域；二类区为居住区、商业交通居民混合区、文化区、工业区和农村地区。一类区适用一级浓度限值，二类区适用二级浓度限值。核算过程中，将核算区域大气污染物监测点位的算术平均值与所在功能区的空气浓度限值进行比较，来确定核算方法。

5. 水质净化实物量核算参数（见表 B11～表 B12）。

表 B11　　　　　　　　　　地表水污染物浓度限值

污染物	I 类	II 类	III 类	IV 类	V 类
化学需氧量	15	15	20	30	40
总氮	0.15	0.5	1	1.5	2

注：地表水环境功能分为五类，I 类适用于源头水、国家自然保护区；II 类适用于集中式生活饮用水地表水源地一级保护区、珍稀水生生物栖息地、鱼虾类产卵场、仔稚幼鱼的索饵场等；III 类适用于集中式生活饮用水地表水源地二级保护区、鱼虾类越冬场、洄游通道、水产养殖区等渔业水域及游泳区；IV 类适用于一般工业用水区及人体非直接接触的娱乐用水区；V 类适用于农业用水区及一般景观要求水域。核算过程中，将核算区域水质监测断面的污染物浓度算术平均值与所在功能区的污染物浓度限值进行比较，来确定核算方法。

表 B12　　　　　　单位面积湿地对各类水体污染物的净化量

污染物类型	净化量
COD	$110.43t/(km^2 \cdot a)$
总氮	$8.56t/(km^2 \cdot a)$
总磷	$8.56t/(km^2 \cdot a)$

6. 固碳实物量核算参数。生物量—碳转换系数为 C_C，森林和灌丛的转化系数为 0.5，草地的转化系数为 0.45。

森林及灌丛的固碳速率 FCSR 由森林清查数据计算获得（见表 B13）。

表 B13　　　　各植被分区森林（及灌丛）生态系统固碳速率

植被分区	森林（及灌丛）植被固碳速率（tC·hm^{-2}·a^{-1}）	森林（及灌丛）土壤固碳速率（tC·hm^{-2}·a^{-1}）
南寒温带灌叶针叶林地带	0.574	0.386
温带北部针阔混交林地带	0.551	0.586
温带南部针阔混交林地带	0.584	0.629
暖温带北部落叶栎林地带（华北）	0.758	0.448
暖温带南部落叶栎林地带	0.996	0.378
北亚热带落叶常绿阔叶混交林地带	0.870	0.384
东部中亚热带常绿落叶林地带	0.815	0.213
东部南亚热带常绿阔叶林地带	0.554	0.118
西部中亚热带常绿阔叶林地带	0.769	0.254

续表

植被分区	森林（及灌丛）植被固碳速率（tC·hm^{-2}·a^{-1}）	森林（及灌丛）土壤固碳速率（tC·hm^{-2}·a^{-1}）
西部南亚热带常绿阔叶林地带	0.784	0.253
西部亚热带亚高山针叶林地带	0.657	0.226
东部北热带季节性雨林地带	0.573	0.114
西部北热带季节性雨林地带	0.717	0.235
温带北部草原地带（东部）	0.589	0.347
温带南部草原地带	0.687	0.507
温带北部草原地带（西部）	1.120	1.153
温带半灌木小乔木荒漠地带	1.120	1.153
温带灌木半灌木荒漠地带	0.734	0.640
暖温带灌木半灌木荒漠地带	1.119	1.145
高寒灌丛草甸地带	0.641	0.469
高寒草甸地带	0.645	0.541
高寒草原地带	0.676	0.353
温性草原地带	0.690	0.225
高寒荒漠地带	0.802	0.826
温性荒漠地带	0.690	0.225
暖温带北部落叶栎林地带（东北）	0.807	0.879

森林及灌丛土壤和植被固碳速率比值 β 取值参考表 B14。

表 B14　各植被分区森林（及灌丛）生态系统土壤和植被固碳速率比值

植被分区	森林（及灌丛）生态系统土壤和植被固碳速率比值
南寒温带灌叶针叶林地带	0.672
温带北部针阔混交林地带	1.063
温带南部针阔混交林地带	1.087
暖温带北部落叶栎林地带（华北）	0.544
暖温带南部落叶栎林地带	0.323
北亚热带落叶常绿阔叶混交林地带	0.359
东部中亚热带常绿落叶林地带	0.258
东部南亚热带常绿阔叶林地带	0.210

续表

植被分区	森林（及灌丛）生态系统土壤和植被固碳速率比值
西部中亚热带常绿阔叶林地带	0.323
西部南亚热带常绿阔叶林地带	0.322
西部亚热带亚高山针叶林地带	0.341
东部北热带季节性雨林地带	0.213
西部北热带季节性雨林地带	0.325
温带北部草原地带（东部）	0.594
温带南部草原地带	0.715
温带北部草原地带（西部）	1.030
温带半灌木小乔木荒漠地带	1.030
温带灌木半灌木荒漠地带	0.870
暖温带灌木半灌木荒漠地带	1.030
高寒灌丛草甸地带	0.731
高寒草甸地带	0.852
高寒草原地带	0.527
温性草原地带	0.326
高寒荒漠地带	0.860
温性荒漠地带	0.326
暖温带北部落叶栎林地带（东北）	1.087

全国草地（除青藏高原外）土壤的固碳速率为 $0.02\ t\cdot C/(hm^2\cdot a)$，青藏高原区域为 $0.03\ t\cdot C/(hm^2\cdot a)$。草地土壤固碳速率 GSR 参考表 B15。

表 B15 　　　　　　　　　各植被分区草地土壤固碳速率

植被分区	草地土壤固碳速率 $(tC\cdot hm^{-2}\cdot a^{-1})$
南寒温带灌叶针叶林地带	0.052
温带北部针阔混交林地带	0.030
温带南部针阔混交林地带	0.020
暖温带北部落叶栎林地带（华北）	0.020
暖温带南部落叶栎林地带	0.020
北亚热带落叶常绿阔叶混交林地带	0.022
东部中亚热带常绿落叶林地带	0.024

续表

植被分区	草地土壤固碳速率 （tC·hm^{-2}·a^{-1}）
东部南亚热带常绿阔叶林地带	0.018
西部中亚热带常绿阔叶林地带	0.029
西部南亚热带常绿阔叶林地带	0.030
西部亚热带亚高山针叶林地带	0.030
东部北热带季节性雨林地带	0.020
西部北热带季节性雨林地带	0.030
温带北部草原地带（东部）	0.058
温带南部草原地带	0.040
温带北部草原地带（西部）	0.030
温带半灌木小乔木荒漠地带	0.030
温带灌木半灌木荒漠地带	0.036
暖温带灌木半灌木荒漠地带	0.030
高寒灌丛草甸地带	0.029
高寒草甸地带	0.030
高寒草原地带	0.030
温性草原地带	0.030
高寒荒漠地带	0.030
温性荒漠地带	0.030
暖温带北部落叶栎林地带（东北）	0.020

湿地的固碳速率 $SCSR_i$ 取值参考表 B16。

表 B16   **湿地固碳速率**

类型	固碳速率（gC·m^{-2}·a^{-1}）
湖泊湿地类型	—
东部平原地区湖泊湿地	56.67
蒙新高原地区湖泊湿地	30.26
云贵高原地区湖泊湿地	20.08
青藏高原地区湖泊湿地	12.57
东北平原与山区湖泊湿地	4.49
沼泽湿地类型	—
泥炭与苔藓泥炭沼泽	24.80

续表

类型	固碳速率（$gC \cdot m^{-2} \cdot a^{-1}$）
腐泥沼泽	32.48
内陆盐沼	67.11
沿海滩涂盐沼	235.62
红树林沼泽	444.27

无化学肥料和有机肥料施用的情况下，我国农田土壤有机碳的变化 NSC 取 -0.06 g · C/(kg · a)，土壤厚度取 20cm，不同作物的草谷比 SGR_j 取值参考表 B17 ~ 表 B18。

表 B17　　　　　　　　　　　不同作物的草谷比

作物	草谷比 SGR_j	作物	草谷比 SGR_j
水稻	0.623	油菜	2
小麦	1.366	向日葵	2
玉米	2	棉花	8.1
高粱	1	甘蔗	0.1
马铃薯	0.5	—	—

表 B18　　　各植被区分森林、灌丛、草地 NEP – NPP 转换系数

植被分区	NEP – NPP 转换系数		
	森林	灌丛	草地
南寒温带灌叶针叶林地带	0.3158	0.1826	0.1940
温带北部针阔混交林地带	0.2500	0.1804	0.1655
温带南部针阔混交林地带	0.1517	0.1088	0.1822
暖温带北部落叶栎林地带（华北）	0.3599	0.3731	0.2565
暖温带南部落叶栎林地带	0.2546	0.2435	0.1956
北亚热带落叶常绿阔叶混交林地带	0.2006	0.1695	0.2223
东部中亚热带常绿落叶林地带	0.1346	0.0936	0.1611
东部南亚热带常绿阔叶林地带	0.1349	0.0903	0.0820
西部中亚热带常绿阔叶林地带	0.2285	0.1522	0.1532
西部南亚热带常绿阔叶林地带	0.2153	0.1219	0.1062
西部亚热带亚高山针叶林地带	0.3422	0.2179	0.3069
东部北热带季节性雨林地带	0.1439	0.1379	0.0985

续表

植被分区	NEP – NPP 转换系数		
	森林	灌丛	草地
西部北热带季节性雨林地带	0.2002	0.0664	0.1961
温带北部草原地带（东部）	0.2909	0.1551	0.1920
温带南部草原地带	0.2554	0.1745	0.1565
温带北部草原地带（西部）	0.0775	0.0010	0.1574
温带半灌木小乔木荒漠地带	0.1612	0.0010	0.0574
温带灌木半灌木荒漠地带	0.1798	0.0010	0.0095
暖温带灌木半灌木荒漠地带	0.0363	0.0010	0.0265
高寒灌丛草甸地带	0.3155	0.2229	0.2730
高寒草甸地带	0.2489	0.2995	0.3308
高寒草原地带	0.2609	0.0214	0.3026
温性草原地带	0.1698	0.0127	0.2285
高寒荒漠地带	0.0268	0.0000	0.1576
温性荒漠地带	0.1530	0.0000	0.1375
暖温带北部落叶栎林地带（东北）	0.1390	0.1455	0.1313

7. 局部气候调节实物量核算参数（见表 B19）。

表 B19 **各省水面蒸发折算系数**

省份	水面蒸发折算系数	省份	水面蒸发折算系数
全国	0.618	河南	0.633
北京	0.577	湖北	0.649
天津	0.575	湖南	0.641
河北	0.610	广东	0.665
山西	0.631	广西	0.648
内蒙古	0.562	海南	0.685
辽宁	0.561	重庆	0.632
吉林	0.549	四川	0.641
黑龙江	0.552	贵州	0.671
上海	0.616	云南	0.624
江苏	0.631	西藏	0.618
浙江	0.633	陕西	0.627

省份	水面蒸发折算系数	省份	水面蒸发折算系数
安徽	0.611	甘肃	0.589
福建	0.676	青海	0.552
江西	0.655	宁夏	0.646
山东	0.636	新疆	0.586

注：折算系数是小型蒸发器观测的蒸发量与自然水体蒸发量的比值。加湿器将 $1m^3$ 水转化为蒸汽的耗电量：120kW·h。

附录 C* 景观增值溢价系数的调查方法

酒店宾馆自然景观溢价系数：

$$RH = \frac{(T_1 + T_2) \times PR}{T_1 + T_2 + T_3 + T_4}$$

$$PR = \frac{P_2 - P_3}{P_2}$$

$$P_i = \frac{\sum\limits_{j=1}^{n} \dfrac{\sum\limits_{k=1}^{m_{i,j}} (TRN_{i,j,k} \times TRP_{i,j,k})}{\sum\limits_{k=1}^{m_{i,j}} TRN_{i,j,k}}}{n_i}$$

式中，RH 为酒店自然景观溢价系数（%）；T_1 为自然景区酒店销售额（万元）；T_2 为非自然景区有景观房酒店的景观房销售额（万元）；T_3 为非自然景区有景观房酒店的非景观房销售额（万元）；T_4 为非自然景区无景观房酒店销售额（万元）；PR 为非自然景区有景观房酒店的景观房较非景观房溢价系数（%）；P_2 为非自然景区有景观房酒店的景观房销售单价（元）；P_3 为非自然景区有景观房酒店的非景观房销售单价（元）；$TRN_{i,j,k}$ 为 T_i 类中第 j

---

* 资料来源：《生态产品总值核算规范》（国家发展和改革委员会，国家统计局，2022）。

酒店的第 k 种房型的销售数量（间）；$TRP_{i,j,k}$ 为 T_i 类中第 j 酒店的第 k 种房型的销售价格（元/间）；n_i 为 T_i 类中酒店总数；$m_{i,j}$ 为 T_i 类中第 j 酒店的房型总数。

注：景观房是指能够依托自然景观产生增值的房间。

自有住房自然景观溢价系数：

$$RR = \frac{(RT_1 + RT_2) \times RPR}{RT_1 + RT_2 + RT_3}$$

$$RPR = \frac{RP_2 - RP_3}{RP_2}$$

$$RP_i = \frac{\sum_{j=1}^{n_i}(RTA_{i,j} \times RTP_{i,j})}{\sum_{j=1}^{n_i} RTA_{i,j}}$$

式中，RR 为自有住房自然景观溢价系数（%）；RPR 为非自然景区有自然景观住房较非自然景观住房租金溢价系数（%）；RT_1 为自然景区住房租金总额（元）；RT_2 为非自然景区有自然景观住房租金总额（元）；RT_3 为非自然景区无自然景观房住房租金总额（元）；RP_2 为非自然景区自然景观租房平均租金（元/平方米）；RP_3 为非自然景区无自然景观租房平均租金（元/平方米）；$RTA_{i,j}$ 为 RT_i 类中第 j 间房的出租面积（平方米）；$RTP_{i,j}$ 为 RT_i 类中第 j 间房的出租单价（元/平方米）；n_i 为 RT_i 类中房屋总数。

注：自有住房是已由居民持有产权的房屋（含自己住和租赁），景观房是指能够依托自然景观产生增值的房间。

附录 D[*]　生态产品清单

序号	一级指标	二级指标		指标说明
1	物质供给	农产品	野生农产品	从自然生态系统中获得的野生初级农产品，如药材、蔬菜、水果等
			集约化种植农产品	从集约化种植的生态系统中收获的初级农产品，如稻谷、玉米、豆类、油料、棉花、糖料作物、烟叶、茶叶、药材、蔬菜、水果等
2		林产品	野生林产品	从自然生态系统中获得的林木产品、林产品以及与森林资源相关的初级产品，如木材、竹材、松脂、生漆、油桐籽等
			集约化种植林产品	从集约化管理的生态系统中获得的林木产品、林产品以及与森林资源相关的初级产品，如木材、竹材、松脂、生漆、油桐籽等
3		牧产品[a]	放养牧产品	利用放牧获得的牧产品，如牛、羊、奶类、野生禽蛋、蜂蜜等
4		渔产品	野生渔产品	在陆域自然水体中通过捕捞获取的水产品，如鱼类、贝类、其他水生动物等
			集约化养殖渔产品	在人工管理的水生态系统中，养殖生产的水产品，如鱼类、贝类、其他水生动物等
5		淡水资源		生态系统对人类淡水供应的综合贡献
6		生物质能		来自生态系统的秸秆、薪柴等
7		其他物质产品		从自然生态系统中获得的一些其他装饰产品和花卉、苗木、种子等
				从集约化管理的生态系统中获得的一些其他装饰产品和花卉、苗木、种子等
8	调节服务	水源涵养		生态系统通过其结构和过程拦截滞蓄降水，增强土壤下渗，涵养土壤水分和补充地下水，调节河川流量，增加可利用水资源量的功能
9		土壤保持		生态系统通过其结构与过程保护土壤，降低雨水的侵蚀能力，减少土壤流失的功能

---

* 资料来源：《生态产品总值核算规范》（国家发展和改革委员会，国家统计局，2022），《江西省生态产品总值核算规范（试行）》。

续表

序号	一级指标	二级指标	指标说明
10	调节服务	防风固沙	生态系统通过增加土壤抗风能力，降低风力侵蚀和风沙危害的功能
11		海岸带防护	生态系统减低海浪，避免或减小海堤或海岸侵蚀的功能
12		洪水调蓄	生态系统通过调节暴雨径流、削减洪峰，减轻洪水危害的功能
13		固碳	生态系统吸收二氧化碳合成有机物质，将碳固定在植物和土壤中，降低大气中二氧化碳浓度的功能
14		空气净化	生态系统吸收、阻滤大气中的污染物，如 SO_2、NO_x、粉尘等，降低空气污染浓度，改善空气环境的功能
15		水质净化	生态系统通过物理和生化过程对水体污染物吸附、降解以及生物吸收等方式，降低水体污染物浓度，净化水环境的功能
16		局部气候调节	生态系统通过植被蒸腾作用和水体蒸发过程吸收能量，调节温湿度的功能
17		负氧离子[b]	在生态系统中，森林和湿地是产生空气负氧离子的重要场所，在空气净化、城市小气候等方面有调节作用
18		物种保育[b]	生态系统为珍稀濒危物种提供生存与繁衍场所的作用和价值
19		病虫害防治[b]	生态系统通过提高物种多样性水平增加天敌而降低病虫害危害的功能
20		噪声消减[c]	森林、灌丛等生态系统通过植物反射和吸收声波能量，消减交通噪声的功能
21	文化服务	旅游康养	生态系统为人类提供旅游观光、娱乐、休养等服务，使其获得审美享受、身心恢复等非物质惠益
22		休闲游憩[c]	生态系统为人类提供业余时间的休闲、运动等服务，使其获得精神放松、心情愉悦等非物质惠益
23		景观增值[c]	生态系统为人类提供美学享受，从而提高周边土地、房产价值，产生房屋销售和租赁过程中的自然景观溢价的功能

注：[a] 可选项，核算区为牧区时，核算其牧产品价值。

[b] 可选项，根据核算区具体实际，可增选。

[c] 可选项，核算区为城市时，核算其噪声消减、休闲游憩和景观增值价值。

参考文献

1. 白杨，李晖，王晓媛等．云南省生态资产与生态系统生产总值核算体系研究［J］．自然资源学报，2017，32（7）：1100-1112.

2. 庇古．福利经济学［M］．北京：中国社会科学出版社，1999.

3. 博文静，王莉雁，操建华等．中国森林生态资产价值评估［J］．生态学报，2017，37（12）：4182-4190.

4. 博文静，肖燚，王莉雁等．生态资产核算及变化特征评估——以内蒙古兴安盟为例［J］．生态学报，2019，39（15）：5425-5432.

5. 蔡邦成，陆根法，宋莉娟等．生态建设补偿的定量标准——以南水北调东线水源地保护区一期生态建设工程为例［J］．生态学报，2008（5）：2413-2416.

6. 藏波，张清勇，丰雷等．2015年土地科学研究重点进展评述及2016年展望——土地经济分报告［J］．中国土地科学，2016，30（2）：76-85.

7. 曹雷．论原始性科技创新的当代价值和作用［J］．财经理论与实践，2005（2）：2-9.

8. 曹诗颂，赵文吉，段福洲．秦巴特困连片区生态资产与经济贫困的耦合关系［J］．地理研究，2015，34（7）：1295-1309.

9. 曾贤刚，虞慧怡，谢芳．生态产品的概念、分类及其市场化供给机制［J］．中国人口·资源与环境，2014，24（7）：12-17.

10. 曾祥云，利锋．考虑温室气体排放的红树林湿地生态价值评估——以海南东寨港红树林湿地为例［J］．生态经济，2013（12）：175-177.

11. 陈辞．生态产品的供给机制与制度创新研究［J］．生态经济，2014，30（8）：76-79.

12. 陈龙，孙芳芳，张燚等．基于自然资源价值核算的深圳市绿色经济协调发展分析［J］．生态与农村环境学报，2019，35（6）：716-721.

13. 陈梅，纪荣婷，刘溪等．"两山"基地生态系统生产总值核算与"两山"转化分析——以浙江省宁海县为例［J］．生态学报，2021，41（14）：

5899 – 5907.

14. 陈万旭，赵雪莲，钟明星等. 长江中游城市群生态系统健康时空演变特征分析 [J]. 生态学报，2022，42（1）：138 – 149.

15. 陈征. 论社会主义城市垄断地租 [J]. 经济学家，1995（3）：105 – 109.

16. 陈仲新，张新时. 中国生态系统效益的价值 [J]. 科学通报，2000（1）：17 – 22，113.

17. 崔丽娟，赵欣胜. 鄱阳湖湿地生态能值分析研究 [J]. 生态学报，2004（7）：1480 – 1485.

18. Daily C. G.，欧阳志云，郑华等. 保障自然资本与人类福祉：中国的创新与影响 [J]. 生态学报，2013，33（3）：669 – 685.

19. 戴双兴，朱立宇. 基于马克思地租理论的城市宏观级差地租研究 [J]. 政治经济学评论，2017，8（6）：130 – 138.

20. 戴维·皮尔斯，杰瑞米·沃福德，世界无末日——经济学、环境和可持续发展 [M]. 张世秋等译，北京：中国财政经济出版社，1996.

21. 邓娇娇，常璐，张月等. 福州市生态系统生产总值核算 [J]. 应用生态学报，2021，32（11）：3835 – 3844.

22. 丁宪浩. 论生态生产的效益和组织及其生态产品的价值和交换 [J]. 农业现代化研究，2010（6）：692 – 696.

23. 董天，张路，肖燚等. 鄂尔多斯市生态资产和生态系统生产总值评估 [J]. 生态学报，2019，39（9）：3062 – 3074.

24. 董文静，王昌森，张震. 山东省乡村振兴旅游时空耦合研究 [J]. 地理科学，2020，40（4）：628 – 636.

25. 董战峰，张哲予，杜艳春等. "绿水青山就是金山银山"理念实践模式与路径探析 [J]. 中国环境管理，2020，12（5）：11 – 17.

26. 杜明娥. 生态价值观教育的文化启蒙意蕴 [J]. 海南大学学报（人文社会科学版），2018，36（1）：91 – 95.

27. 樊小贤. 低碳生活的环境道德诉求 [J]. 青海社会科学，2010（5）：158 – 161.

28. 方环非，周子钰. 经济危机、商品化与垄断地租——论大卫·哈维城市权利思想的三重维度 [J]. 浙江社会科学，2019（7）：91 – 99，158.

29. 封志明，杨艳昭，李鹏. 从自然资源核算到自然资源资产负债表编制 [J]. 中国科学院院刊，2014，29（4）：449 – 456.

30. 封志明，杨艳昭，闫慧敏等. 自然资源资产负债表编制的若干基本

问题 [J]. 资源科学, 2017, 39 (9): 1615 – 1627.

31. 冯金华. 地租的一般理论——从绝对地租谈起 [J]. 学习与探索, 2019 (4): 80 – 92, 175.

32. 甘浪雄, 张怀志, 卢天赋等. 基于熵权法的水上交通安全因素 [J]. 中国航海, 2021, 44 (2): 53 – 58.

33. 高鸿业. 西方经济学: 微观部分 [M]. 北京: 中国人民大学出版社, 2004.

34. 高吉喜, 范小杉. 生态资产概念、特点与研究趋向 [J]. 环境科学研究, 2007, 20 (5): 137 – 143.

35. 高吉喜, 范小杉, 李慧敏等. 生态资产资本化: 要素构成·运营模式·政策需求 [J]. 环境科学研究, 2016, 29 (3): 315 – 322.

36. 高晓龙, 程会强, 郑华等. 生态产品价值实现的政策工具探究 [J]. 生态学报, 2019, 39 (23): 8746 – 8754.

37. 高艳妮, 张林波, 李凯等. 生态系统价值核算指标体系研究 [J]. 环境科学研究, 2019, 32 (1): 58 – 65.

38. 高一飞. 生态环境损害责任的规范构造——以《民法典》侵权责任编为切入点 [J]. 华中科技大学学报 (社会科学版), 2021, 35 (1): 109 – 117.

39. 葛宣冲, 郑素兰. 新时代民营企业家精神: 欠发达地区乡村生态资本化的“催化剂”[J]. 经济问题, 2022 (3): 46 – 52, 89.

40. 耿建新, 胡天雨, 刘祝君. 我国国家资产负债表与自然资源资产负债表的编制与运用初探——以 SNA 2008 和 SEEA 2012 为线索的分析 [J]. 会计研究, 2015 (1): 15 – 24.

41. 耿静, 任丙南. 生态系统生产总值核算理论在生态文明评价中的应用——以三亚市文门村为例 [J]. 生态学报, 2020, 40 (10): 3236 – 3246.

42. 郭韦杉, 李国平, 王文涛. 自然资源资产核算: 概念辨析及核算框架设计 [J]. 中国人口·资源与环境, 2021, 31 (11): 11 – 19.

43. 韩增林, 赵启行, 赵东霞等. 2000 – 2015 年东北地区县域人口与经济耦合协调演变及空间差异——以辽宁省为例 [J]. 地理研究, 2019, 38 (12): 3025 – 3037.

44. 韩增林, 赵玉青, 闫晓露等. 生态系统生产总值与区域经济耦合协调机制及协同发展——以大连市为例 [J]. 经济地理, 2020, 40 (10): 1 – 10.

45. 胡安水. 生态价值的含义及其分类 [J]. 东岳文丛, 2006, 27 (2).

46. 胡聃. 从生产资产到生态资产: 资产—资本完备性 [J]. 地球科学

进展，2004，19（2）：289-295.

47. 胡文龙，史丹. 中国自然资源资产负债表框架体系研究——以 SEEA2012、SNA2008 和国家资产负债表为基础的一种思路 [J]. 中国人口·资源与环境，2015.

48. 胡咏君，吴剑，胡瑞山. 生态文明建设"两山"理论的内在逻辑与发展路径 [J]. 中国工程科学，2019，21（5）：151-158.

49. 黄宝荣，张丛林，邓冉. 我国自然保护地历史遗留问题的系统解决方案 [J]. 生物多样性，2020，28（10）：1255-1265.

50. 黄如良. 生态产品价值评估问题探讨 [J]. 中国人口·资源与环境，2015（3）：26-33.

51. 黄润秋. 深入学习贯彻习近平生态文明思想 努力建设人与自然和谐共生的美丽中国 [J]. 环境与可持续发展，2023，48（1）：5-7.

52. 黄兴文，陈百明. 中国生态资产区划的理论与应用 [J]. 生态学报，1999（5）：14-18.

53. 江波，张路，欧阳志云. 青海湖湿地生态系统服务价值评估 [J]. 应用生态学报，2015，26（10）：3137-3144.

54. 江仕嵘. 陕西省生态系统生产总值核算及时空演变研究 [D]. 陕西：西北农林科技大学，2021.

55. 蒋伏心，马骥. 空间经济学学科的创立与发展 [J]. 经济学动态，2009（9）：136-139.

56. 蒋洪强，卢亚灵，程曦等. 京津冀区域生态资产负债核算研究 [J]. 中国环境管理，2016，8（1）：45-49.

57. 蒋健明，汪应宏. 矿山地租理论演变视角下的矿产资源所有者权益价值 [J]. 金属矿山，2017（4）：113-118.

58. 焦亮，赵成章. 祁连山国家自然保护区山丹马场草地生态系统服务功能价值分析及评价 [J]. 干旱区资源与环境，2013，27（12）：47-52.

59. 解文静，茅樵，曹升乐. 济南市河库连通工程水生态系统服务价值评估 [J]. 人民黄河，2015，37（10）：66-69.

60. 靳乐山，刘晋宏，孔德帅. 将 GEP 纳入生态补偿绩效考核评估分析 [J]. 生态学报，2019，39（1）：24-36.

61. 靳乐山，生态补偿机制：促进绿色和均衡发展的重要政策工具 [J]. 中国报道，2020（11）：41-43.

62. 克里斯托弗·斯奈德，沃尔特·尼科尔森. 微观经济理论：基本原理与拓展 [M]. 北京：北京大学出版社，2015.

63. 孔德帅. 区域生态补偿机制研究 [D]. 北京：中国农业大学，2017.

64. 赖敏，吴绍洪，戴尔阜等. 三江源区生态系统服务间接使用价值评估 [J]. 自然资源学报，2013，28（1）：38 – 50.

65. 兰德尔. 资源经济学 [M]. 北京：商务印书馆，1989.

66. 黎元生. 生态产业化经营与生态产品价值实现 [J]. 中国特色社会主义研究，2018（4）：84 – 90.

67. 李繁荣，戎爱萍. 生态产品供给的 PPP 模式研究 [J]. 经济问题，2016（12）：11 – 16.

68. 李芬，张林波，舒俭民等. 三江源区生态产品价值核算 [J]. 科技导报，2017，35（6）：120 – 124.

69. 李金昌. 自然资源价值理论和定价方法的研究 [J]. 中国人口·资源与环境，1991（1）：29 – 33.

70. 李丽，王心源，骆磊等. 生态系统服务价值评估方法综述 [J]. 生态学杂志，2018，37（4）：1233 – 1245.

71. 李平星，孙威. 经济地理学角度的区域生态补偿机制研究 [J]. 生态环境学报，2010，19（6）：1507 – 1512.

72. 李婷，吕一河. 生态系统服务建模技术研究进展 [J]. 生态学报，2018，38（15）：5287 – 5296.

73. 李文华，刘某承. 关于中国生态补偿机制建设的几点思考 [J]. 资源科学，2010，32（5）：791 – 796.

74. 李文华. 生态系统服务功能价值评估的理论、方法与应用 [M]. 北京：中国人民大学出版社，2008.

75. 李义龙. 生态—经济协调发展视角下的重庆市渝北区土地利用变化及模拟研究 [D]. 成都：西南大学，2019.

76. 李毅，杨仁斌，毕军平等. 长株潭地区生态资产变化格局分析 [J]. 经济地理，2015，35（2）：184 – 188，208 – 208.

77. 李真，潘竟虎，胡艳兴. 甘肃省生态资产价值和生态经济协调度时空变化格局 [J]. 自然资源学报，2017，32（1）：64 – 75.

78. 荔童，梁小英，张杰等. 基于贝叶斯网络的生态系统服务权衡协同关系及其驱动因子分析——以陕北黄土高原为例 [J/OL]. 生态学报，2023（16）：1 – 14，2023 – 07 – 08，http：//kns. cnki. net/kcms/detai/11. 2031. Q. 20230307. 1634. 010. html.

79. 廖茂林，潘家华，孙博文. 生态产品的内涵辨析及价值实现路径

[J]．经济体制改革，2021（1）：12-18．

80．廖薇，刘延惠，曾亚军等．赤水市生态系统生产总值核算研究［J]．中国林业经济，2019（3）：111-117．

81．廖薇．黎平县生态系统生产总值（GEP）核算研究［D]．贵阳：贵州大学，2019．

82．刘伯恩．生态产品价值实现机制的内涵、分类与制度框架［J]．环境保护，2020，48（13）：49-52．

83．刘耕源，王硕，颜宁聿等．生态产品价值实现机制的理论基础：热力学、景感学、经济学与区块链［J]．中国环境管理，2020，12（5）：28-35．

84．刘耕源，杨青，黄俊勇．黄河流域近十五年生态系统服务价值变化特征及影响因素研究［J]．中国环境管理，2020，12（3）：90-97．

85．刘娇，郎学东，苏建荣，刘万德，刘华妍，田宇．基于InVEST模型的金沙江流域干热河谷区水源涵养功能评估［J]．生态学报，2021，41（20）：8099-8111．

86．刘菊，傅斌，张成虎等．基于InVEST模型的岷江上游生态系统水源涵养量与价值评估［J]．长江流域资源与环境，2019，28（3）：577-585．

87．刘平养．自然资本的替代性研究［D]．上海：复旦大学，2008．

88．刘奇．积极探索生态产品价值实现路径［N]．人民日报，2021-06-03（14）．

89．刘兴元，龙瑞军，尚占环．草地生态系统服务功能及其价值评估方法研究［J]．草业学报，2011，20（1）：167-174．

90．刘卓红，杨煌辉．马克思剩余价值概念的三重历史意蕴——基于历史唯物主义研究的视角［J]．现代哲学，2021（4）：29-38．

91．柳荻，胡振通，靳乐山．美国湿地缓解银行实践与中国启示：市场创建和市场运行［J]．中国土地科学，2018，32（1）：65-72．

92．罗丽艳．自然资源价值的理论思考——论劳动价值论中自然资源价值的缺失［J]．中国人口·资源与环境，2003（6）：22-25．

93．吕洁华，张洪瑞，张滨．森林生态产品价值补偿经济学分析与标准研究［J]．世界林业研究，2015（4）：6-11．

94．马国霞，於方，王金南等．中国2015年陆地生态系统生产总值核算研究［J]．中国环境科学，2017，37（4）：1474-1482．

95．马俊峰．马克思主义价值理论研究［M]．北京：北京师范大学出版社，2012：7．

96. 马克思. 资本论（第一卷）［M］. 北京：人民出版社，2004.

97. 马克思恩格斯全集（第25卷）［M］. 北京：人民出版社，1972.

98. 马歇尔. 经济学原理（上卷）［M］. 北京：商务印书馆，1981.

99. 麦瑜翔. 农业生态资源资本化支持政策研究［D］. 武汉：中南财经政法大学，2018.

100. 梅林海，邱晓伟. 从效用价值论探讨自然资源的价值［J］. 生产力研究，2012（2）：18 – 19，104.

101. 苗赫萌，元媛，李天奇等. 开封城市水域生态系统服务价值评估及影响因素分析［J］. 生态学报，2021，41（22）：9084 – 9094.

102. 聂弯，于法稳. 农业生态效率研究进展分析［J］. 中国生态农业学报，2017，25（9）：1371 – 1380.

103. 欧名豪，王坤鹏，郭杰. 耕地保护生态补偿机制研究进展［J］. 农业现代化研究，2019，40（3）：357 – 365.

104. 欧阳志云，林亦晴，宋昌素. 生态系统生产总值（GEP）核算研究——以浙江省丽水市为例［J］. 环境与可持续发展，2020，45（6）：80 – 85.

105. 欧阳志云，王如松，赵景柱. 生态系统服务功能及其生态经济价值评价［J］. 应用生态学报，1999，10（5）：635 – 640.

106. 欧阳志云，王如松. 生态系统服务功能、生态价值与可持续发展［J］. 世界科技研究与发展，2000，22（5）：45 – 50.

107. 欧阳志云，王效科，苗鸿. 中国陆地生态系统服务功能及其生态经济价值的初步研究［J］. 生态学报，1999，19（5）：19 – 25.

108. 欧阳志云，肖燚，朱春全等. 生态系统生产总值（GEP）核算理论与方法［M］. 北京：科学出版社，2021.

109. 欧阳志云，郑华，谢高地等. 生态资产、生态补偿及生态文明科技贡献核算理论与技术［J］. 生态学报，2016，36（22）：7136 – 7139.

110. 欧阳志云，朱春全，杨广斌等. 生态系统生产总值核算：概念、核算方法与案例研究［J］. 生态学报，2013，33（21）：6747 – 6761.

111. 潘鹤思，李英，陈振环. 森林生态系统服务价值评估方法研究综述及展望［J］. 干旱区资源与环境，2018，32（6）：72 – 78.

112. 潘家华. 生态产品的属性及其价值溯源［J］. 环境与可持续发展，2020，45（6）：72 – 74.

113. 潘家华. 自然参与分配的价值体系分析［J］. 中国地质大学学报（社会科学版），2017，17（4）：1 – 8.

114. 潘耀忠，史培军，朱文泉等．中国陆地生态系统生态资产遥感定量测量 [J]．中国科学（D 辑：地球科学），2004（4）：375 - 384.

115. 庞丽花，陈艳梅，冯朝阳．自然保护区生态产品供给能力评估——以呼伦贝尔辉河保护区为例 [J]．干旱区资源与环境，2014，28（10）：110 - 116.

116. 裴宏．马克思的绝对地租理论及其在当代的发展形式 [J]．经济学家，2015（7）：13 - 20.

117. 彭文英，尉迟晓娟．京津冀生态产品供给能力提升及价值实现路径 [J]．中国流通经济，2021，35（8）：49 - 60.

118. 蒲雪娟．生态价值及其实现路径 [D]．西安：长安大学，2018.

119. 千年生态系统评估委员会．千年生态系统评估报告集（一）[M]．赵士洞等译．北京：中国环境科学出版社，2007.

120. 秦彦，沈守云，吴福明．森林生态系统文化功能价值计算方法与应用——以张家界森林公园为例 [J]．中南林业科技大学学报，2010，30（4）：26 - 30.

121. 丘水林，靳乐山．生态产品价值实现的政策缺陷及国际经验启示 [J]．经济体制改革，2019（3）：157 - 162.

122. 丘水林，庞洁，靳乐山．自然资源生态产品价值实现机制：一个机制复合体的分析框架 [J]．中国土地科学，2021，35（1）：10 - 17，25.

123. 丘水林．区域生态产品价值实现机制研究 [D]．福州：福建师范大学，2018.

124. 任斐鹏，江源，熊兴等．东江流域近 20 年土地利用变化的时空差异特征分析 [J]．资源科学，2011，33（1）：143 - 152.

125. 任丽燕，吴次芳，岳文泽．西溪国家湿地公园生态经济效益能值分析 [J]．生态学报，2009，29（3）：1285 - 1291.

126. 萨缪尔森，诺德豪斯．经济学 [M]．北京：华夏出版社，1999.

127. 沈辉，李宁．生态产品的内涵阐释及其价值实现 [J]．改革，2021（9）：145 - 155.

128. 沈满洪，何灵巧．外部性的分类及外部性理论的演化 [J]．浙江大学学报：人文社会科学版，2002，32（1）：152 - 160.

129. 沈世山．有效拓展生态产品价值实现路径 [J]．中国环境监察，2021（12）：44 - 45.

130. 施志源，薛萌．提升自然资源权利市场化配置水平 [N]．中国社会科学报，2020 - 01 - 13.

131. 石敏俊，陈岭楠．GEP核算：理论内涵与现实挑战 ［J］．中国环境管理，2022，14（2）：5-10.

132. 石敏俊．生态产品价值实现的理论内涵和经济学机制 ［N］．光明日报，2020-08-25（H）.

133. 史培军，潘耀忠，陈云浩等．多尺度生态资产遥感综合测量的技术体系 ［J］．地球科学进展，2002（2）：169-173.

134. 史培军，张淑英，潘耀忠等．生态\资产与区域可持续发展 ［J］．北京师范大学学报（社会科学版），2005（2）：131-137.

135. 宋昌素，肖燚，博文静等．生态资产评价方法研究——以青海省为例 ［J］．生态学报，2019，39（1）：9-23.

136. 宋晓薇，赵侣璇，谢祎敏，覃楠钧．湖泊生态系统服务功能价值估算及保护对策研究 ［J］．环境科学与管理，2019，44（1）：162-166.

137. 孙成权，施永辉．加拿大全球变化研究的特点及借鉴意义 ［J］．中国人口·资源与环境，1994（4）：77-80.

138. 孙金欣，韩美，孔日彪，魏帆．黄河下游质量与城市化的耦合研究 ［J/OL］．山东大学学报（理学版）：1-16［2023-03-23］．http：//kns. cnki. net/kcms/detai/37. 1389. N. 20230307. 1138. 002. html.

139. 孙儒泳等．普通生态学 ［M］．北京：高等教育出版社，1993.

140. 孙志．生态价值的实现路径与机制构建 ［J］．中国科学院院刊，2017，32（1）：78-84.

141. 谭荣．自然资源资产产权制度改革和体系建设思考 ［J］．中国土地科学，2021，35（1）：1-9.

142. 唐本佑．论资源价值的构成理论 ［J］．中南财经政法大学学报，2004（2）：15-19.

143. 唐见，曹慧群，陈进．南水北调中线水源地生态服务价值核算 ［J］．人民长江，2018，49（11）：29-34，42.

144. 唐尧，祝炜平，张慧等．InVEST模型原理及其应用研究进展 ［J］．生态科学，2015，34（3）：204-208.

145. 田亚亚，张永红，彭彤，姜广辉，李广泳．全民所有自然资源资产清查理论基础与基本框架 ［J］．测绘科学，2021，46（3）：192-200.

146. 汪冰，孙懿慧，李培．农用地转用生态价值评估体系 ［J］．湖北农业科学，2012，51（14）：2979-2982.

147. 王斌．生态产品价值实现的理论基础与一般途径 ［J］．太平洋学报，2019（10）：78 –91.

148. 王丰岐，林智钦，谢高地. 区域自然资源生态价值评估 [J]. 中国软科学，2021（S1）：387 –391.

149. 王建华，贾玲，刘欢等. 水生态产品内涵及其价值解析研究 [J]. 环境保护，2020（14）：37 –41.

150. 王健民，王如松. 中国生态资产概论 [M]. 南京：江苏科学技术出版社，2001.

151. 王金龙，杨伶，张大红，彭强. 京冀水源涵养林生态效益计量研究——基于森林生态系统服务价值理论 [J]. 生态经济，2016，32（1）：186 –190.

152. 王金南，王志凯，刘桂环等. 生态产品第四产业理论与发展框架研究 [J]. 中国环境管理，2021，13（4）：5 –13.

153. 王静. 土地资源遥感监测与评价方法 [M]. 北京：科学出版社，2006.

154. 王娟，黄敏. 自然资源价值理论比较分析——效用价值论与劳动价值论 [J]. 商场现代化，2006（36）：388 –389.

155. 王军锋，侯超波. 中国流域生态补偿机制实施框架与补偿模式研究——基于补偿资金来源的视角 [J]. 中国人口·资源与环境，2013，23（2）：23 –29.

156. 王磊，薛雅君，张宇. 基于土地利用变化的天津市生态资产价值评估及灰色预测 [J]. 资源开发与市场，2017，33（7）：796 –801.

157. 王楠楠，章锦河，刘泽华，钟士恩，李升峰. 九寨沟自然保护区旅游生态系统能值分析 [J]. 地理研究，2013，32（12）：2346 –2356.

158. 王女杰，刘建，吴大千等. 基于生态系统服务价值的区域生态补偿——以山东省为例 [J]. 生态学报，2010，30（23）：6646 –6653.

159. 王庆礼，邓红兵，钱俊生. 略论自然资源的价值 [J]. 中国人口·资源与环境，2001（2）：26 –29.

160. 王文娟，张树文，李颖等. 三江平原东北部土地利用变化的生态效应分析 [J]. 湿地科学，2008，6（4）：500 –505.

161. 王晓宏. 内蒙古大兴安岭森林生态系统生态服务功能评估 [D]. 呼和浩特：内蒙古农业大学，2014.

162. 王耀斌. 秦岭（陕西段）生态资产时空变化特征及其驱动因素 [D]. 西安：长安大学，2018.

163. 王雨辰. 构建中国形态的生态文明理论 [J]. 武汉大学学报（哲学社会科学版），2020，73（6）：15 –26.

164. 王玉芹. 厦门城市森林生态系统服务功能及价值评价 [D]. 福州：

福建农林大学，2011.

165. 王玉涛，俞华军，王成栋等.生态资产核算与生态补偿机制研究 [J].中国环境管理，2019，11（3）：31－35.

166. 魏同洋.生态系统服务价值评估技术比较研究 [D].北京：中国农业大学，2015.

167. 温莲香.自然资源价值：马克思劳动价值论的诠释 [J].济南大学学报（社会科学版），2009，19（6）：36－39.

168. 吴健.环境和自然资源的价值评估与价值实现 [J].中国人口·资源与环境，2007（6）：13－17.

169. 吴玲玲，陆健健，童春富等.长江口湿地生态系统服务功能价值的评估 [J].长江流域资源与环境，2003（5）：411－416.

170. 吴楠，陈红枫，葛菁.绿色GDP2.0框架下的安徽省生态系统生产总值核算 [J].安徽农业大学学报（社会科学版），2018，27（1）：39－49.

171. 吴绍华，侯宪瑞，彭敏学等.生态调节服务产品价值实现的适宜性评价及模式分区——以浙江省丽水市为例 [J].中国土地科学，2021，35（4）：81－89.

172. 吴新民，潘根兴.自然资源价值的形成与评价方法浅议 [J].经济地理，2003（3）：323－326.

173. 吴忠观.经济学说史 [M].成都：西南财经大学出版社，1995.

174. 习近平.习近平谈治国理政（第二卷）[M].北京：外文出版社，2017.

175. 肖建红，丁晓婷，陈宇菲，刘娟，赵业婷.条件价值评估法自愿支付工具与强制支付工具比较研究——以沂蒙湖国家水利风景区游憩价值评估为例 [J].中国人口·资源与环境，2018，28（3）：95－105.

176. 肖娅.级差地租理论视角下乡村转型的假设与解析 [D].南京：南京大学，2017.

177. 谢高地，鲁春霞，成升魁.全球生态系统服务价值评估研究进展 [J].资源科学，2001，23（6）：5－9.

178. 谢高地，鲁春霞，冷允法等.青藏高原生态资产的价值评估 [J].自然资源学报，2003（2）：189－196.

179. 谢高地，张彩霞，张雷明等.基于单位面积价值当量因子的生态系统服务价值化方法改进 [J].自然资源学报，2015，30（8）：1243－1254.

180. 谢高地，张钇锂，鲁春霞等.中国自然草地生态系统服务价值 [J].自然资源学报，2001b，16（1）：47 –53.

181. 谢高地，甄霖，鲁春霞等．一个基于专家知识的生态系统服务价值化方法［J］．自然资源学报，2008，23（5）：911 –919.

182. 谢高地．生态资产评价：存量、质量与价值［J］．环境保护，2017，45（11）：18 –22.

183. 谢花林，陈倩茹．生态产品价值实现的内涵、目标与模式［J］．经济地理，2022，42（9）：147 –154.

184. 谢花林，刘志飞，徐步朝．"六链融合"协同推进生态产品价值实现［J］．中国土地，2021（11）：32 –35.

185. 谢花林，姚冠荣．生态文明建设理论与实践［M］．北京：经济科学出版社，2021.

186. 邢一明，马婷，舒航等．泰山保护地生态资产价值评估［J］．生态科学，2020，39（3）：193 –200.

187. 徐双明．基于产权分离的生态产权制度优化研究［J］．财经研究，2017，43（1）：63 –74.

188. 徐嵩龄．生物多样性价值的经济学处理：一些理论障碍及其克服［J］．生物多样性，2001（3）：310 –318.

189. 徐文秀，王海燕，鲍玉海，李进林，贾国栋，贺秀斌．湖南省永顺县水土保持功能服务价值评价［J］．水土保持研究，2019，26（5）：243 –248.

190. 徐昔保，陈爽，杨桂山．长三角地区1995—2007年生态资产时空变化［J］．生态学报，2012，32（24）：7667 –7675.

191. 徐煖银，郭泺，薛达元等．赣南地区土地利用格局及生态系统服务价值的时空演变［J］．生态学报，2019，39（6）：1969 –1978.

192. 薛明月．黄河流域经济发展与生态环境耦合协同的时空格局研究［J］．世界地理研究，2022，31（6）：1261 –1272.

193. 严立冬，李平衡，邓远建，屈志光．自然资源资本化价值诠释——基于自然资源经济学文献的思考［J］．干旱区资源与环境，2018，32（10）：1 –9.

194. 严立冬，谭波，刘加林．生态资本化：生态资源的价值实现［J］．中南财经政法大学学报，2009（2）：3 –8，142.

195. 杨君，周鹏全，袁淑君，谭鑫，娄知斐．基于InVEST模型的洞庭湖生态经济区生态系统服务功能研究［J］．水土保持通报，2022，42（1）：267 –272，282.

196. 杨渺，肖燚，欧阳志云等．生态系统流动性资产核算方法——以四川省各县域水土保持功能为例 [J]. 环境保护科学, 2019, 45 (1): 44-50.

197. 杨渺, 肖燚, 欧阳志云等. 四川省生态系统生产总值 (GEP) 的调节服务价值核算 [J]. 西南民族大学学报 (自然科学版), 2019, 45 (3): 221-232.

198. 杨沛英. 马克思级差地租理论与当前中国的农地流转 [J]. 陕西师范大学学报 (哲学社会科学版), 2007 (4): 15-22.

199. 杨雅楠, 阿里木江·卡斯木. "一带一路"背景下新疆城镇交通优势度与区域经济发展水平的关系分析 [J]. 干旱区地理, 2017, 40 (3): 680-691.

200. 叶有华, 陈礼. 城市生态系统生产总值核算与实践研究 [M]. 北京: 科学出版社, 2019.

201. 游旭, 何东进, 肖燚等. 县域生态资产核算研究——以云南省屏边县为例 [J]. 生态学报, 2020, 40 (15): 5220-5229.

202. 于丹丹, 吕楠, 傅伯杰. 生物多样性与生态系统服务评估指标与方法 [J]. 生态学报, 2017, 37 (2): 349-357.

203. 于秀波, 夏少霞, 何洪林等. 鄱阳湖流域主要生态系统服务综合监测评估方法 [J]. 资源科学, 2010, 32 (5): 810-816.

204. 张彩平, 姜紫薇, 韩宝龙等. 自然资本价值核算研究综述 [J]. 生态学报, 2021, 41 (23): 9174-9185.

205. 张林波, 虞慧怡, 郝超志等. 国内外生态产品价值实现的实践模式与路径 [J]. 环境科学研究, 2021, 34 (6): 1407-1416.

206. 张林波, 虞慧怡, 郝超志等. 生态产品概念再定义及其内涵辨析 [J]. 环境科学研究, 2021, 34 (3): 655-660.

207. 张林波, 虞慧怡, 李岱青等. 生态产品内涵与其价值实现途径 [J]. 农业机械学报, 2019, 50 (6): 173-183.

208. 张沛霖, 李丹, 汤旭光. 长荡湖流域生态资产动态遥感监测研究 [J]. 中国农村水利水电, 2017 (6): 78-80.

209. 张文明, 张孝德. 生态资源资本化: 一个框架性阐述 [J]. 改革, 2019 (1): 122-131.

210. 张宪奎, 许靖华, 卢秀琴, 邓育江, 高德武. 黑龙江省土壤流失方程的研究 [J]. 水土保持通报, 1992 (4): 1-9.

211. 张潇, 陆林, 张海洲等. 中国高原生态旅游发展潜力评价 [J]. 经济地理, 2021, 41 (8): 195-203.

212. 张小红. 森林生态产品的价值核算 [J]. 青海大学学报（自然科学版），2007（3）：83 – 86.

213. 张英，成杰民，王晓凤，鲁成秀，贺志鹏. 生态产品市场化实现路径及二元价格体系 [J]. 中国人口·资源与环境，2016，26（3）：171 – 176.

214. 张颖. 生态资产核算和负债表编制的统计规范探究——基于 SEEA 的视角 [J]. 中国地质大学学报（社会科学版），2018，18（2）：92 – 101.

215. 张玉泽，韩银凤，张硕. 山东省绿色金融与生态文明耦合协调测度及交互响应 [J/OL]. 生态经济：1 – 15，2023 – 03 – 23，http：//kns. cnki. net/kcms/detail/53. 1193. F. 20230301. 1025. 002. html.

216. 张云飞. 社会主义生态文明的价值论基础——从"内在价值"到"生态价值" [J]. 社会科学辑刊，2019（5）：5 – 14.

217. 张振，张以晨，张继权等. 基于熵权法和 TOPSIS 模型的城市韧性评估——以长春市为例 [J]. 灾害学，2023，38（1）：213 – 219.

218. 张志强，徐中民，龙爱华等. 黑河流域张掖市生态系统服务恢复价值评估研究——连续型和离散型条件价值评估方法的比较应用 [J]. 自然资源学报，2004（2）：230 – 239.

219. 赵金龙，王泺鑫，韩海荣，康峰峰，张彦雷. 森林生态系统服务功能价值评估研究进展与趋势 [J]. 生态学杂志，2013，32（8）：2229 – 2237.

220. 赵俊彦. 基于生态资产评估的南矶湿地生态功能区划研究 [D]. 南昌：南昌大学，2020.

221. 赵晟，洪华生，张珞平，陈伟琪. 中国红树林生态系统服务的能值价值 [J]. 资源科学，2007（1）：147 – 154.

222. 赵士洞，张永民，赖鹏飞. 千年生态系统评估报告集（一）[M]. 北京：中国环境科学出版社，2007.

223. 赵同谦，欧阳志云，王效科，苗鸿，魏彦昌. 中国陆地地表水生态系统服务功能及其生态经济价值评价 [J]. 自然资源学报，2003（4）：443 – 452.

224. 赵同谦，欧阳志云，郑华等. 中国森林生态系统服务功能及其价值评价 [J]. 自然资源学报，2004，19（4）：480 – 491.

225. 赵晓迪. 基于游客视角的红色旅游资源效用价值评价体系构建与实证研究 [D]. 南昌：南昌大学，2019.

226. 赵寅成. 安徽省六安市生态系统生产总值核算研究 [D]. 合肥：合肥工业大学，2020.

227. 浙江省发展和改革委员会. 生态系统生产总值（GEP）核算技术规

范陆域生态系统［S］. 2020.

228. 郑海金, 华路, 欧立业. 中国土地利用/土地覆盖变化研究综述［J］. 首都师范大学学报（自然科学版）, 2003, 24（3）：89－94.

229. 周可法. 基于遥感与 GIS 的干旱区生态资产评估研究［J］. 科学通报, 2006（51）：175－180.

230. 朱春全. "以自然为本"推进生态文明, 中国（聊城）生态文明建设国际论坛主旨演讲//赵庆忠. 生态文明看聊城［M］. 北京：中国社会科学出版社, 2012：68－70.

231. 朱方明, 贺立龙. 搜寻、发现劳动与价值创造——兼论成为商品的自然资源的价值决定［J］. 教学与研究, 2012（2）：19－25.

232. 朱敏, 李丽, 吴巩胜等. 森林生态价值估算方法研究进展［J］. 生态学杂志, 2012, 31（1）：215－221.

233. 朱文泉, 陈云浩, 徐丹等. 陆地植被净初级生产力计算模型研究进展［J］. 生态学杂志, 2005（3）：296－300.

234. 朱文泉, 高清竹, 段敏捷等. 藏西北高寒草原生态资产价值评估［J］. 自然资源学报, 2011, 26（3）：419－428.

235. 朱文泉, 张锦水, 潘耀忠等. 中国陆地生态系统生态资产测量及其动态变化分析［J］. 应用生态学报, 2007（3）：586－594.

236. 朱学义. 论产权理论与企业收益分配［J］. 中国劳动科学, 1995（11）：4－7.

237. 朱学义. 论矿产资源权益价值理论［J］. 中国地质矿产经济, 1998, 11（12）：21－27.

238. 江西省市场监督管理局. DB36/T 1402—2021, 生态系统生产总值核算技术规范［S］. 2021.

239. GB 38582—2020, 森林生态系统服务功能评估规范［S］. 北京：中国标准出版社, 2020.

240. 国家发展和改革委员会, 国家统计局. 生态产品总值核算规范［M］. 北京：人民出版社, 2022.

241. 国家市场监督管理局, 国家标准化管理委员会, 生态系统评估　生态系统生产总值（GEP）核算技术规范（征求意见稿）［S］. 2020.

242. 江西省生态产品总值核算规范（试行）［S］. 2022.

243. Abu S. M. G. , Kibria. The value of ecosystem services obtained from the protected forest of Cambodia：The case of Veun Sai-Siem Pang National Park［J］.

Ecosystem Services, 2017 (26): 27-36.

244. Aina García Gómez, Javier García Alba, Puente A. , et al. Environmental risk assessment of dredging processes-application to Marin harbour (NW Spain) [J]. Advances in Geosciences, 2014 (1): 1-6.

245. Albert C. , Galler C. , Hermes J. , et al. Applying ecosystem services indicators in landscape planning and management: the ES-in-Planning framework [J]. Ecol. Ind. 2016 (61) 100-113.

246. Alcaraz-Segura D. , Paruelo J. M. , Epstein H. E. , et al. Environmental and human controls of ecosystem functional diversity in temperate South America [J]. Remote Sensing, 2013 (5) 127-154.

247. Allen V. K. Review of American's future in toxic waste management: lessons from Europe [J]. Natural Resources Journal, 1988, 28 (3).

248. Amador-Cruz F. , Figueroa-Rangel B. L. , Olvera-Vargas M. , et al. A systematic review on the definition, criteria, indicators, methods and applications behind the Ecological Value term [J]. Ecological Indicators, 2021 (129): 107856.

249. Belcher R. N. , Suen E. , Menz S. , et al. Shared landscapes increase condominium unit selling price in a high-density city [J]. Landscape and Urban Planning, 2019 (192): 103644.

250. Benoit A. , Johnston T. , Maclachlan I. , et al. Identifying ranching landscape values in the Calgary, Alberta region: Implications for land-use planning [J]. Canadian Geographer, 2018, 62 (2): 212-224.

251. Beumer C. , Martens P. Biodiversity in my (back) yard: towards a framework for citizen engagement in exploring biodiversity and ecosystem services in residential gardens [J]. Sustainability Science, 2015, 10 (1): 87-100.

252. Boland J. J. "Book-review" the benefits of environmental improvement: theory and practice [J]. Journal of Policy Analysis and Management, 1982, 1 (2).

253. Bostan Y. , Ardakani A. F. , Sani M. F. , et al. A comparison of stated preferences methods for the valuation of natural resources: the case of contingent valuation and choice experiment [J]. International Journal of Environmental Science and Technology, 2020 (17): 4031-4046.

254. Boumans R. , Costanza R. , Farley J. , et al. Modeling the dynamics of the integrated earth system and the value of global ecosystem services using the GUMBO model [J]. Ecological Economics, 2002 (41): 529-560.

255. Boumans R. , Roman J. , Altman I. , et al. The Multiscale Integrated Model of Ecosystem Services (MIMES): Simulating the interactions of coupled human and natural systems [J]. Ecosystem Services 2015 (12): 30 –41.

256. Brooks, Shelley. Inhabiting the wild: land management and environmental politics in big sur. [J]. Western Historical Quarterly, 2013.

257. Brown M. T. , Ulgiati S. Emergy evaluation of the biosphere and natural capital [J]. Ambio, 1999, 28 (6): 486 –493.

258. Burkhard B. , Maes J. , Potschin-Young M. , et al. Mapping and assessing ecosystem services in the EU-Lessons learned from the ESMERALDA approach of integration [J]. One Ecosystem, 2018 (3).

259. Cairns J. J. Protecting the delivery of ecosystem services [J]. Ecosystem Health, 1997, 3 (3): 185 –194.

260. Canova M. A. , Lapola D. M. , Pinho P. , et al. Different ecosystem services, same (dis) satisfaction with compensation: A critical comparison between farmers' perception in Scotland and Brazil [J]. Ecosystem Services, 2019 (35): 164 –172.

261. Cimburova Z. , Barton D. N. The potential of geospatial analysis and Bayesian networks to enable i-Tree Eco assessment of existing tree inventories [J]. Urban Forestry & Urban Greening, 2020.

262. Cong W. , Sun X. , Guo H. , et al. Comparison of the SWAT and InVEST models to determine hydrological ecosystem service spatial patterns, priorities and trade-offs in a complex basin [J]. Ecological Indicators, 2020 (112).

263. Costanza R. , Daly H. E. Natural capital and sustainable development [J]. Conservation Biology, 1992, 6 (1): 37 –46.

264. Costanza R. , D'arge R. , Groot R. D. , et al. The value of the world's ecosystem services and natural capital [J]. Nature, 1997, 1 (1): 253 –260.

265. Costanza R. , de Groot R. , Braat L. , et al. Twenty years of ecosystem services: how far have we come and how far do we still need to go? Ecosyst. Serv, 2017 (28): 1 –16.

266. Costanza R. , de Groot R. , Sutton P. , et al. Changes in the global value of ecosystem services [J]. Global Environmental Change, 2014 (26): 152 –158.

267. Costanza R. , Kubiszewski I. The authorship structure of "ecosystem services" as a transdisciplinary field of scholarship [J]. Ecosystem Services,

2012（1）：16–25.

268. Costanza R. Ecosystem services: Multiple classification systems are needed [J]. Biological Conservation, 2008（141）：350–352.

269. Cotter M., Häuser I., Harich F. K., et al. Biodiversity and ecosystem services-A case study for the assessment of multiple species and functional diversity levels in a cultural landscape [J]. Ecological Indicators, 2017（75）：111–117.

270. Dai P. C., Zhang S. L., Gong Y. L., et al. A crowd-sourced valuation of recreational ecosystem services using mobile signal data applied to a restored wetland in China [J]. Ecological Economics, 2022（192）.

271. Daily G. C. Nature's services: Societal dependence on natural ecosystem [M]. Washington, D. C.: Island Press, 1997.

272. Daly H. E., Cobb J. B. For the common good: redirecting the economy toward community, the environment and a sustainable future, Boston: Beacon Press, 1989.

273. Daly H. E. Beyond Growth: Economics of Sustainable Development [M]. Boston: Beacon Press, 1996.

274. Danish, Baloch M. A., Mahmood N., et al. Effect of natural resources, renewable energy and economic development on CO2 emissions in BRICS countries [J]. Science of the Total Environment, 2019（678）：632–638.

275. Deegan L. A., Johnson D. S., Warren R. S., et al. Coastal eutrophication as a driver of salt marsh loss [J]. Nature, 2012（490）：388.

276. Ehrilich P. R., Ehrilich A. H. Extinction: The causes and consequences of the disappearance of species [J]. Quarterly Review of Biology, 1982（57）：82.

277. Ehrlich P., Ehrlich A. Extinction: The causes and consequences of the disappearance of species [M]. Random House, New York, 1981.

278. Ekins P., Simon S. Deutsch L. et al. A tramework for the practical application of the conceal nahural capital and strong sustainability [J]. Ecological Economics, 2003（44）：165–185.

279. Elena G. M., Elsa V., Míriam P., et al. Demand and supply of ecosystem services in a Mediterranean forest: Computing payment boundaries [J]. Ecosystem Services, 2016（17）.

280. Engel S., Pagiola S., Wunder S. Designing payments for environmental services in theory and practice: An overview of the Issues [J]. Ecological Economics, 2008, 65（4）：663–674.

281. European Commission. Seriee european system for the collection of economic informationon the environment – 1994 version [M]. Bruseels: Eurostat, 2002.

282. Eyre D. M. , Rushton. Quantification of conservation criteria using invertebrates [J]. Journal of Applied Ecology, 1989.

283. Farhana S. , Mehedi M. M. , Rulia A. , et al. A contingent valuation approach to evaluating willingness to pay for an improved water pollution management system in Dhaka City, Bangladesh [J]. Environmental Monitoring and Assessment, 2019, 191 (7).

284. Farley J. , Costanza R. Payments for ecosystem services: From local to global [J]. Ecological Economics, 2010, 69 (11): 2060 – 2068.

285. Field C. B. , Behrenfeld M. J. , Randerson J. T. , et al. Primary production of the biosphere: Integrating terrestrial and oceanic components [J]. Science, 1998, 281 (5374): 237 – 240.

286. Fisher B. , Turner R. K. , Burgess N. D. , et al. Measuring, modeling and mapping ecosystem services in the Eastern Arc Mountains of Tanzania [J]. Progress in Physical Geography, 2011, 35 (5): 595 – 611.

287. Fisher B. , Turner R. K. , Morling P. Defining and classifying ecosystem services for decision making [J]. Ecol. Econ, 2009, 68 (3): 643 – 653.

288. Fu B. J. , Su C. H. , Wei Y. P. , et al. Double counting in ecosystem services valuation: Causes and countermeasures [J]. Ecological Research, 2011, 26 (1).

289. Gerhard Wiegleb, Daniel Gebler, Klaus van de Weyer, et al. Comparative test of ecological assessment methods of lowland streams based on long-term monitoring data of macrophytes [J]. Science of the Total Environment, 2016.

290. Goldstein J. H. , Caldarone G. , Duarte T. K. , et al. Integrating ecosystem-service tradeoffs into land-use decisions [J]. Proceedings of the National Academy of Sciences of the United States of America, 2012, 109 (19): 7565 – 7570.

291. Golub A. , Herrera D. , Leslie G. , et al. A real options framework for reducing emissions from deforestation: Reconciling short-term incentives with long-term benefits from conservation and agricultural intensification [J]. Ecosystem Services, 2021 (49).

292. Gravis I. , Németh K. , Procter J. N. The role of cultural and indigenous values in geosite evaluations on a quaternary monogenetic volcanic landscape at Ihumātao, Auckland Volcanic Field, New Zealand. Geoheritage, 2017 (9): 373 – 393.

293. Greg B. , Nora F. Empirical PPGIS/PGIS mapping of ecosystem services: A review and evaluation [J]. Ecosystem Services, 2015 (13): 119 – 133.

294. H. Tavárez, Elbakidze L. Urban forests valuation and environmental disposition: The case of Puerto Rico [J]. Forest Policy and Economics, 2021 (131).

295. Halkos G. , Matsiori S. Determinants of willingness to pay for coastal zone quality improvement [J]. Journal of Socio-Economics, 2012, 41 (4).

296. Henningsson M. , Blicharska M. , Antonson H. , et al. Perceived landscape values and public participation in a road-planning process-a case study in Sweden [J]. Journal of Environmental Planning & Management, 2015, 58 (4): 631 –653.

297. Holmstrom B. Moral hazard in teams [J]. The Bell Journal of Economics, 1982, 13 (2): 324 – 340.

298. Huang Q. , Cai Y. Mapping karst rock in southwest China [J]. Mountain Research and Development, 2009, 29 (1): 14 – 20.

299. Jaung W. , Carrasco L. R. Travel cost analysis of an urban protected area and parks in Singapore: a mobile phone data application. Journal of Environmental Management, 2020, 261, 110238.

300. J. F. Bárcena, A. G. Gómez, A. García, et al. Quantifying and mapping the vulnerability of estuaries to point-source pollution using a multi-metric assessment: The Estuarine Vulnerability Index (EVI) [J]. Ecological Indicators, 2017 (76): 159 – 169.

301. John V. K. Conservation Reconsidered [J]. The American Economic Review, 1967, 57 (4).

302. Kalaitzi D. , Matopoulos A. , Bourlakis M. , et al. Supply chain strategies in an era of natural resource scarcity [J]. International Journal of Operations & Production Management, 2018 (38), 784 – 809.

303. Kangas K. M. , Tolvanen A. , Tarvainen O. , et al. A method for assessing ecological values to reconcile multiple land use needs [J]. Ecol. Soc, 2016, 21 (5).

304. Ketema H. , W. Wu, H. Temesgen. Quantifying the ecological values of land use types via criteria-based farmers' assessment and empirically analyzed soil properties in southern Ethiopia [J]. Applied Ecology and Environmental Research, 2018, 16 (6): 7713 – 7739.

305. Krca S. , Altineki H. Use of ecological value analysis for prioritizing are-

as for nature conservation and restoration, 2018.

306. Kvamsdal S. F. , Sandal L. K. , Poudel D. Ecosystem wealth in the Barents Sea [J]. Ecological Economics, 2020 (171).

307. Lambin E. F. , Baulies X. , Boekstael N. Land use and land cover change implementation strategy [R]. 1999. IGBP report No. 48, IHDP report No. 10.

308. Latinopoulos D. The impact of economic recession on outdoor recreation demand: An application of the travel cost method in Greece [J]. Journal of Environmental Planning and Management, 2014, 57 (2): 254 – 272.

309. Liu S. , Costanza R. , Troy A. , et al. Valuing New Jersey's ecosystem services and natural capital: A spatially explicit benefit transfer approach [J]. Environmental Management, 2010, 45 (6).

310. Lundberg L. , Persson U. M. , Alpizar F. , et al. Context matters: Exploring the cost-effectiveness of fixed payments and procurement auctions for PES [J]. Ecological Economics, 2018 (146): 347 – 358.

311. Lv H. , Guan X. J. , Meng Y. Study on economic value of urban land resources based on emergy and econometric theories [J]. Environment Development and Sustainability, 2020 (23): 1019 – 1042.

312. Ma F. , Eneji A. E. , Liu J. Assessment of ecosystem services and dis-services of an agro-ecosystem based on extended emergy framework: A case study of Luancheng county, North China [J]. Ecological Engineering, 2015 (82): 241 – 251.

313. Mac Donald D. V. , Hanley N. , Moffatt I. , Applying the concept of natural criticality to regional esource management [J]. Ecologement [J]. Ecological Economics, 1999 (29): 73 – 87.

314. Matsushita B. , Tamura M. Integrating remotely sensed data with an ecosystem model to estimate net primary productivity in East Asia [J]. Remote Sensing of Environment, 2002, 81 (1): 58 – 66.

315. Millennium Ecosystem Assessment. Ecosystems and human well-being: A framework for Assessment [M]. Washington D. C. : Island Press, 2003: 107 – 126.

316. Mousavi S. A. , Ghahfarokhi M. S. , Koupaei S. S. Negative impacts of nomadic livestock grazing on common rangelands' function in soil and water conservation. Ecological Indicators, 2020 (110).

317. Mufan Z. , Yong G. , Hengyu P. , et al. Ecological and socioeconomic impacts of payments for ecosystem services-A Chinese garlic farm case [J]. Jour-

nal of Cleaner Production, 2020 (285).

318. Nancy E. B. , Freeman A. M. , Kopp R. J. , et al. On measuring economic values for nature [J]. Environmental Science & Technology: ES&T, 2000, 34 (8).

319. Nemec K. T. , Raudsepp-Hearne C. The use of geographic information systems to map and assess ecosystem services [J]. Biodiversity and Conservation, 2013, 22 (1): 1 – 15.

320. Niu Z. , He H. , Peng S. , et al. A process-based model integrating remote sensing data for evaluating ecosystem services [J]. Journal of Advances in Modeling Earth Systems, 2021 (13).

321. Odum H. T. Energetics of world food production//prob lems of world food supply. President's Science Advisory Committee Report, 1967, Volume 3. Washington D. C. : The White House.

322. Odum H. T. Environment, power and society. New York: Wiley-Interscience, 1971.

323. Oh C. O. , Lee S. , Kim H. N. Economic valuation of conservation of inholdings in protected areas for the institution of payments for ecosystem services [J]. Forests, 2019 (10): 1122.

324. Pearce D. , Atkinson G. , Capital theory and the measure of sustainable development: An indicator of 'weak' sustainability [J]. Ecological Economics, 1993 (8): 103 – 108.

325. Perez-Campana, Rocio, Miguel, et al. Nodes of a peri-urban agricultural landscape at local level: An interpretation of their contribution to the eco-structure [J]. Journal of Environmental Planning & Management, 2018.

326. Perfecto I. , Vandermeer J. , Mas A. , et al. Biodiversity, yield, and shade coffee certification [J]. Ecological Economics, 2005, 54 (4): 435 – 446.

327. Porras I. Costa Ricapioneers ecosystem services [J]. Nature, 2012 (487): 302.

328. Portman M. E. , Elhanan Y. Ecosystem services assessment from the mountain to the sea. In: Search of a method for land-and seascape planning urban sustainability: Policy and Praxis [M]. Springer, Cham, 2016: 23 – 41.

329. Rasheed S. , Venkatesh P. , Singh D. R. , et al. Ecosystem valuation and eco-compensation for conservation of traditional paddy ecosystems and varieties

in Kerala, India [J]. Ecosystem Services, 2021 (49).

330. Reid W. V. Nature: The many benefits of ecosystem services [J]. Nature, 2006 (443): 749.

331. Riondato E. , Pilla F. , Basu A. S. , et al. Investigating the effect of trees on urban quality in Dublin by combining air monitoring with i-Tree Eco model [J]. Sustainable Cities and Society, 2020 (61).

332. Robert N. , Stenger A. Can payments solve the problem of undersupply of ecosystem services? [J]. Forest Policy & Economics, 2013 (35): 83 – 91.

333. Rohini C. K. , Aravindan T, Das K. , et al. People's attitude towards wild elephants, forest conservation and Human-Elephant conflict in Nilambur, southern Western Ghats of Kerala, India [J]. Journal of Threatened Taxa, 2018, 10 (6).

334. Sagie H. , Orenstein D. E. Benefits of Stakeholder integration in an ecosystem services assessment of mount carmel biosphere reserve, Israel [J]. Ecosystem Services, 2022 (53).

335. Scarlett L. , Boyd J. Ecosystem services and resource management: institutional issues, challenges, and opportunities in the public sector [J]. Ecol. Econ, 2015 (115): 3 – 10.

336. Scheufele G. , Bennett J. Can Payments for ecosystem services schemes mimic markets? [J]. Ecosystem Services, 2017 (23): 30 – 37.

337. Schroter M. , Bonn A. , Klotz S. , et al. Ecosystem services: understanding drivers, opportunities, and risks to move towards sustainable land management and governance. In: Atlas of Ecosystem Services [M]. Springer, Cham, 2019: 401 – 403.

338. Scolozzi R. , Geneletti D. A multi-scale qualitative approach to assess the impact of urbanization on natural habitats and their connectivity [J]. Environmental Impact Assessment Review, 2012 (36): 9 – 22.

339. Sharps K. , Masante D. , Thomas A. , et al. Comparing strengths and weaknesses of three ecosystem services modelling tools in a diverse UK river catchment [J]. Science of the Total Environment, 2017: 118 – 130.

340. Smith R. Development of the SEEA 2003 and its implementation [J]. Ecological Economics, 2007, 61 (4): 592 – 599.

341. Spanou E. , Kenter J. O. , Graziano M. The effects of aquaculture and marine conservation on cultural ecosystem services: An integrated hedonic-eudaemonic ap-

proach [J]. Ecological Economics, 2020 (176).

342. Stephen C. F, Costanza R., Matthew A. W. Economic and ecological concepts for valuing ecosystem services [J]. Ecological Economics, 2002, 41 (3).

343. Sun F., Xiang J., Tao Y., et al. Mapping the social values for ecosystem services in urban green spaces: Integrating a visitor-employed photography method into SolVES [J]. Urban Forestry & Urban Greening, 2018.

344. Sun L., Lu W., Yang Q., et al. Ecological compensation estimation of soil and water conservation based on cost-benefit analysis [J]. Water Resources Management, 2013, 27 (8): 2709 – 2727.

345. Sutton P. C., Costanza R. Global estimates of market and non-market values derived from nighttime satellite imagery, land cover, and ecosystem service valuation [J]. Ecological Economics, 2002 (41): 509 – 527.

346. Tian T., Sun L., Peng S., et al. Understanding the process from perception to cultural ecosystem services assessment by comparing valuation methods [J]. Urban Forestry & Urban Greening, 2021 (57).

347. Tsur Y. Optimal water pricing: Accounting for environmental externalities [J]. Ecological Economics, 2020 (170).

348. Vardon M., Keith H., Lindenmayer, D. Accounting and valuing the ecosystem services related to water supply in the Central Highlands of Victoria, Australia [J]. Ecosystem Services, 2019 (39).

349. Vatn A. Markets in environmental governance. from theory to practice [J]. Ecological Economics, 2015 (117): 225 – 233.

350. Velenturf A. P. M., Jopson J. S. Making the business case for resource recovery [J]. Science of the Total Environment, 2019, 648, 1031 – 1041.

351. Vogt W. Road tosurvial [M]. New York: William Sloan, 1948.

352. Wallace K. J., Kim M. K., Rogers A., et al. Classifying human well-being values for planning the conservation and use of natural resources [J]. Journal of Environmental Management, 2020 (256).

353. Xie Y. J., Ng C. N. Exploring spatio-temporal variations of habitat loss and its causal factors in the Shenzhen River cross-border watershed [J]. Applied Geography, 2013 (39): 140 – 150.

354. Yang D., Liu W., Tang L., et al. Estimation of water provision service for monsoon catchments of South China: Applicability of the In VEST model

[J]. Landscape and Urban Planning, 2019 (182): 133 – 143.

355. Zhao N., Wang H., Zhong J. Q., et al. Assessment of recreational and cultural ecosystem services value of islands [J]. Land, 2022 (11): 205.

356. Zhao X., He Y., Yu C., Xu D., Zou W. Assessment of Ecosystem Services Value in a National Park Pilot [J]. Sustainability, 2019 (11).

357. Zhou Y. J., Zhou J. X., Liu H. L., et al. Study on eco-compensation standard for adjacent administrative districts based on the maximum entropy production [J]. Journal of Cleaner Production, 2019 (221): 644 – 655.